JN229479

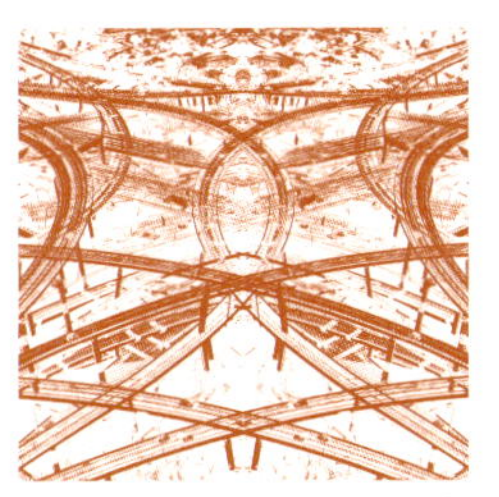

The Physics of Life

The Evolution of Everything

Adrian Bejan

流れといのち

万物の進化を支配する
コンストラクタル法則

エイドリアン・ベジャン

柴田裕之＝訳

木村繁男＝解説

紀伊國屋書店

流れといのち

——万物の進化を支配するコンストラクタル法則

目次

【凡例】
〔　〕は訳者による注を示す。
＊1は著者による注を示し、章ごとに番号を付し巻末に収録する。

ブックデザイン　鈴木成一デザイン室

流れといのち——万物の進化を支配するコンストラクタル法則

序

生きるべきか死ぬべきか――それは問題ですらない。生命は自然界における普遍的傾向だからだ。生命は、変化する自由を伴う物理的な動きだ。動くもの、流れるもの、突き進むものはすべて、配置や道筋やリズムを変えることによって、しだいに動きやすくなる傾向と、動き続ける傾向を示す。進化するこの流動構成とその終焉（死）こそが自然であり、生物・無生物の二領域を網羅する。

問うべきなのは、物理の観点に立ったとき、生命とは何か、だ。生命と死と進化はなぜ起こるのか。

本書で私はこの問いに答える。実際、その答えを知らなければ、生命とは何かにまつわるこの問いを立てることなどできなかっただろう。端的に言えば、いつでも、どこでも、自ずと起こることは何もかもが、自然――あるいは、ギリシア語で「自然の事物」を意味する単語 *physika* にもとをたどれる、物理的現象（physics）――だ。はかない私たち人間のごく小さなレンズを通して眺めれば、これは、万物は物理の諸法則に従うということを意味する。法則と言ってもおもに、私たちの誰もが中学や高校で学ぶ物理の法則で、幾世代にもわたり大多数の人が納得して受け容れてきたものだ。

自然界では、追い立てたり、強いたり、押したり、引いたりされなければ、何一つ動かない。このような動きの背後にある力は、「燃料」を消費する厖大な数の自然の「エンジン」によって生み出される。「燃料」は、動物にとっては食物、自動車にとってはガソリン、大気や海洋の循環や世界中の水の流れにとっては太陽エネルギーの加熱作用という具合に、多くのかたちをとる。生み出された動きは環境に入り込み、それを押しのけていくあいだに力をたちまち消滅させる（動きは力を「ブレーキ」の中へ散逸させる）。環境はその動きに抵抗するからだ。エンジンとブレーキはともに自然現象であり、地球そのものに劣らぬほど昔からある。

生命と進化という現象を通して力の生成と散逸が協働し、河川、風、動物、人間、機械など、地球上の生物や無生物のあらゆる動きを促進する。これは明瞭な現象で、物理の第一原理であり、「コンストラクタル法則（constructal law）」（生物・無生物を問わず、万物はより良く流れるかたちに進化するという、著者が一九九六年に発表した物理法則。原語の constructal は著者の造語。詳細は前作『流れとかたち』を参照）という。

生命とは何かという問いを物理の観点に立って提起すれば、ダーウィンから継承した生命の記述的物語に物理学を導入することになる。その物語からは物理学というテーマが抜け落ちている。なぜ物理学を導入する必要があるかを理解するには、ある領域で動き、拡がるものの例（動物、疫病、河川流域、鉱物の採取、ニュースなど）をいくつか考えてほしい。これらの拡がり方は、よく知られたS字カーブをたどる。時の流れに沿って、最初はゆっくり、やがて速く、そして最後にはまたゆっくりと拡がる。既存のモデルはみなこの現象を、競争、すなわち、生存と資源入手、繁殖率向上、縄張り拡張、機会獲得などのための闘いとして説明する。だがそれは、いったいどのような物理法則に即しているのか。実際問題として、三角州や、雪の結晶の氷の体積、科学論文の被引用数などの、ものが拡がるデザインに、生存や資源や繁殖のためのいったいどのような闘いが見られるというのか。

物理の観点から眺めると、生命と進化の現象は、最初は直観に反するように見える。物理学のコンストラクタル法則は、地球上の生命の将来に関して、暗い見通しではなく、はるかに楽観的な展望を提示する。だからこそ私はこの本を書いたのだ。さっそくいくつか例を挙げよう。

この世界はエネルギーや水が尽きかけてなどいない。サハラ砂漠には太陽の熱がたっぷり降り注ぎ、コンゴの熱帯雨林には豊富な降雨がある。この世界が動き続けるため（すなわち、生きるため、「持続可能性」に到達するため）に必要としているのは、人間が居住する空間全体に有効エネルギー（力）と飲料水の流れを行き渡らせることなのだ。これは、まだ電気のない領域にあらゆる種類の動力装置（より多くのエンジン）を置き、乾ききった地域の広大な土地に脱塩した水を供給することを意味する。

今後、燃料の消費量を削減する集団などありはしない。豊かさよりも貧しさを望んだり、生より死を好んだりする人はいないからだ。環境への影響を悪とするのは、動きを悪とするのに等しい。それは生命そのものを悪とすることになる。

また、燃料の消費量は階層的であり続けるだろう。なぜなら、河川流域からグローバルな航空交通まで、自然に現れる動きは階層的で、質量を動かす少数の大きなものと多数の小さなものがいっしょに流れているからだ。

人間の動きも含め、何であれ地球上を動くものの進化は、自ずと動きの階層制につながる。この世界は、自らの階層制を通してそれぞれが際立つ多様な流れの「河川流域」が重なり合った見事な織物だ。少数の大きな流路が多数の小さな流路とともに走り、互いに頼り合い、恩恵を及ぼし合い、持続性を持って効果的に動いている。

流れには速いものと遅いものという二通りあったほうが、一通りしかない場合よりもはるかに優る。速い流れは数が少なくて大きく、遅い流れは数が多くて小さい。これこそ、一つの平面領域あるいは立体領域全体に流れを行き渡らせる方法だ。都市の交通から、肺における酸素の運搬や、脳の流動構造における速い思考と遅い思考まで、いたるところでこの階層制が自然に現れるのが見られる。

世界は制御不能に陥りかけてなどいない。なぜか。それは、有限の領域に拡がる流れはすべて、S字形の発達史を持つ定めにあるからだ。幼い流れはゆっくり拡がる。若い流れは勢い良く拡がる。成熟した流れはゆったり拡がる。何であれ、「指数関数的な」成長や「爆発的な」発展を遂げ続けることはありえない。

この世界の複雑性は、制御不能に陥って急激に増し続けてなどいない。複雑性はほどほどで、安定しており、予測可能だ。たとえば、人間の肺の気管が二三段階に分岐しているように。たしかに、大きな肺や大きな河川流域のほうが複雑だが、それは大きな空間ほど階層が多いのが自然だからだ。ニューヨーク市のほうがダーラムよりも交通の流れが複雑になっている〔ダーラムは著者が教えるデューク大学の所在地で、人口はニューヨーク市の三〇分の一以下〕。とはいえ、そのどちらでも複雑性が爆発的に増加してはいない。もしそんなことが起これば、中の流れはあらゆるスケールで死に絶えてしまうからだ。

大きさのおかげで速度が増し、寿命が延び、効率が上がる。動物、飛行機、河川、ジェット気流、転石、乱流の渦など、動くもののいっさいにそれが見られる。私たちはあらゆる種類のテクノロジーと運動競技でこの進化を目の当たりにする。たとえば、民間航空機は予測どおりに進化し、鳥に似てきた。飛行機とともにエンジンも積載燃料も重量を増し、翼幅は胴体の全長に等しくなり、機体が大型化するにつれて航続距離も飛行時間も伸びている。

運動競技はというと、今日の一〇〇メートル走は、歩幅が大きく歩数が少なくて済む長身の選手が優位を占めている。ウサイン・ボルトとカバの速さがほぼ同じなのは、前者の身長と後者の体高〔地面から背中の上端までの高さ〕がほぼ同じだからだ。とはいえ、大きくなるだけが進化の傾向ではない。短距離走では、大きさに加えてピッチの速さも強みになる。一方、長距離走では正反対の進化の傾向（小型化）が勝利につながる。このような逆方向の傾向は、物理の観点からすべて予測できる。

都市は成長を続けるだろうが、その成長は自然のデザインによるもので、ランダムなものではない。デザインの特徴（時間、場所、大きさ）は、今や物理の原理のおかげで予測可能だ。少数の大きな通りが、多数の小さな通りや高速道路、環状道路につながっている。都市は自然に発生する。人間が図らずも展開する他のいっさいのデザインと同様だ。なぜなら、それらは人間の生活を促進するからで、火、力、発話、表記、科学、法規、貨幣、コミュニケーション、持続可能性など、すべてが自然に発生する。

良いアイデアは遠くまで広まり、そして広まり続ける。こうしてデザインが進化しながら流れることこそが、「良い」という言葉の意味するところだ。良いアイデアは物理的に測定することができる。そのアイデアが物理的に実践されることによって一か所で生み出される、人間の動きを測ればいい。アイデアの物理的実践とは、流動デザインの変更であり、その時点におけるその場所での進化を言う。

物理的現象としての知識とは、アイデアであると同時に行動でもあり、実際に活用された、より良いデザイン変更を意味する。うまく機能するものは維持される。だから良い変化は自然に広まる。これこそが進化の真髄であり、進化に終わりがない理由でもある。

＊＊＊

生命と進化は物理的現象だ。それは私たちが生物学で学ぶものよりも、はるかに広範に及ぶ、途方もなく重要な地球上の現象だ。ニュートンの運動の第二法則や熱力学の法則のように、最も有用な科学は、想像しうるかぎりの状況を議論の余地もないまでに網羅する。進化と生命の物理学は、まさにそのような科学なのだ。

みなさんはきっと、物理学のこの側面をすでにご存じだろうと思う——自己組織化、自己最適化、自然選択、自己潤滑化、創発をはじめとする、他の多くの呼び名のどれかでかもしれないけれど。そして、このほうがなお確かだと思うのだが、みなさんは自分が知っていることがどれほど普遍的な妥当性を持っているか気づいていないだろう。自ら起こすこと、自然になされること、創発することは、紛れもない単一の現象で、物理の第一原理であり、それを今、ひとまとめにしたものがコンストラクタル法則にほかならない。

読者のみなさんにはぜひとも、自分自身が抱いている心的イメージについて語ったり書いたりして、本書に描き出された構図を完成させていただきたい。

二〇一六年三月　エイドリアン・ベジャン

第1章　生命とは何か

生命とは何か。それは当然ながら究極の大問題だ。一九四四年、オーストリアの物理学者でノーベル賞受賞者のエルヴィン・シュレーディンガーは、『生命とは何か――物理的にみた生細胞』（岡小天・鎮目恭夫訳、二〇〇八年、岩波文庫）といういかにもふさわしい題の著書でこれに答えようと、勇敢で、今や名高い試みを見せた。この本は、生細胞の遺伝学と生物学を出発点として、生命とは何かという疑問に取り組んだ。それは難解で積年の疑問であり、はるか昔から哲学者や科学者を虜にしてきた。つい数か月前には、あろうことか「ニューヨーク・タイムズ」紙で、私たちはサイエンスライターのフェリス・ジャブラから、科学にはこの基本的な疑問に対する答えがないという教示に与った。「生命とは何か。科学はそれを明らかにすることができない……科学者たちは、明確で普遍的に受け容れられる生命の定義を生み出すのに苦労し、失敗してきた」。ジャブラはこう付け加える。「真の意味で生きているものなどない」。当然ながら、私はそうは思わない。

本書は、生命とは何かという問いの根源を探究しようという私の試みであり、そのために、動くもの、動きながら自由に変化するものすべての最も深い衝動や特性を吟味する。動き、そして動きながら自由に変化するというのは自然そのものであり、無生物（たとえば河川）から生物（たとえば動物、人間、社会組織）まで、あらゆるものに当てはまる。このような衝動は、科学が台頭するはるか以前からあった。それは、より長く生きたい、食物や暖かさ、力、動き、他の人々や環境への自由なアクセスを得たいという衝動だ。これらがみななぜ「衝動」なのか、なぜ自然にひとりでに起こるのか、なぜ私たち一人ひとりの中に、そして自由に動いたり形を変えたりする他のいっさいのものの中にあるのかを、私は探究していく。

生命への衝動、生命とは何かという問題（そして、その対極にあり、私たちが避けがちな、死とは何かという問題）こそが本書の主題だ。とはいえ、私はシュレーディンガーとは違い、この問題を、物理学の領域の中にしっかりと据えることにする——万物の科学である物理学の中に。

コンストラクタル法則

二〇一二年刊の拙著『流れとかたち——万物のデザインを決める新たな物理法則』[*1]では、自然界における構成という現象とその物理的原理について書いた（「構成」の原語は「organization」。「目的と変化する自由を伴う流動の配置」を意味し、著者は「デザイン」や「大きさ、形状、構造」などとも言い換えている)。その原理を指して、私は一九九六年に「コンストラクタル法則」という言葉を造った。[*2] コンストラクタル法則は生命を、生物界と無生物界の両方の領域で自由に進化する動きと定義している。流れを促進し、動きへのより良いアクセスを提供するような、自由に変化する流れの配置とリズムは生きている。動きが止まると生命は終わる。変化し、より良いアクセスを見つける自由を動きが持たないときには、生命は終わる。

コンストラクタル法則の視点に立つと、生命現象はいたるところにある。生命は無生物界(河川、稲妻、雪の結晶、乱気流など)を生物界(動物、植物、社会、テクノロジーなど)と結びつける。このような幅広い見方をすれば、生命現象は生物圏よりも古いことになる。なぜなら、地球物理学で扱う無生物の流動系は、生物学で扱う生物の流動系よりも前から地球上に存在していたからだ。

生命と構成と進化は物理的現象であり(「物理学」や「物理的現象」を意味する physics という英語は、「自然の事物」を意味するギリシア語の *physika* に由来する)、それら独自の物理法則に支配されている。[*3] 生命は物理的現象であり、より良いアクセスを目指して自由に形を変え、進化する(無生物、生物、人工の)流動系のいっさいから成ると書かれているのを読んだときに、科学教育を受けた人々がどれほど戸惑うかは、これまでの体験からよく承知している。なんと言おうと、「生物学（biology）」という言葉は、生命（ギリシア語の *bios* に由来する）の研究を意味するからだ。子供でさえ、動物の動きと、それ以外の動くものの世界（河川、風、海流、火山、雪、雨、稲妻、地震など）の区別はつく。

だが物理は、これら動くもののいっさいが持つ自然な傾向で、すべて一つだ。一九世紀の子供は、乗り物を馬という生き物に結びつけたのに対して、現代の子供は無生物であるガソリンやエンジン、ガソリンスタンドで親が払うお金と結びつける。未来の子供が本書を読めば、お金をガソリンや馬、馬の動力源となる飼料の燕麦（えんばく）とひとまとめにするだろう。

知識はこうして進化する——科学やテクノロジーや法規から、ひと言で言えば、文化になる。それぞれが明白で、ばらばらに理解されていた事柄が、はるかに大きくて単純な一つのものにまとまる。新たな世代が登場するたびに、その世代の子供はより聡明な親や教え手へと成長し、不確かで統一を欠く過去にしだいに疎（うと）くなる。知識は人から人へと伝わりやすく、自然に広まる。私には芸術と科学が別物とは思えない。どちらも動いている心的イメージにまつわるものだからだ。見る人を感動させる芸術作品を制作しているときにも、同じ見る人の心の中にさまざまな心的イメージの爆発を引き起こす科学のアイデアを思いつくときにも、得られる内なる喜びに違いはない。科学者と芸術家は同じ人種に属するのだ。

自由に形を変える動きはマクロの現象だ。動くものは、他の動かないもの（環境）に対して相対的に動いている。動きは差異であり、差異は目に見える。私たち観察者はこの現象を、構成、配置、デザイン、構造、変化、進化といった多くの言葉で呼ぶ。こうした呼称はしっくりくる。五感から絶え間なく入ってくるイメージと同じぐらい古く、同じぐらい頻繁に接するものだからだ。目に見えない分子や原子、亜原子粒子は興味深いかもしれないが、進化する構成のマクロの生命現象とは異なる。それらのランダムな動きや無秩序、ブラウン運動の記述は、河川、肺に出入りする空気、都市交通、航空交通の道筋の記述と同じではないのだ。

貧しさよりも豊かさを

本書『流れといのち』は、前作『流れとかたち』で取り上げた範囲の外まで及ぶ。私はさまざまな例を積み上げ、読者のみなさんが自分自身の人生と今日の私たちの文化の中で、この生命の原理の重要性を理解する役に立ちたい。例は、地球物理の領域と動物の領域、古い領域と新しい領域の両方に由来する。これらは、異質のものの取り合わせではなく、一つにまとまる。なぜなら、自然界の生命現象は単一のものだからだ。私はコンストラクタル法則こそが、生命を持続する、進化するデザイン（力の生成と利用、輸送、テクノロジー、進化、さらには、新しいアイデアや装置、知識、富、より良い統治の拡がり）の本質であることを示す。

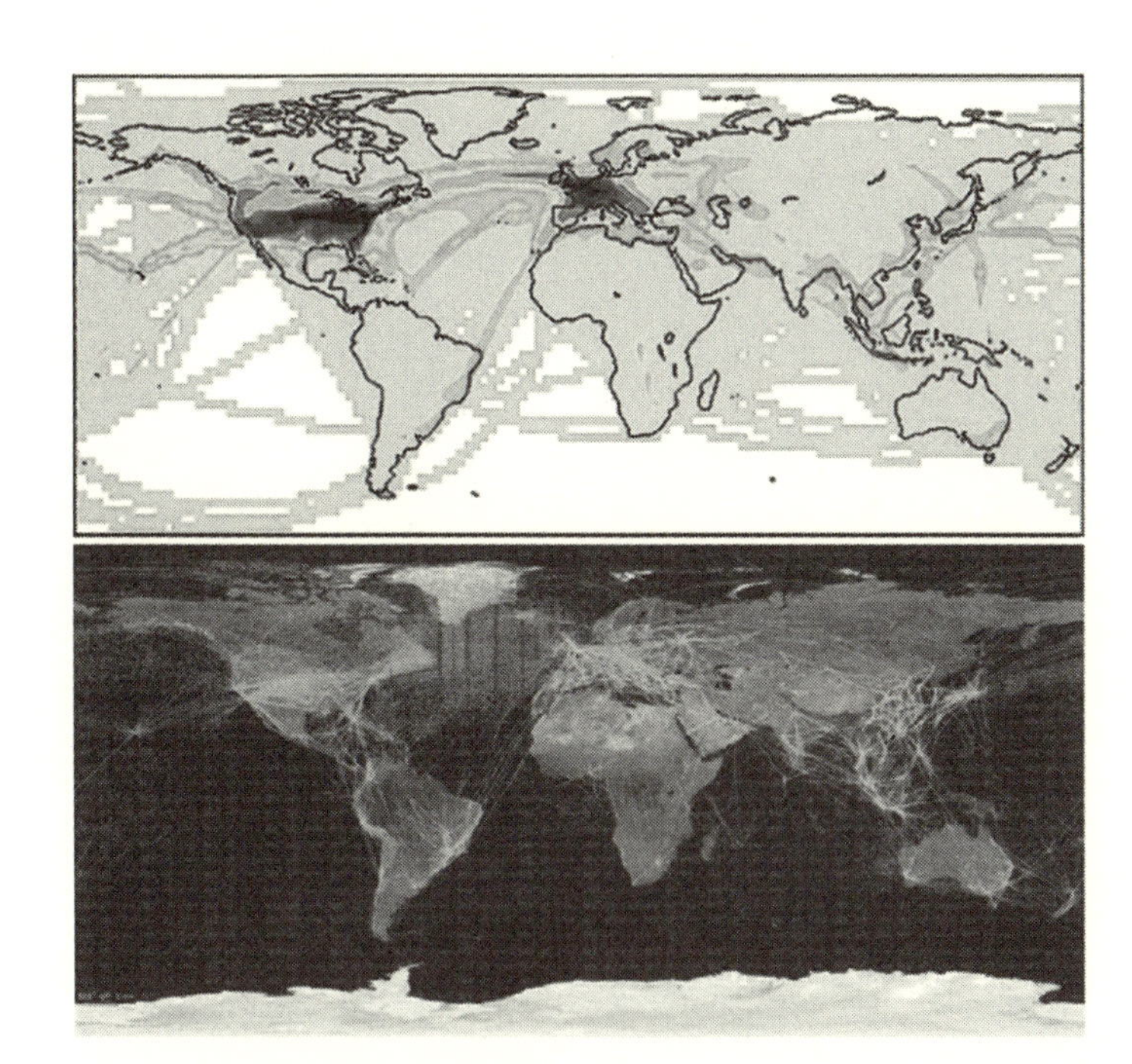

図1.1　旅客大量航空輸送の世界地図
上段——1992年に飛行機が飛んでいた場所（便数が非常に少ない経路は示されていない。Springer: K. Gierens, R. Sausen and U. Schumann, "A Diagnostic Study of the Global Distribution of Contrails, Part 2: Future Air Traffic Scenarios," *Theoretical and Applied Climatology* 63（1999）: 1-9から許可を得て、変更を加えて転載）。
下段——今日の旅客大量航空輸送の世界地図（欧州宇宙機関の "Proba-V Detecting Aircraft," January 5, 2015, ©ESA/DLR/SES から許可を得て転載）。

『流れとかたち』を仕上げていたときに、とりわけ興味深い発見があった（そのおかげで『流れといのち』の構想が閃いた）。それは、地球上の大量航空輸送には明確な階層的配置が見られるということだ（図1・1）。航空交通は地球上で人間の居住する地域全体を（脳の皮質のように）つないでいるが、航空交通の大半は北大西洋で見られる。

人間の動きには地理と歴史がある。この動きは、あらゆる河川流域を合わせたもののように、少数の大きな流路と多数の小さな流路から成る、絶えず変化を続ける世界地図を生み出す。そしてそこには階層制がある。私は自分がマサチューセッツ工科大学（MIT）で受けた教育が忘れられないので、これについて物理の観点から考えた。航空交通は燃料を消費するエンジンが原動力になっているから発生すると考えた途端に、燃料の消費量も階層的で、独自の世界地図を持っているに違いないことに思い当たった。これだ！　燃料を大量に消費する少数のものが、燃料を少量だけ消費するもっと多くのものと協力して、世界中の全人口のあいだにおける動きの流れを拡げる。全体の階層制は動く人の誰にとっても良いのだ。

人はお金があれば旅をする。大量航空輸送と燃料消費の地理がグローバルな発展の地理をはっきり示していることが、私には一瞬にして明らかになった。大西洋をまたぐ空の架け橋の二本の脚は、世界中で最も進んだ地域である西ヨーロッパと北アメリカにしっかりと（そして歴史的に）根を下ろしている。こうして私は、国ごとに毎年の燃料消費量と経済発展の度合い

（毎年のGDP、すなわち国内総生産で測る）とを対応させるグラフを描くことにした。

その結果を図1・2に示す。燃料消費量と「富」とのあいだには、驚くほど鮮明な相関関係が見て取れる。燃料の消費は物理的である（実体を伴うので、燃料は重さを量れるし、それを燃やしたときに得られる力も計測できる）のに対して、富や、経済学で使われる他の「明白な」概念（効用、貨幣という発想、裕福であること）はすべて実体を伴わない。どうやら経済学も物理学らしい。有形のものと無形のものの両方を網羅するのだから。

ここから私は、さらなる発見に行き着いた。ある国で毎年消費される燃料は、自国の航空旅客を運ぶ飛行機ばかりでなく、それよりもはるかに多くのものを稼働させているのだ。消費された燃料は、動くもの、蹴るもの、加熱するもの、冷却するものなど、あらゆるものを稼働させている。それは社会全体の原動力となっている。社会を生かし、持続させている。なぜ私は「動くものすべて」と言うのか。なぜなら、燃料消費量とこれほどぴったり合致する富の尺度（GDP）によって、社会の中で生きるもの、動くもの、変化するもののいっさいが説明できるからだ。

図1・2を描いているときに、さまざまな古い謎に対する、従来とは異なる答えが私の頭の中で声となって響き始めた。たとえば、なぜすべての国が同じ一本の線に沿って右上がりに突き進んでいるのか。なぜアメリカが先頭を切っているのか（アメリカ人は他国の人々より利口なわ

けではない。実際、アメリカ人の大半は、他国の人々の子孫だ)。なぜありとあらゆる個人や集団が、「富」を手にしたいという衝動を持っているのか。

こうした疑問に対する答えは、たった一つの事実に煎じ詰められる。すなわち、変化する自由を伴って動き、変わるものなら誰であっても何であっても、より多くの、より容易な動きを求める衝動を持っているという事実だ。これは図1・2の中では、丸印が燃料消費量の減少ではなく増大を示す右方向にどんどん移動していくに違いないことを意味する。燃料消費量を削減する者などいない。豊かさよりも貧しさを、生命よりも死を好む者などいないからだ。

こうして本書『流れといのち』の構想が生まれた。頭の中に響くこの声、すなわちGDPと燃料消費との関係に導かれた私は、科学者や学識経験者、政治家、一般人が明白と考えているさまざまな見方に疑問を抱いた。その声のおかげで、私はすべての答えを科学という単一のものの傘下にまとめることができた。

科学にはある隠された真実があって、それが本書で明らかになる。科学は私たちにまつわるものであるときや、私たちの役に立つときに面白くなる。だから本書に登場するアイデアは、私たちの必要性や、その満たし方、人類のためにより良い未来を築く方法に関するものなのだ。

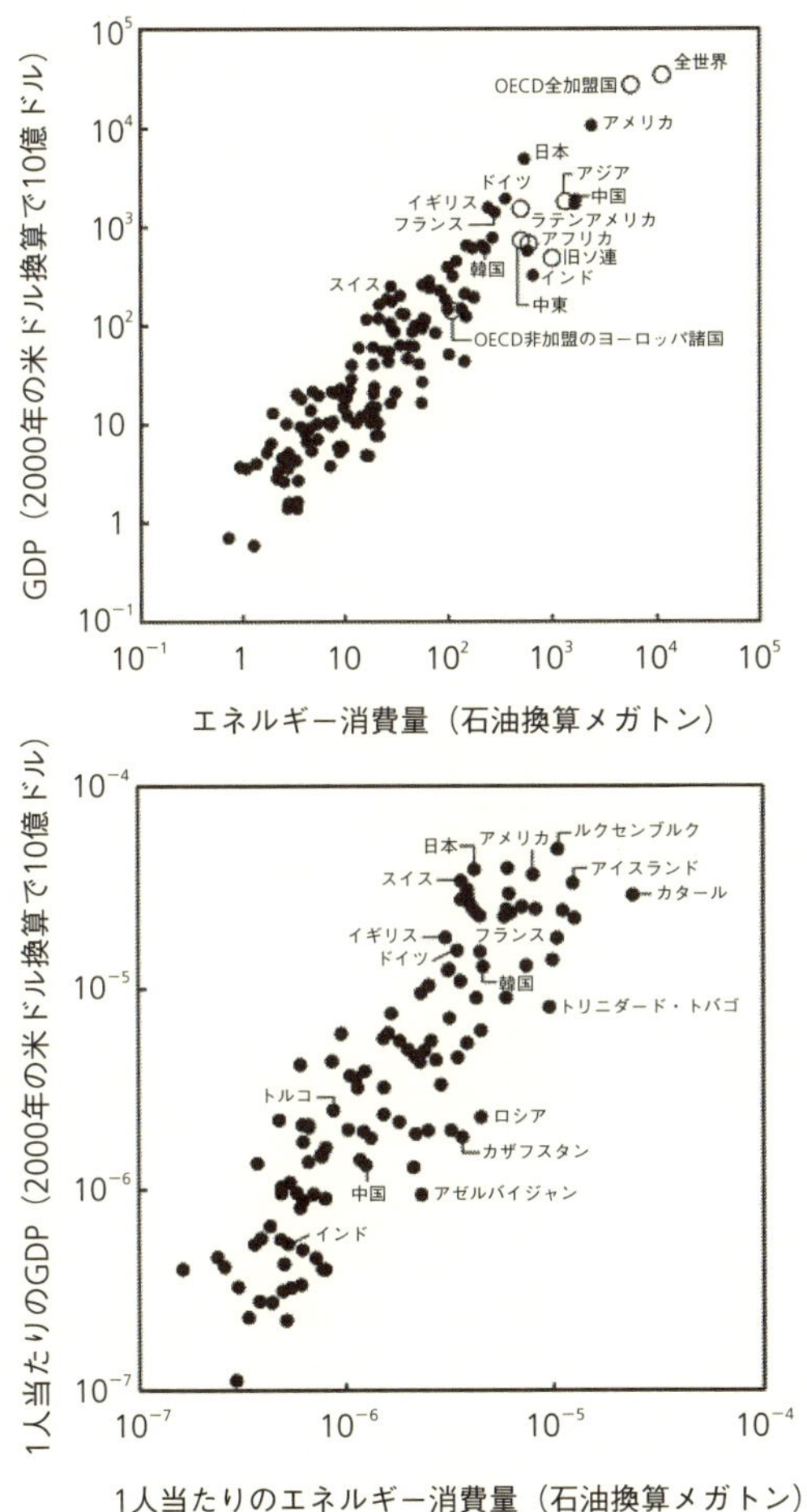

図1.2　富は動きである
経済活動は、人間が利用するために燃料が消費されることを意味する。世界中の地域と国家のGDP（国内総生産）と、それぞれの年間燃料消費量の対応関係を示したグラフ。データは、国際エネルギー機関の *Key World Energy Statistics,* 2006より。

人間は機械と一体化した種になった

『流れといのち』の内容は、あらゆる動物と人間が力を求めるという明白な事実に根差している。その事実は、食べたい（消費したい）という衝動や、図1・2における右上がりの動きにはっきり見て取れる。動物は食物を求め、車両や機械は燃料を必要とする。「人間と機械が一体化した種」（第4章参照）にとっての食物は力で、物理学ではこの力のことを、単位時間当たりに消費される「有効エネルギー」（あるいは「エクセルギー」）と呼ぶ。力からは動きが生まれる。体の動きや、内部の流れ（血液や空気を送り込むものなど）、外部の流れ（移動、移住、輸送など）だ。私たちは安全と快適さを確保する手段も力から得る。暖かさ、飲料水、健康、歩いたり自動車で走ったりしても壊れない道路や橋の建設などだ。

人間と機械が一体化した種という名称の中での「機械」という言葉の使い方については、少し説明しておく必要があるだろう。機械と言っても、自動車や動力装置、冷蔵庫、製造機械などのことではない。「機械」という言葉は、最も古い意味合いで使っている。すなわち、装置（contrivance 古いギリシア語では *mihani*）、つまり人間の骨折りをより効果的に活かすことを可能にする手の込んだ道具を意味する。私たちが自分と結びつける人工の品はすべて装置と言える。

シャツや、収穫した食物、動物や電気のコンセントから引き出した力もそうだ。私たちは長い年月を経るうちに、新しい装置のおかげで、より強力で、大きく、長命になってきたことは確かだ。とはいえ、機械は今日私たちに力を与えてくれている最大級の装置と混同したり、それらに限ったりするべきではない。

私たちは最初から機械を持っていた。機械は、科学が生まれたときから、力学とメカニズムとして科学の中にも存在していた。力学とメカニズムは幾何学と同じぐらい古いのだ。機械という言葉そのものは、物理学の領域に属する。なぜなら、機械は物理的なものであり、サピエンスという私たちのラストネーム（「賢い」あるいは「利口な」の意）の明白で測定可能なバージョンだからだ。言葉には意味がある。科学ではなおさらそう言える。

地球上での文明の発展と拡がりは、全体のより大きな動きのために、より多くの力がより多くの個人へと向かう流れだ。この流れは、力の生成と消費の進化（家畜から奴隷や農奴、風車、水車、蒸気機関へ）と、生活（個人の自由、健康、束縛からの解放、豊かさ、力の付与）の伝染性として、もっとよく知られている。このようなデザインの変更は、どれだけあっても多過ぎることはない。すべて良いもので、私たちの動きにとって有用なので定着する。これが物理的現象としての進化であり、生命だ。

誰もがより多くの力をほしがり、誰もがより多くの力を手に入れるために他者と協働する。

協働自体も動きだ。なぜなら「協働」の「働」は仕事を意味し、仕事には動きがつきものだからだ（物理学では、仕事＝力×移動距離）。協働は構成（目的と変化する自由を伴う流動の配置）の別名であり、目的と変化する自由が相まって生命を意味する。流れるものが自由に変化できるときには、右に曲がり、左に曲がり、また右に曲がり、より良い流れ方を見つける。時がたつうちに、流れそのものがより良い流れを可能にする。これが物理的現象としての持続可能性だ。

熱力学の概念としての生命は明快そのもので、簡単に把握できる。生命は死の反意語だ。熱力学において、死んだ状態の定義はしっかりと確立されている。それは、ある系（システム）（ある量の物質、あるいは空間内のある領域）がその環境と完全な平衡状態にあるということだ。たとえば、死んだ状態にあるときの系の圧力と温度は、その系を取り巻く環境の圧力と温度と同一だ。死んだ状態とは、その系も、その内部も、「何一つ動かない」ことを意味する。

死んだ状態の反対が生きた状態であり、今度はそれを定義しよう。生きた状態にある系は、環境と平衡状態にない。温度と圧力（と、その他の属性）の違いは、いたるところにある。系の内部にも、外部にも、系と環境とのあいだにも。その結果、系は押されたり引かれたり、熱せられたり冷まされたりし、系の中には流れが、そして何より構成が見られる。系は全体が動き、また動いたり流れたりしながら自由に形を変える。

生きた系には流れや構成、変化する自由、進化がある。こうした特徴は、いったん現れると、生きた系を死んだ系から際立たせる。

生命は動きであり、動き（そして生命）が起こるためには仕事量を費やすことが求められ、仕事には食物が必要で、食物は仕事から得られる。仕事は、人間にとっては労働、肉食動物にとっては戦いと狩り、草食動物にとっては絶え間なく歩き回って草を食むことを意味する。これらの言葉はみな口を揃えて、生命は仕事であると言っている。これが生命の物理の赤裸々な姿だが、それがなぜ重要なのか。それは、私が生業としている教育の現場では、仕事は人生のほんの一部にすぎないと、私と同年輩の人の多くが若者たちに教えているからだ。裕福な社会で現金に困らない子供は、すでにそう感じているかもしれない。そうした社会では地球上の他の場所よりも、食物がずっと簡単に見つかるからだ。とはいえ、全世界を眺めてみると、動き続けるためには、仕事量（力）を費やすこと以外からはけっして流れ出てこない食物その他（暖房、冷房、上水など）の流れを消費しなければならない、グローバルな人類の動きが浮かび上がってくる。

生命の捉え方

私たちの一人ひとりにとって、生命（人生）は自分だけの映画、厳密に個人的なショーであり、そこでは各自が脚本家と監督、プロデューサー、俳優、観客、評論家を兼ねる。撮影が始まると、本人が筋書きを改善していく。そのような映画ではみな、筋書きと撮影が向かう方向は同じで、より長い映画へというものだ。

この映画には始まりと終わりがある。始まる前には見るべきものは何もなく、終わったあとにも見るべきものはない。この映画の脚本に、休憩時間が一、二度入っている人もいる。それは、現代の外科手術に伴う短い無意識の時間だ。そうした休憩時間は、映画が始まる前や終わったあとと似ている。これらをすべて考え合わせると、やることは二つしかない。脚本を改善すること、そしてショーを楽しむことだ。

私たちは、生命というものを誤解し、二分法の捉え方に陥ってしまっている。自然と人工、生物と無生物、生命と非生命、生まれと育ちといった具合だ。ほとんどの人は、私たちが自分に似たじつに多くのものといっしょに流れていることを自覚していない。とはいえ私たちは、平地に降り注ぐ雨粒のようなものだ。水は空気中に戻らざるをえない。そして水は、多くのデザインを通って流れることでそれをやってのける。そうしたデザインには、樹状の河川流域や草を食んだり定期的に移動したりする動物、草、木や森、海の波、砂丘、海流や気流、さらには倒れた木や折れた枝による混乱などがある。どれも渦や回転、乱流を引き起こし、それがみな流れ、下流で死ぬ。そのすべてが生命だ。

共生したい、すなわち、いっしょに生きることが互いにとって有利なときにそうしたいという衝動は生命の物理法則の現れで、生物と無生物の区別なく、あらゆる場所で見られる。二つが合わさって一つの流れになる細流にそれが見て取れる。菌類とそれが付着した植物の根(菌根のネットワークと、土壌の流れと生命)にも見て取れる。社会組織のありとあらゆる例にも見て取れる(その場合、結びつきたいという衝動は利己的な起源を持つ)。

とはいえ、厖大な数の小さなものをまとめ、一つの大きなものを作り出せば最善の配置になるというわけではない。大きいものと小さいもののあいだ、少数のものと多数のもののあいだには、到達するべき均衡がある。大きいことは答えにならない。答えは、少数の大きな運び手と多数の小さな運び手が織り成す特別なタペストリーの助けを借りて、生物の地表〔本書で言う「地表(landscape)」とは、後述のように、一地域の地勢の全体で、生物や無生物などの活動の場となる〕、無生物の地表、社会的な地表で前より簡単にものを動かすことにある。この均衡、あるいは階層制は、私たちが見てきたどの領域でも存在が予測できる。これこそ、利用可能な平面領域あるいは立体領域を流れが最も容易に網羅する方法なのだ。

構成(デザイン)は自然に発生する。「構成(organization)」という言葉は、デザイン(器官[organ])が生きているという事実を物語る。内部にも周囲にも流れがあり、そのすべてが、より大きな全体に所属しているとともに、世界の中で形を変え、進化し、成長し、縮小し、動き続ける。協働は、もっと楽に動きたいという各自の利己的な衝動に由来するデザインだ。私たちは、めいめいにとってより有利なかたちでいっしょに流れるために協働する。そうした協働は、ものが流れる流路であり、流れを擁し、その流れとともに形を変える流路だ。「リンク」でも「ネットワーク」でもなく、二本以上の釘のあいだに張られた糸でもない。

進化の捉え方

成長は進化ではない。この二つの言葉はともに、形を変えて流れる構造を指し、ともに物理の法則を使って予測できる。とはいえ、両者は二つの別個の現象だ。成長は進化よりもはるかに短くて特殊（限定的、局地的）な時間スケールで起こる現象であるのに対して、進化は自然界ではビッグヒストリー（歴史学者デイヴィッド・クリスチャンが提唱するビッグバン以降の歴史を研究する学問分野とは異なり、著者は「生物圏の誕生以前からの長大な連なり」の意で使用している）と同じぐらい古く、普遍的だ。私は同僚たちとともに、物理学の法則に基づいて、成長がS字カーブを描く現象であることを証明した。成長は最初はゆっくりで、その後急速に進み、最後にまた減速して止まる。カラハリ砂漠で成長する三角州、癌性腫瘍、誕生してから成体になるまでの動物の体、雪の結晶の氷の体積はみな、空間を埋めるが、埋まる空間の大きさは時間の流れに沿ってむらがあり、

「遅」「速」「遅」の順で拡がり、成長の終わり（S字カーブの上端の平らな部分）に行き着く。オカヴァンゴ・デルタ（アフリカ南部、カラハリ砂漠の中にある世界最大の内陸デルタ。二〇一四年に世界遺産に登録された）が砂漠で成長する時間スケールは、上流のアンゴラにおける雨季の数か月という長さに相当する。それに比べると、この三角州の進化の時間スケールは計り知れないほど長い。流路の構造がその進化のデザインであり、それは砂漠の表に幾多の春が巡ってくるたびに刻まれてでき上がったものだからだ。

『流れといのち』は、自由が最も基本的で最も見過ごされている自然界の属性、いやそれを言うなら、熱力学の属性であることを検証する。自然界のあらゆるものには変化する自由がある。自由とは、流れの配置が変化したり、形を変えたり、進化したり、拡がったり、撤退したりする能力を意味する。この属性が自然の構成を可能にする。変化する自由がなければ、構成も進化も起こりえない。社会組織や文明や文化は、自由に変化して進化するこの自然の傾向を際立たせる、最もよく知られた進化現象だ。良いアイデアであるかのように見せかけた制約を課しておきながら、デザインを改善するなどというのは馬鹿げている。本書ではそうしたまやかしの議論は脇に置き、進化現象の根幹である物理に的（まと）を絞る。

『流れといのち』は、テクノロジーの進化を自然の構成という現象として探究する。テクノロジーの進化は、動物の進化や河川流域の進化、科学の進化と何ら変わりはしない。車両や飛行機は燃料を消費し、世界中を動き回る。車両や飛行機とその動きは、進化を続けるデザインだ。たとえば新型の飛行機は、より大きく（図1・3）、より少数で、より効率的な、重量の運び手であり、これは動物の進化に見られるものと同じ現象だ。[*4] 車両などは、結びつけられていっしょに流れる多くの構成要素（器官）の集合体だ。いずれ説明するように、一つの器官のために消費されなければならない燃料は、その器官の重量に比例する。同様に、ある車両や飛行機全体に必要とされる燃料の総量は、その車両などの重量（すべての器官の合計）に比例する。

流動系とデザイン

どんな流動系も不完全であり続ける定めにあるが、それでも全体として前よりうまく楽に流れるように、絶えず形を変えている。この進化の方向性に沿って、その不完全性（内部の流動抵抗）は、しだいに均一に分布するので、より多くの流動部分に、最も大きな応力が加わっている部分と同じだけの応力が加わる。このような方向での不完全性の分散には終わりがない。不完全性が均一になることはけっしてない。進化は永遠に終わらないのだ。

流動系についてこのように考えれば考えるほど、流動系は外見も機能も動物に似てくる。動物のデザインと動きは、これまでずっと謎だった。だが、マウスやサンショウウオからワニやクジラまで、動物たちは、体の大きさを流れと性能のパラメーターとに結びつける驚くほど正確な公式（冪乗則）によって関連づけられている。生きた系の物理法則を眺めるときには、そうした系を、力によって推進され、有限大の制約を課され、そして何より、変化する自由と、デザイン変更の進化の時間的方向性を伴う、動いている流動系として見るといい。

動物から車両や飛行機まで、何のデザインにおいても、流れは維持されなければならない。生命は動きだ。河川から歩行や走行、さらには身体的敏捷性や反射作用まで、何もかもが、流れることによって生命を維持する必要が

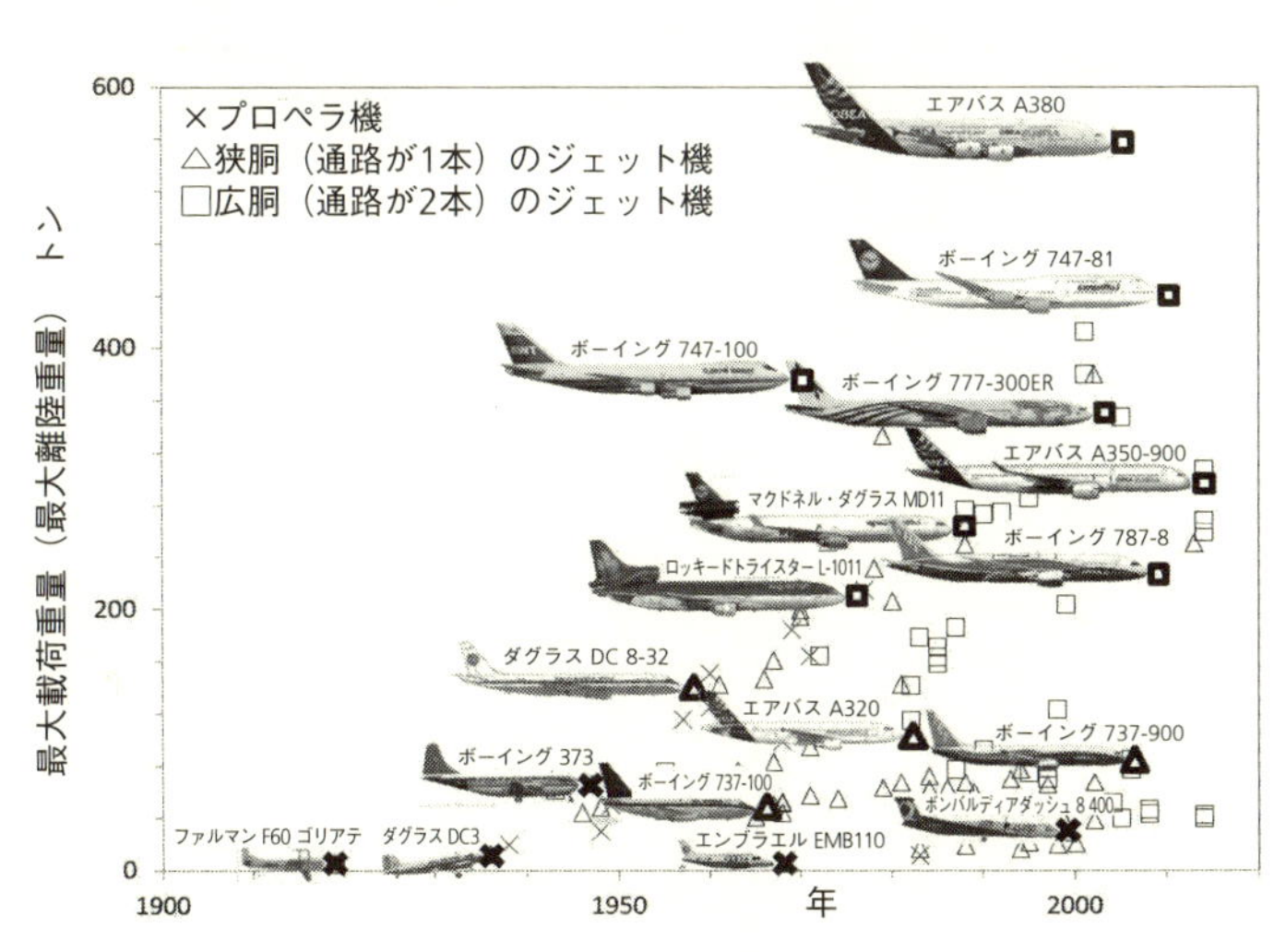

図1.3　商業航空の100年に及ぶ歴史の中で登場した主要な飛行機のモデル
A. Bejan, J. D. Charles and S. Lorente, "The Evolution of Airplanes," *Journal of Applied Physics* 116（2014）: 044901.

ある。

この発見は動物にも同様に当てはまり、そのおかげで自然界全般で大きさがなぜそれほど重要かが説明できる。大きな動物は大きな器官を、小さな動物は小さな器官を持っている。大きさは既定のものではない。大きさは進化するデザインの結果として生じる特徴なのだ。したがって、大きさは予測可能で、推論できる。動物の体全体が、自分の重量を地表で水平に動かすための輸送手段になっている。体全体はさまざまな器官から成る構成体で、それぞれの器官は個別に調べれば「不完全」だ。体全体は、個々の不完全な器官をより良い構成にまとめ上げるべく進化する。全体が生きており、進化を続けている。

この自然の流動構成にとって、多様性と階層制は不可欠の特徴だ。大きいものは数が少なく、小さいものは数が多い。階層制は不平等ではない。自由と両立するものだ。階層制は自然のデザインの一部であり、予測できる。食物連鎖と貨物運送システムは、自然の構成のうちでもよく知られている部類だ。階層制は、地球を網羅する脈管構造デザインの中のさまざまな領域に配置された力の生産者と使用者を結びつける。先進国の居住者は、より多くの重量を、より大きな流路を通して、より長い距離にわたって動かす。一国の全経済活動は、このような動きにほかならない。

非生命系の進化

本書は、すべて物理的現象としての進化についてのものであり、どれも自由に動き、形を変えている生物と無生物のいっさいを対象とする。そして、進化の考え方を非生命系に当てはめることに、とくに力を入れる。テクノロジーに関して（科学者にとって）素晴らしいことの一つは、誰もが進化を目にできる点だ。電子部品の小型化もそのような進化現象の一例だ。自分の体や自動車、持ち物などを、より簡単に、より長時間、より長距離にわたって動かしたいというこの衝動は、私たちの一人ひとりに由来する。より小型の構成要素へと向かう「革命」は存在しない。あるのは絶え間ない進化であり、私たちはそれをテクノロジーだけではなくありとあらゆる領域で目にする。古代から今日に至るまでの筆記の変化を少し考えてほしい。粘土板や石板、平らに削った石材から、（順に）パピルス、羊皮紙、書物、大量印刷、ソフトウェアへと、もっと高密度にものを記せる素材が続いた。

スポーツもまた、進化が目撃できる分野だ。スポーツは見れば理解でき、一目瞭然でわかりやすいため、ほとんどの人はその科学的な重要性に気づいていない。ところが、目立たないとはいえ、自然界における生命現象をはっきり示すことに、スポーツの進化が貢献している。たとえば私は、スポーツの将来を予測する方法や、最速の走者や泳者が大きく（背が高く）なっている理由、この傾向が物理的要因のせいで継続していくだろうことを、明らかにする。また、短距離走者が大きくなり、長距離走者が小さくなるという、走行の「分岐進化」も説明する。野球のように投げる動作を含むチームスポーツでの進化の記録を見ると、選手の背が高くなっていることがわかる。そして、グラウンドでの選手の身長の分布は、速く投げる必要性と一致するかたちで進化してきた。

この大きさの影響は、生命のデザインの核心にあり、飛行機や電子機器、運動選手にだけでなく、いたるところで見られる。動物、車両、河川、風、海流など、どこを見ても大きいものほど速い。大きいものは、より効率的に重量を動かす輸送手段だ。また、大きい動物のほうが長生きし、生きているあいだの移動距離も長い。大きな石ほど遠くまで転がり、その動きが長続きする。大きな波についても同じことが言える。さらに、動くもののすべてが、最大になるように進化するわけではない理由や、自然の構成が階層制と多様性を持たざるをえない理由も本書で明らかになる。生物・無生物両方の領域の全般で見られる、この構成の普遍性が、この現象を理解するカギだ。

統治機関は流路の働きをするさまざまな規則の複合体で、その流路が地球上の人間社会（人と財）の動きを導き、促進する。こうした流路がなければ、私たちは湿地の水のように身動きがとれなくなる。身動きがとれなければ、貧しく、ひもじく、寒く、不幸せで、短命になる。

より良いアイデアは、より良い法律や統治機関と同じ物理的影響を与える。進歩したい、組織化したい、結びつきたい、他者を説得したい、変化を起こしたいという衝動は、私たち全員が共有する特性だ。だから人間と機械が一体化した種は、より大きく、楽で、効率的で、長距離で、長続きする動きを指向して進化する。これこそが、紛れもない進化だ。進化は避けようがない。私たちは日々、進化に関する話を読んだり聞いたりする。進化するデザインが自由とより良い統治機関に向かう傾向は自然の一部であり、したがって止めようがない。

『流れといのち』は、最も広い科学的な意味で、物理的現象としての進化の意味を明らかにする。進化とは、時の経過とともに流動構成の中で起こる変化を意味する。そしてまた、そうした変化が目標や意図、目的を持つかのように、特定の方向で起こることを意味する。これは地球物理学にだけではなく、テクノロジーや運動選手、動物にも当てはまる。有効な進化やデザイン変更はみな、経済やテクノロジー、生物の系、無生物の系のどれにおいても同じ方法で測定される。グローバルな流れを促進すれば、有効だ。より多くの流れを自由にすれば、より有効と言える。これはテクノロジーの進化と経済において、とりわけ明白だ。進化はけっして終わらない。

「真実を探し求める者を信じよ。それを見つけた者は疑え」

アンドレ・ジッド

知識とは、デザイン変更をもたらす、人間と機械が一体化した種の能力と行動のことを言う。知識とは、絶え間なく広まるノウハウだ。情報は知識ではない。データも知識ではない。データは自ら広まることはなく、知識の運び手である個々の人間によって広まる。技術者はそうした運び手のうちに含まれる。彼らは科学者であり、小手先でものをいじくり回す人間ではない。彼らの見識は、動いている心的イメージや、あらゆる動きの原動力となる力の由来について考えることから生じる。発明家はデザイン変更に関する知識の運び手だ。彼らは自分が何を運んでいるかを絶えず問い、うまくいかないものを捨て、より良いデザイン変更を推進する。

「進化」はほぼ必ず「生命」と結びつけられ、その結果、進化についての科学的議論は生物圏から引いてきた例にまつわるものとなる。だが、地球物理学の流動系はすべて、生物圏が誕生するよりもはるか前から進化していた。乱流、河川流域、稲妻、気流と海流、地殻運動、海岸線の周期移動、砂丘など、枚挙に暇がない。

なぜ地球は真っ平らにならないのか

自然界の生物・無生物両方のあらゆる領域における進化は、河川流域の発達を記録した動画のようなものだ。ごく小さな流れのためのごく小さな入口が開き、川が成長し、平地にあふれる。このデザインはあまりに絶妙なので、下流の町は、洪水を止めようにもなすすべがない。水は細かい土粒子や小さな石のかけら、大きな丸太を脇に押しのけ、前の年に残された土手を突き破る。地球物理学者はこの現象を「浸蝕」と呼ぶが、実際には形成や構成が起こっているのだから、それを適切に言い表すにはこの言葉では足りない。浸蝕（erosion）は、齧歯類（rodent）と同じで、「かじる」「歯で擦り減らす」「破壊する」という意味のラテン語の動詞 rodēre に由来する。だが、川の水は見境なく刃を向けたりはしない。特定のときに特定の場所だけに襲いかかり、別の場所では構築もする。その結果が流動構成、秩序――そして、雨季の止めようのない洪水だ。洪水は木の分岐構造と同じ流動デザインを持っている。洪水は、地表における水の流れの樹状構造だ。もし洪水が、平地に効率的に侵入するために樹状の階層的流路を持つように構成されていなかったら、誰もその行く手から逃げ出す必要がないだろう。平地は一面のぬかるみと化すはずだ。

河川流域の進化を捉えた動画があればやはり、全地球の起伏という進化するデザインのうち、可視部分を映し出してくれるだろう。出発点は物理の原理だ。物理の原理のせいで、降雨は自然と一つの構造を生み出す傾向を持っている。それは流路と湿気を帯びた土手の構造で、海へのアクセスをしだいに容易にする。話をわかりやすくするために、雨は絶え間なく一様に降ってくるとしよう。これはつまり、湿気を帯びた平地から河口へと運ばれる水の量は、常に一定ということだ。河川流域の構造は、より容易なアクセスを指向して絶え間なく進化したいという衝動を持っており、それは、地表の起伏も進化し、丘や山が時とともに低くなることを意味する。流れが楽になれば、流れを推進するのに必要な重力の位置エネルギーが少なくて済む。これが自然界で起こることであり、物理の観点から見た浸蝕という現象が、より流れやすい樹状デザインを指向して河川流域が進化するのと同じ現象である理由だ。

だとすれば、なぜ地球の表面は真っ平らにならないのか。平地はもちろん平らではあるが、なぜ山々も平地と同様、恒久不変に見えるのだろう。それは、世界の河川流域が山肌を削り取るあいだにも、山々は隆起を続けているからだ。これら二つの現象のあいだの均衡が、私たちの目には起伏として映る現象を支配している。山々は火山活動や構造プレートの衝突のせいで隆起する。水底から押し上げられた固い地殻は、今度は浸蝕作用とその後の堆積作用を通して河川によって水底に戻される。この地殻の周期運動が、地殻の攪拌（かくはん）の本質だ。この循環する地殻のループは、乱流の渦と類似している。このループは地球と同じぐらい大きく、その歴史はビッグヒストリーに劣らず古い。

ビッグヒストリーにおける地殻の周期的な攪拌について、私たちはどうして前述のようなことがわかるのか。私は子供のころ、多くの夏をカルパティア山脈〔著者の祖国ルーマニアとその周辺国にまたがる山脈〕の登山で過ごした。この山脈を真っ直ぐに横切るかたちでいくつかの川が刻んだ深い峡谷を見て、不思議に思ったことを覚えている。河川が岩を浸蝕し、削り取られた破片が下流に流される、と私は説明された。この説明は正しいのだが、とうてい十分とは言えない。河川は山を切り裂くには、上に向かって流れなければならなかっただろうが、それはナンセンスというものだ。河川が流れる自然な方向は、山脈に沿い、最終的にはそれを迂回するもののはずだ。

だが、河川のほうが山脈よりも古ければ、話は別だ。その筋書きでのみ、峡谷は誕生しえた。河道（かどう）の走る平地がゆっくりと隆起し、今日の山脈となった。河川は流れ続け、隆起する地殻を切り裂き続けたわけだ。

水中翼船が現れた

というわけで、科学を成立させるには、問いを投げかけなければならない。科学からテクノロジーや富まで、生命を維持してくれる良いものをすべて手に入れるためには、問題を提起する自由が不可欠だ。動きや科学、アイデアと富の点で世界の上位に立つ国々（図1・2）が、現実や権威に疑いの目を向けるように若者を促す国々であるのは、偶然ではない。

最も疑問を抱きにくいのは、最もありふれた出来事だ。それらが自然の傾向（現象）であると認められるまでに、なぜそれほど長い時間がかかるのか。そして、物理学において短い言葉、すなわち第一原理として記録されるまでには、なぜなおいっそう時間がかかるのか。それには以下のような理由がある。人間の頭脳の進化は、人間と機械が一体化した種の進化にとって不可欠な部分だ。環境や動物、人間自身によってもたらされる思いもよらない危険に出くわしたとき、生き延びるために適応したり変化したりするのは、自然なことだ。だから、私たちが真っ先に問題にするのは尋常でないことや驚くべきことだ（驚くまでもないが、英語の surprise［驚かせる］という単語はもともと、捕食者の鉤爪（かぎづめ）がわしづかみにするかのように、上からつかむことを意味する）。逆に私たちが疑問の目を向けることが最も少ないのは、おなじみで、何の脅威も感じさせない事象だ。だから、科学では新しい疑問が稀なのだ。

私は本書の読者に、新たな目で地球を眺められるようになってもらえればと願っている。人間や自動車、航空交通、統治機関をはじめ多くのものの、よく似た流れが拡がる脈管構造として、地球を眺めるのだ。より良いアイデアを思いつきたいという衝動が、より良い法律や統治機関を持ちたいという衝動と同じ物理的影響を持っていることが、本書によって読者に明らかになればと願っている。私はこの「衝動」という言葉を、これ以上ないほど広い意味で使っており、たとえば自然の傾向、欲求、意図、意欲、本能といった、よく見かける他の言葉の意味をすべてそこに含めている。

進歩したい、組織化したい、結びつきたい、他者を説得したい、変化を起こしたいという衝動は、私たち全員が共有する特性だ。だからこそ人間と機械が一体化した種は、より大きく、楽で、効率的で、長距離で、長続きする動きを指向して進化する。これは赤裸々な進化であり、突き詰めれば、持続可能性と、持続可能性の達成法の物理学的側面の基盤でもある。

私はルーマニアのドナウ川デルタの近くにあるガラツィという町で、共産主義政権の下で育った。パスポートなどというものはなく、私たちは祖国を離れられなかった。だが、停泊中の外洋航行船やその名前、旗、外国人船員を見ることができた。おかげでどれだけ想像力を育まれたことか。

私は、親の世代に人気のあったジュール・ヴェルヌらの作品にのめり込んだ。共産主義政権の下では、これらの古い小説しか読む価値のあるものはなかったのだ。近所の子供たちは、それを回し読みしていた。

そうした本に比べれば、私の想像力など霞んでしまう。ヴェルヌの本には、ネモ船長とノーチラス号や、『気球に乗って五週間』（手塚伸一訳、集英社文庫、二〇〇九年、他）と『八十日間世界一周』（高野優訳、光文社古典新訳文庫、二〇〇九年、他）に出てくるはるか彼方の土地の、原作の挿絵が入っていたのだ。

世の中の動きは、流れやすくなるために流れ、変化していることを、私はこれらの本から学んだ。それを身の周りで目にすることができた。私の子供時代には、蒸気で動く外輪船がドナウ川を行き来していた。私が大きくなるにつれ、ディーゼル船がそれに取って代わっていった。そしてルーマニアを離れる直前には、水中翼船（船底に水中翼をつけた高速船）が現れた。こうして私は、ジュール・ヴェルヌの想像力の世界とレオナルド・ダ・ヴィンチの絵に見られる進化をわが目で見たのだった。

私は自分が読んだ本に出てくる発明の数々を現実の世界で見てみたいという衝動を覚えたためしがなかった。それは、自分が育ちながら目にしていた進歩によって、その衝動が満たされていたからかもしれない。私は外輪船が水中翼船になり、通りを行く馬車が自動車に取って代われるのを見た。親は自動車は持っていなかったが、私は自動車に乗って、顔に吹きつける風を感じる機会はあった。列車には胸が躍った。飛行機には畏敬の念を覚えた。私は一九世紀の遺物だったと言えるかもしれない。

今や、人間は地球ほど大きい生きた系の一部だ。人間と機械が一体化した種は刻々と進化しており、これからもさらに良くなっていくことが私にはわかっている。すべては流れ、変化している。じつに、じつに驚異的ではないか。

第2章　全世界が望むもの

野生生物に魅了される人は数知れない。カラー写真を満載した自然雑誌やテレビの動物ドキュメンタリー番組がもてはやされていることからもそれがわかる。テクノロジーが進歩するにつれて、カメラがいよいよ多くの被写体をクローズアップで捉え、科学者たちが新たな発見をますます声高に伝える。

実際、自然の営みを映し出した画像には心を奪われる。人気ドキュメンタリー番組の一つに、アリたちの知恵を特集するものがあった。この厖大な数の単純な生き物は、社会を構成して暮らし、働く。ドキュメンタリーのコメンテーターは、アリたちが知恵を体現していると語る。なぜなら、個体ではなく「全体」が自らの構成の恩恵に与っているからだそうだ。アリたちの知恵は生存を助けるうえで非常に有効なので、コメンテーターは人間の知恵に疑問を呈する。人間は些細な事柄まで一つ残らず、個人の経済的利益を最大にするために最適化することに執着しているように見えるという。

だが、アリの知恵を人間の知恵の上に位置づけたなら、それは大変な見当違いとなる。問うべきなのは、これら二種類の「知恵」、すなわち、（アリと人間の両方の）集団の知恵と、（アリと人間の両方の）すべての個体に見られる経済的知恵が、なぜ自然に発生するのか、だ。以下にこの新たな疑問に対する私の答えを示そう。

火と文明

夜間に西アフリカの地に着陸するときには、飛行機の窓の外の世界は真っ暗だ。大西洋の真ん中に浮かぶ小島に夜間着陸するのに等しい。空港の近くに、小さな明かりがぽつぽつと現れる。いくつかの小集団が暖をとるための焚き火だ。人々は暗い夜空に散らばる星が織り成すパターンのようなもので、彼らが燃やす燃料にしても同じだ。だが、そのパターンは均一ではない。人々と焚き火のパターンは、地表での燃料の消費と動き（生命）の拡がりのデザインを反映している。

火が利用できるようになったのに続いて興った文明が、地中海、インド、中国の、同じ温暖な気候を持つ三つの河川流域にそれぞれ独自に出現したのは、けっして偶然ではない。これらの地域の緯度における環境では、気温が一年を通して生存のために許容できる範囲に収まっており、火で暖をとる必要性が最小限で済んだ。したがって、人間の文明における火の採用は、より大きな力へつながるデザインの変更（すなわち、一つの移り変わり）であり、層流（規則正しい滑らかな流れ）における乱流（不規則な乱れた流れ）の出現や動物のデザインにおける視覚器官の出現、泳ぎからの走行の出現や走行からの飛行の出現と同じ性質を持っている。火の採用も、火のない状態からある状態へという、同じ見紛いようのない方向で起こったのであり、けっしてその逆ではない。それはなぜか。

この疑問に対する答えは、こうした移り変わりのすべてに共通している。すなわち、動きを促進するため、流れを促進するためだ。火は、地上における人間の質量の動きが増すことを意味する。火は、地表でより多くのアクセスを得るために、人間がより簡単に動くことを可能にする多くのテクノロジーの源泉となる。火は、いわば運搬可能な即時のシェルターであり、シェルターは動きの継続のためになる。火を手に入れた初期の人類は、暖かさと乾燥と安全を確保するために、もう洞窟に頼らずに済んだ。人間は火のおかげで捕食者や有害な生き物ばかりではなく、病気や近隣の人々の脅威も避けられるようになった。また、長距離の通信を行なったり、仲間を誘導したり、警報を発したりする手段を得た。

火は人の動きにとって都合が良かった。そして、都合が良かったから採用された。火の使用は広まり、定着した。良いアイデアは遠くまで伝わり、古くなったときにさえ広まり続ける。

けっしてすたれない点で、言語やアルファベット、ことわざ、宗教、科学と似ている。火は、長寿や暮らしやすさをもたらす文明への階段を形成する、多くの段の一つだ。だが、火というステップは巨大だった。なぜなら、今日私たちの生活を持続している文明は、火抜きでは考えられないからだ。火は、新しいシェルター（人間の定住地）、新しい食物（料理法）、冶金術、道具、武器の発明といった、他の大きなステップの数々が実現するための前提条件でもあった。古代ギリシア人はこのステップ（火）を、水、土（地）、風（空気）とともに自然界の四元素に含めている。

火の不滅の地位は、産業革命によって再確認された。熱機関の発明は、人間が利用できる力の劇的な増加を意味したからだ。火は、動物や奴隷からではなく、無生物（最初は石炭、のちには石油）から力を生み出した。

熱の流れとかたち

熱も、自然界の他のどんな流れとも同じで、「高」から「低」へと流れる。私たちが頭を使い、熱の流れに沿って、「高」と「低」のあいだに自分や装置を配置すると、加熱の持つ、生活を向上させる効果（皮膚と直に接している空気や水の温度を制御する能力）を享受できる。加熱作用を提供するためには、熱が生活空間の中をなるべく多く通過しながら火から周囲の環境へと流れるように、熱源と人間の生活空間を配置しなければならない。人間が火をつける燃料の山は、図2・1に示したとおり、高さと底部の幅が等しい。[*1] 人々は燃料から最も高温の熱源を確保するために、この形にして火を起こす。人間の集団に熱を分配するためには、流れの経路は熱の流れのためにデザインされていなければならず、集団はこうした流れが環境に漏れ出す前に、途中で捉える。

ありふれた火の形状（図2・1）

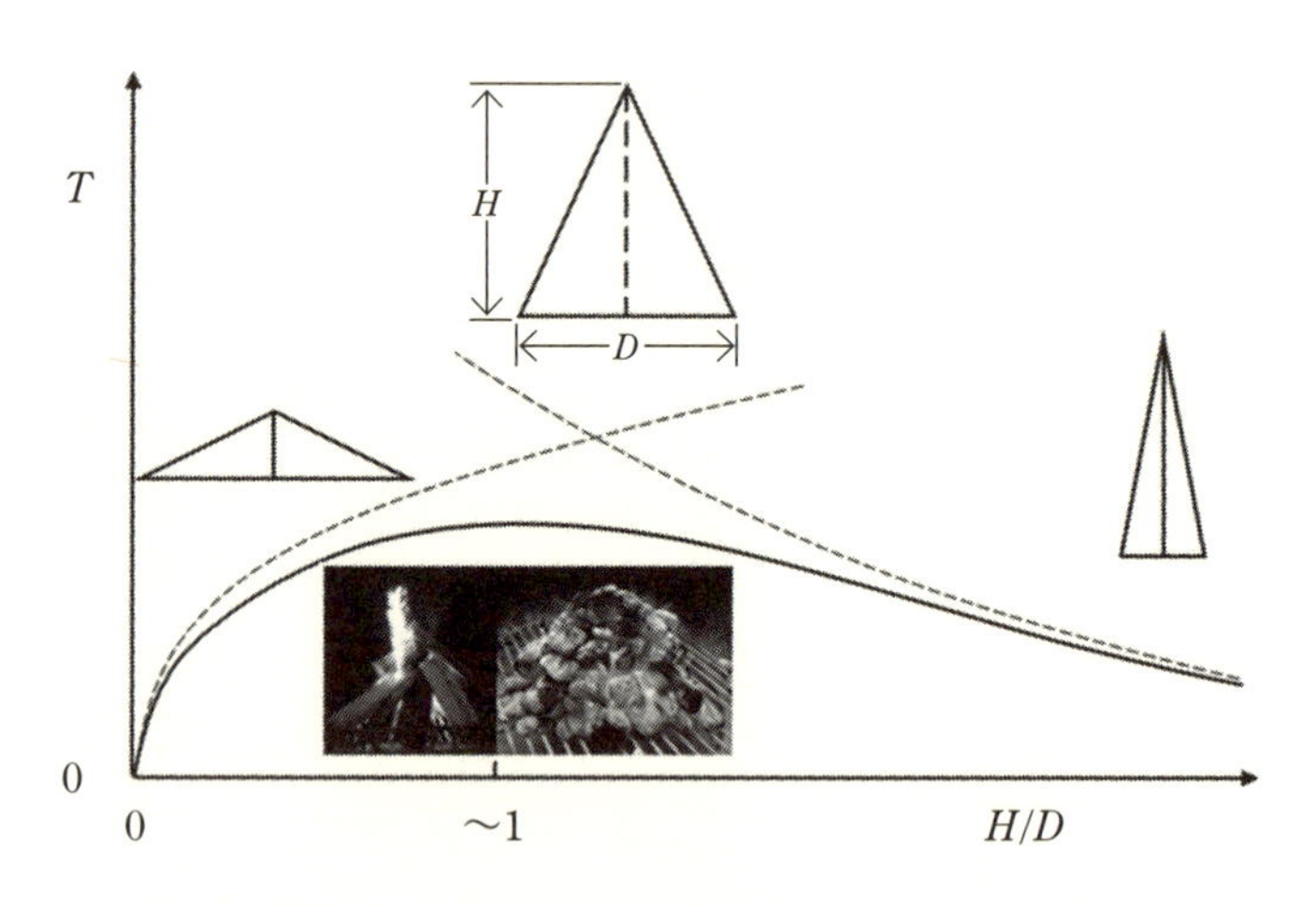

図2.1　火の温度（T）は、燃料の山の縦断面の形状（H/D）の関数となる。山が高いと、周囲の空気のせいで温度が低く保たれる。山が低いと、燃焼を維持するための空気が内部に引き込まれない。これら両極端の曲線の交点によって、一定量の燃料を燃やしているときに最高温になる構造を特定できる。
A. Bejan, "Why Humans Build Fires Shpaed the Same Way," *Nature Scientifc Reports* (2015): doi:10.1038/srep11270の図から一部改変。

を見ると、私たち一人ひとりが持っている経済性の感覚が物理に起源を持つことが明らかになる。人はなぜ、正しいことを図らずもするのか。答えは、経済は物理だから、あるいは生命は動きだからだ。火の形状は、人間に力を与えた「エネルギー・テクノロジー」の第一号だった。ワットの蒸気機関から全世界に及ぶ脈管構造の採取・分配網（石油、力、輸送など）まで、人間が火で作る他のエネルギーデザインの前触れだったのだ。都市での裕福な暮らしは、ボイラーや機関車のデザインの進化から蒸気タービン発電所のデザインまで（それらは一つの構造に収斂しつつある）、火の進化の現代版に依存している。多種多様な可燃物の山の昔ながらのデザインである火の形状は、収斂進化の初期の例なのだ。

私は火の形状についての論文を書いているとき、指導している外国人留学生のうちの数人（アラビア半島、中国、アフリカ出身）と、ちょっとしたゲームをした。村落や砂漠、未開墾地でどのように火を起こすかを私は彼らに尋ねた。すると全員が同じような略図を描いた（私は自分の描いた絵は見せてはいなかった）。この形状がどれほど古いかについて、一つヒントを出そう。古代ギリシア語の *pyra* は、燃え上がらせるために積み上げた木、すなわち薪の山（英語では pyre）を意味する。のちにギリシア人たちが幾何学を発明した（そしてエジプトについて知った）とき、*pyra* に似た形の立体を *pyramis*（ピラミス）と呼んだ。もう、おわかりだろう。エジプトのピラミッドは、ギリシア人たちの火の起こし方を三次元で記録しているのだ。言葉というものは歴史を物語る。

多くの新しいアイデアが現れ、変化が起こるが、昔から伝わっているアイデアは、受け容れられ、使われ、図らずも維持されてきたものだ。人間の進化に関して私が（火の形状について書く前に）成し遂げた発見には、エジプトのピラミッドと中央アメリカのピラミッドが同じような形状になっている理由や、幅と高さの比がおよそ3対2になる、黄金長方形の形状を人々が好む理由などがある。これらはみな、図らずも好まれている。

うまくいくものが維持される。それが進化だ。どのようなことも許される。すべては恩恵を得るためだ。

少し先回りして言うと、私たちが自らの居住空間を熱源（燃える燃料）とヒートシンク（環境）とのあいだに配置すれば、文明生活に伴う必要性はすべて満たされる。地表での動き、冷却と空調、家庭への上水の流れなど、どんな種類の動きも同じデザインに従う。持続可能性とは、燃料を知的に（デザインされたかたちで）使用し、熱流を途中で捉えるように利用者を配置することによって実現した、これらの装置すべてのことを言う。

火によって生み出される全熱流は、それを人間が使うかどうかにかかわらず、最終的に環境に捨てられる（図2・2）。もし火が生活空間を加熱するようにデザインされていれば、その空間の温度 T_S は、火の高温 T_H と環境の低温 T_L のあいだを推移する。

熱流Q_Hは火が燃料を消費する割合に比例する。生み出された熱の一部Q_Sしか、生活空間を通って流れるように仕向けられないので、燃焼装置や炉、加熱装置、ボイラーなどはどれも非効率だ。熱の残りQ_Lは環境へと直接漏れ出る。この漏出が起こるのは、火が占める空間のほうが環境よりも高温だからだ。熱は火の空間から炉の断熱材を通って環境へと漏れ出る（現代のデザインでは、火は断熱材で囲まれている）。どんな断熱材も完璧ではないが、創意工夫を重ね、費用を投じれば、熱の漏出は大幅に削減できる。

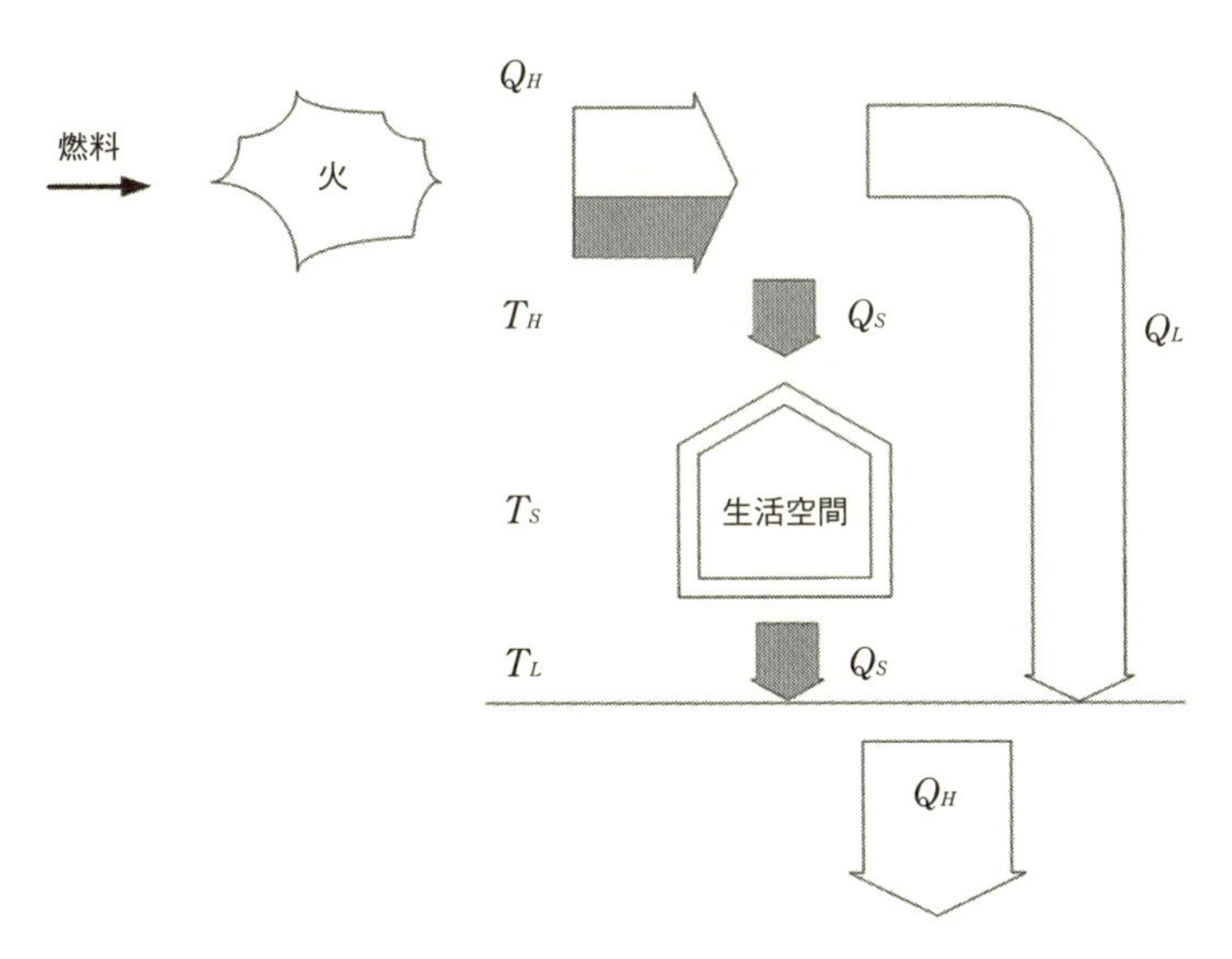

図2.2　居住空間を環境の温度より高い温度に保つには、火から環境への熱流の経路に配置すればいい。熱は、居住空間を抜けるものと、それを迂回して環境へ直接漏れ出るものの、2つの道筋で流れる。

次に考えるべきなのが、一定の規模の熱流Q_Sを火から吸収せざるをえないという生活空間にまつわる現実だ。生活空間に吸収される熱流は、生活空間から環境へと漏れ出る熱流と等しい。後者が一定なのは、特定の断熱領域（空間の周囲に建てられた家あるいは囲い）内外の一定の温度差$T_S - T_L$によって決まっているからだ。

ようするに、生活空間を暖かくしておくために燃料を燃やすという発想は、生活空間の中の流れを良くするように、生み出された熱をうまく導くという発想と同じなのだ。より少ない燃料でこれを達成するには、生み出された熱を、生活空間の周囲ではなく中を流れるように導かなければならない。生み出された熱の流路を改善するためには、燃える燃料に生み出された熱流を、より効果的に捉えるように生活空間をデザインする（より優れた装置にする）必要がある。

地球全体におけるエネルギーの流れ

これと同じ発想が、地表（一地域の地勢の全体）や国、大陸、地球における最大級の尺度のエネルギーデザインにも当てはまる。人間とその生活空間は全地球に拡がっているが、何か一つの均一なパターンに沿っているわけではない。燃料の燃焼も全地球に拡がっているが、人口と同じで、均一に拡がってはいない。拡がり方にはむらがあり、集中している場所が階層的に構成されている。燃料の燃焼は割り振られている。これぐらいの領域あるいは生息環境のこれぐらいの人数には、これぐらいの燃料、という具合に。

人の住む地表で燃やす燃料を減らすには、燃料の燃焼を、その地域に「降る」熱のしだいに多くが、家と家のあいだではなく家に降るように仕向けるかたちで、各地域に割り振らなければならない。このように流れを仕向けることで、地球上のエネルギーデザインが出現し、出現したデザインは、燃料効率が良く、環境にも優しい。居住者の暖房の必要性を、より少ない燃料で満たすには、環境に排出される熱と二酸化炭素を減らさなければならない。

階層制は、生命を持続するための燃料の燃やし方に自然に現れる。階層制が現れるのは、競合する二つの要因のせいだ。その一つは「規模の経済」という現象だ。大きい炉のほうが効率が良い。大きい炉は、熱せられる物質の単位量当たりの漏出が少ない。熱の漏出は、炉と環境の接触面積に比例するからで、その面積は L^2 に比例する（ただし L は炉の長さスケール）。熱せられる物質の量は炉の体積 L^3 に比例する。熱せられる物質の単位量当たりの熱損失は、大きさ L が増えるにつれ、$1/L$ に比例して減る。

L が増えるにつれ、セントラルヒーティングは魅力が増すが、それに伴い、たとえば、湯を遠くの居住者へ届けるパイプや、遠くの家で使われる電気ヒーターに電力を供給する送電線といった分配ネットワークを拡張しなければならない。分配ラインはみな、環境へ熱を漏出する（図2・3）。そしてこの損失は、分配ネットワークの総延長が大きいほど増す。小さなネットワーク（使用者が少なく、セントラルヒーターも小さい）のほうが魅力的だ。

第二の要因は第一の要因と逆方向に作用し、両者の折り合いをつけることによって、一つのセントラルヒーターを使う居住者の集団の大きさが定まる。どう折り合いをつけるかで、加熱装置の大きさと、その加熱装置に割り振られた領域の大きさが決まる。[*4] 夜の西アフリカだけでなく、

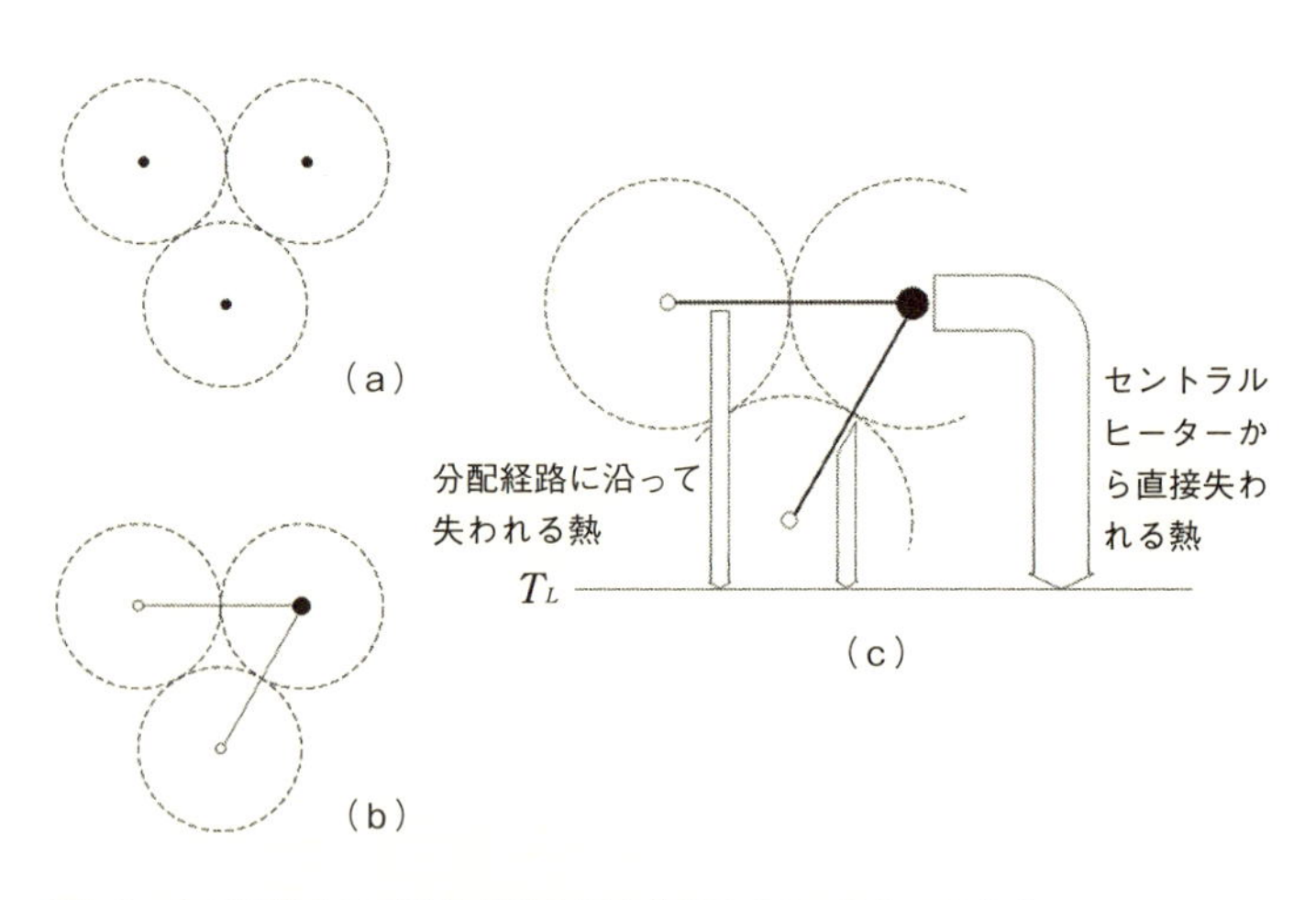

図2.3　人が居住する地表に加熱作用を分配する2つのタペストリー
(a) 個別の加熱装置。円形の土地領域で示した1家族あるいは1世帯に1台の加熱装置。加熱装置は燃料を燃やし、生み出した熱の一部をそのまま環境へ漏出する。
(b) 一群の使用者へ熱を分配するための経路を持つセントラルヒーター。
(c) 熱は2通りのかたちで失われる。セントラルヒーターから直接失われる熱と、分配経路に沿って失われる熱がある。1台のセントラルヒーターに複数の使用者を割り振る方法は、これら2種類の損失の折り合いをつけることによって決まる。それを上空から眺めると、地表における燃料消費の階層的分布が見て取れる。

人工衛星から見える地球全体のエネルギー流動デザイン（光のボタンをちりばめた黒いキルト）が規定される。

地表で燃やされる燃料は、熱の流れ以外にも多くの流れの原動力となっている。そのうちでも主要で明白な流れが輸送だ（図2・4）。輸送の割り振りは、加熱作用の割り振りとそっくりだ。輸送では動力を生み出すために燃料が燃やされる。火によって生み出された熱と、火から引き出された動力の差が熱として環境へ排出される。次に、生み出された動力が地表で物を動かすのに使われる。この動きが動力を熱として散逸させ、それも環境へ排出される。つまり、火によって生み出された熱はすべて、完全に環境へ流れ込む。

生きた系はみな、動力を散逸させるもの（たとえばブレーキ）へ自分の動力を送り届けるエンジンと見なせる。火から受け取った熱はすべて環境へ排出される。地球は一つの熱機関で、その動力をすべて、大気と海流の循環や乱流の渦、周期移動サイクル、人間の活動（輸送、建設、製造、農業、科学、教育、情報など）の動きとして散逸させる。人間は、燃料を燃やして生み出された熱をより効率的に捉える立場に自分を置いたときに、より多くの動き（輸送）を享受できる。輸送を整備していると、階層制が現れる。これは、セントラルヒーティングの例で見られるような、規模の経済と、分配経路が長いときに被る損失とのバランスによるものだ。

力の生成は、（先の例ではセントラルヒーターのように）一か所に位置しており、輸送というか

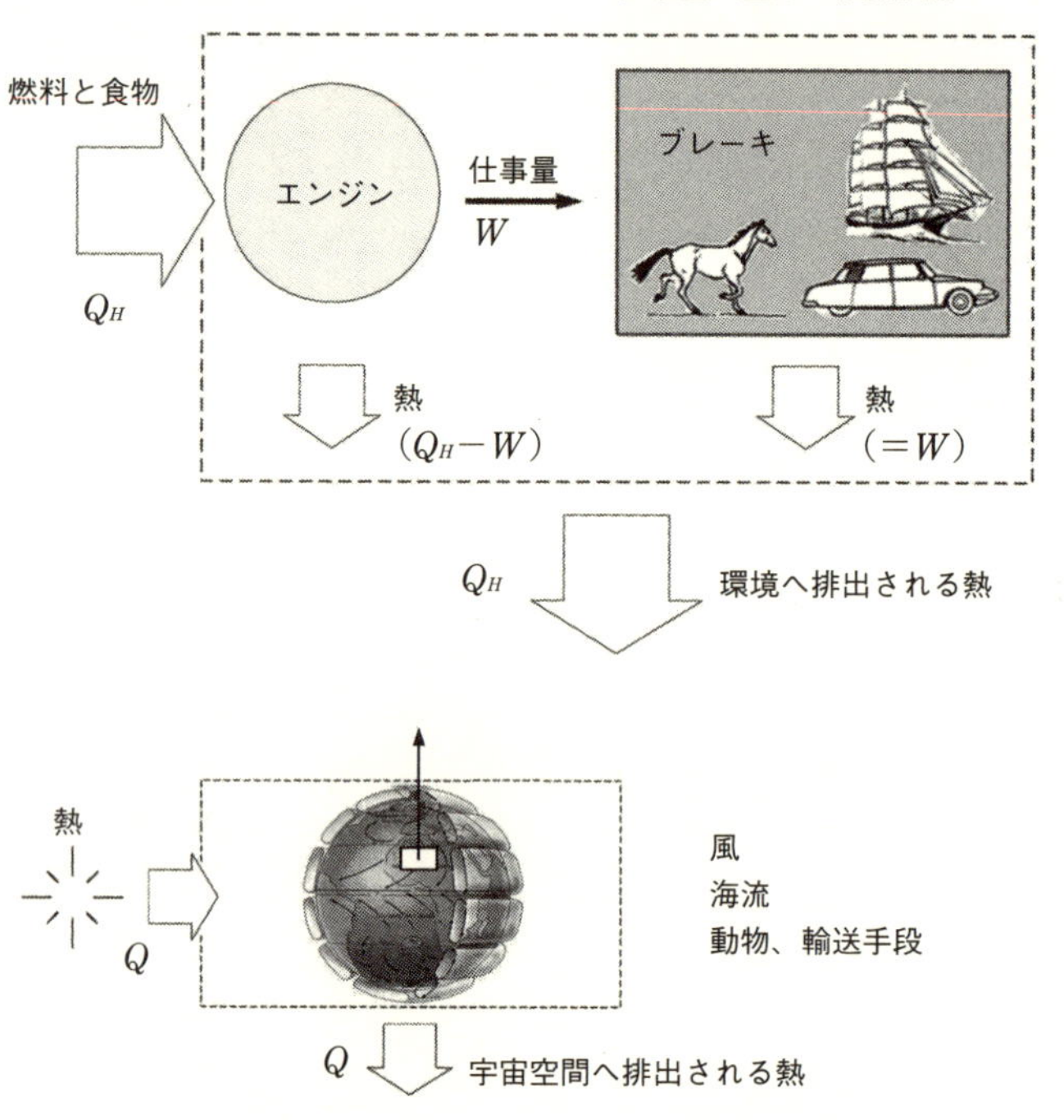

図2.4　文明という生きた系は、動物とエンジンが食物と燃料から生み出した仕事量を散逸させ、それを熱として環境に排出する。生み出された仕事量は、動きに逆らう力と動いた距離 L の積に比例して消失する。動力は、動かされる質量 M の物体の重さ Mg に比例する。ようするに、燃料の消費は動き ML となる。

たちでのその力の使用は、（地上の生活空間の加熱のように）一つの領域全体に及ぶので、その領域で同一の質量流動を起こすためには、一つの大きな運び手が多くの小さな運び手と結びついていなければならない。このバランスから、生物圏の階層制（さまざまなスケールの車両などと動物、少数の大きなものと多数の小さなものがいっしょになった構成）が現れる。階層制は不可欠だ。なぜなら、利用可能な領域のあらゆる生き物の質量の動きを促進するからだ。

貨物の階層制と動物の階層制は、河川流域のデザインと同じだ。大きいものは大河と同様、効率的で、速く、遠くまで行くことができる。小さいものは支流と同様、それほど効率が良くはなく、遅く、短い距離しか移動しない。階層制は必然的に規定され、予測可能だ。

資源の持続可能性

今日、「持続可能性」について語るのがはやっているが、この議論は持続可能性の物理学的定義を欠いており、物理学的な厳密さにも関心を示さない。物理学では、持続可能性（私たち全員が共有する衝動）の基盤は、流動するもののいっさいが持つ、自由に向かって動き、変化する自然な傾向だ。燃料（食物）から得られる力は、人間の生命を持続するあらゆる流れの原動力となる流れだ。力は生み出され、地球の表面を流れる。力は予測可能な「デザイン」で流れる。つまり力は、構成や配置、リズムを持ち、形状を変えながら流動する。力の流動のデザインは時とともに進化を重ねるかたちで発達し、ますます広い領域で人間の役に立ち、人間に力を与え、人間を解放する、より太く、より効率的な流れを育む。

なぜ私たちが力を必要とするかは、物理学に基づいて語る必要がある。なぜなら、今日では効率と省資源に関心が集まっているため、誤解が生じているからだ。それは、将来、燃やす燃料を減らしたり、燃やす量を均一化したり（燃やす量が多い人は減らし、少ない人は増やすべきである）、資源を節約したり（省資源）しなくてはならない、それもとくに、ほとんどの力が生成され、消費され、皮肉にも、省資源に関するこの知恵の大半が生み出されている先進国でそうしなくてはならない、という誤解だ。これは科学にとって時宜を得た話題だろう。最近まで、私たちのエネルギー政策は、力の生成のデザインが地球上で時とともにどう進化するべきかについては、何一つ語っていなかったからだ。

議論の余地のない事実が二つ、際立っている。一つは、燃料は不均一に燃やされており、その結果、生成された力は私たちの動きを持続するために不均一に散逸し（消費され）ているという事実だ。人間は、少数の大きな流れと多数の小さな流れを持つ、河川流域のものに似た脈管構造のデザインで地球上を網羅している。私たちの動きは、流動する球形の殻状構造（人間圏）であり、この構造は生物圏の一部として全地球上で繁栄している。この生物にはヨーロッパと北アメリカという二つの心室のある心臓や、極東とオーストラリアにあるいくつかの重要な器官、全地球を覆って地球の生命と動きと自由な変化を維持する脈管構造の組織を持っている。

時間の矢〔時間の不可逆的な方向性〕は、より多くの燃料と食物が消費され、より多くの力が生成・使用される未来を指し示している。人間の歴史を通して、力は人と動物によって生み出されてきた。そして中世には、風車や水車も力の生産に貢献し始めた。力への人類のアクセスの歴史における大きな変化は、熱機関の開発だ。熱機関は食物ではなく燃料を消費する。熱機関は二つの革命を引き起こした。地球の工業化・電化、そして、熱力学という完全に新しい学問分野の誕生による科学の発展だ。

第二の事実は、力の生成テクノロジーが、より優れた効率性を指向して進化し続けていることだ。[*5]どんな機械のどんな流れも、進化する河川領域のどんな細流とも同じように、しだいに少ない損失で流れるように配置されたり再配置されたりしている。この果てしない進化から構成が現れる。流れを良くするために変化を続ける流動デザインだ。

一九世紀後期と二〇世紀には、蒸気機関に加えて多種多様なデザインの動力装置が登場した。蒸気タービン、ガスタービン、内燃機関、水力発電、原子力発電、太陽光発電、風力発電、海洋熱発電、地熱発電、波力発電などだ。田舎道に加えて鉄道や幹線道路、航空路が誕生した。

燃料も多様化し、水車と落水から石炭や石油、核燃料、太陽エネルギーへと拡がった。だが、新しいものが古いものを排除したわけではない。新しいものは古いものに加わり、両者が揃ってグローバルな流れと地上の生活を高め、持続している。動きにとって、つまり生命にとって良いものは維持される。

効率の向上は省資源（使用燃料の削減）につながるという考え方がある。燃料の単位質量当たりから動力装置は二筋のエネルギーの流れを生み出す。私たちが使う仕事量の流れと、温度の低い環境へ排出しなければならない熱の流れだ。たしかに、効率が上がれば、燃やされた燃料の単位質量当たりから得られる仕事量が増える（そして、排出される熱が減る）。必要とされる仕事量が特定されているときには、効率が上がれば、燃料から仕事量を生み出す間に消費される燃料も減り、環境に排出される熱も減る。

これはみな理に適っているし、私たちの持つ効率本能（燃料からより多くの仕事量を引き出す必要性）のおかげで、高い効率の追求は社会的美徳になっている。なぜなら私たちは、効率を追求すれば、生活水準を高められるばかりでなく、環境を保護する助けにもなると考えているからだ。だが、高い効率を追い求めると、燃料の消費と、環境に排出される熱が減ることにつながるのだろうか。

そうはならない。そしてその証拠は厖大で、物理的現象と完璧に一致している。

時の流れの中で、変化の方向は一つだけであり、それは、より大きな領域でより多くの人により多くの力を与える方向、誰にもより多くの力を供給する方向だ。これは、全世界で燃料使用の減少ではなく増加を意味してきた。ある力の源泉が不十分になれば、新しいものが加えられ、時とともに、じつに明確な方向性を示しながら、新たな適応が起こるたびに力の総量は増していった。それは役畜(えきちく)から水車や熱機関へという方向性であり、すべて、地球上での力の流れと利用の、成長を続ける河川流域で起こった。その方向は、断じて逆ではなかった。

証拠が一般の考え方と相容れないのはなぜか。それは、これまで科学の焦点が力の生成に絞られ、生み出された力がどうなるかはあまり顧みられなかったからだ。私たちがなぜ力を必要とするか、そして、それらの力がみなどこに行くかが問われることはなかった。私たちのうちでも際立って効率的な人でさえ、「力(ちから)銀行」に何一つ蓄えてはいないことは明らかだ。

力を我等に

力を手に入れたいという衝動は最初からはっきりと存在していたのだが、熱力学の法則には示されていなかった。ジェイムズ・ワットのビジネスマネジャー兼パートナーのマシュー・ボールトンは、一七七六年にボールトン&ワット社を訪ねてきた人にこう言い放った。「当社では全世界の人々が手に入れたがっているものを売っています。すなわち、**動力を**」
それから二世代あと、機械技師のニコラス・サディ・カルノーは、エンジンの配置をどう変えれば、燃料の単位消費量当たり、より多くの力を生み出せるかに気づいた。彼の見方が今日では定説になっており、その見方は正しい。あらゆる種類の摩擦を避けよというのがそれだ。有限の温度差のあいだの熱伝導、熱の漏出、衝撃、混合を避けるべきなのだ。[*6]
こうした教えがあったにもかかわらず、最近まで[*7]熱力学の法則に「デザイン」と「デザインの変更」と「デザインの進化」を——動物の進化の中にも、他のあらゆる進化するデザイン（地球物理学、テクノロジー、社会動学）の中にも——求めるものは一つもなかった。だが、デザインは現れ、デザインの進化は起こる。そして、それが自然界における生命であり、物理学的現象としての生命なのだ。
燃料と動力装置は全体像の半分でしかない。残る半分は、生み出された力に起こることだ。力は瞬時に、完全に、永久に消失する（すなわち、散逸する）。これは動物の移動と人間の輸送のデザインで見たとおりだ。動物の体、車両や飛行機、建設資材、製造用の車輪を動かす力は、熱として環境の中へすっかり散逸する。動きは燃料から得られた有効エネルギーを散逸させる。筋肉やエンジンは媒介にすぎず、生物圏を体現している。生物圏は比較的新しい自然のデザインで、それが誕生する前には環境に直接流れ込んでいた熱流の道筋に挿入されたものだ。

生物圏が出現する前、グローバルな動きは激しく、気流、海流、塵、火山噴火などのより良い構造を指向して進化していた。生物圏ができる前のグローバルな流動構造は、岩石圏、水圏、大気圏が織り成すタペストリーだった。これら三つの流動する脈管構造に、生物圏が第四の要素として加わった。この四つの脈管構造がいっしょになり、生物圏の誕生前よりもはるかに効果的に地表の形を作り変えている。

燃料消費の目に見える結果は動き、すなわち、水平な地表におけるものの再配置だ。この現象は、コンストラクタル法則によって次のように要約できる。あらゆる流動系は、しだいに流れやすくなるように、時とともに（構成を生み出すために）配置を変える傾向を持つ。[*8] 燃料が消費されなければ、私たちの所有するものも、環境にあるものも、何一つ動かない。動いたり、自由に再構成したり、配置を変え（形を変え）たりすることができなければ、自然界に生命はありえない。

動くものはすべて、力を散逸する装置につながるエンジンと見なせる。そして、力の散逸装置はブレーキの役割を果たす。エンジンが力を生み出し、ブレーキがその力を散逸（消失）させ、それを熱として環境に伝える。地球自体はエンジン＋ブレーキの系だ（図2・4）。燃料は太陽エネルギーで、熱の排出は冷たい宇宙空間への熱放射だ。流れ込んでくる熱と流れ出ていく熱は等しい。この入ってくる流れと出ていく流れのあいだに地球が浮かんでおり、その様子は、すべてが動きに抵抗するようなかたちでこすれ合う、無数の動く糸を巻いた玉と考えることができる。気流、海流、河川流域、森林、燃える火や動物と人間の動きからの熱の漏出などが糸に相当する。

生命は、生物・無生物両方の、この進化を続ける動きのいっさいから成り立っている。グローバルな脈管構造の、絶えず形を変えるデザインが気候であり、気候は予測可能だ。[*9] さまざまな温度帯、風速、一日の気温変動、気候変動もみなそのデザインなのだ。[*10]

経済活動の物理学

経済活動は、生きた社会のあらゆる流れの動きから成り、その流れには、人や財、情報、コミュニケーション、動きの原動力となる命ある人間の体と稼働中のエンジンの内部を流れるいっさいのものが含まれる。図1・2で明らかにしたとおり、これは経済学が属する物理学の領域だ。一国の毎年の経済活動（国内総生産、GDP）は、その国で毎年消費される燃料の量に比例している。[*11] そして、燃料消費量は地表で起こる動き（輸送、加熱、冷却、上水供給など）の総量に比例している。

富（GDP）は物理的で測定可能な量で、地上での人間と装置の動きだ。燃料の消費が文明と生活水準を持続し、地上を動くものとしての私たちの存続を拡大する。動物やトラックなど、生きた系はすべて、エネルギーや食物、燃料、水の流れを途中で捉えることで動きを維持する。図2・5を見てほしい。どんな流れも、生きた系が途中でそれを捉えようと捉えまいと、「高」から「低」へと流れる。流れは途中で捉えられると、力を生み出すために使われ、その力はそれから地表で動きを引き起こすために散逸する。流れが途中で捉えられる場所は、流れが端を発する場所とはかぎらない。流れへの取り込みが早い段階で起こり、環境への流出が、のちに流れの源泉からはるかに遠い場所で起こることがよくある。

経済活動が増えれば、燃料消費は増え、減ることはない。そして、燃料消費の増加は、地表での動きの増加を意味する。二五ページの図1・2の丸印はすべて、両軸の成す角の二等分線に沿って上に向かっている。これは自然に起こる。効率性の向上は、「燃料の節約」ではなく燃料消費の増加につながる。この向上は、流れの障害物を取り除くのに等しく、そのあとには流路の中の流れが増える。経済学で「ジェヴォンズのパラドックス」[12]として知られている謎も、これで解ける。この謎は、一九世紀に工業化された世界では石炭が効率良く使われるようになっているにもかかわらず、じつは石炭その他の資源は「節約」されるかわりに、消費量が増えていることが観察されたという現象だ。「ラッファー曲線」は、ジェヴォンズのパラドックスと同じ、直観に反する現象を示している。アメリカの経済学者アーサー・ラッファーは、所

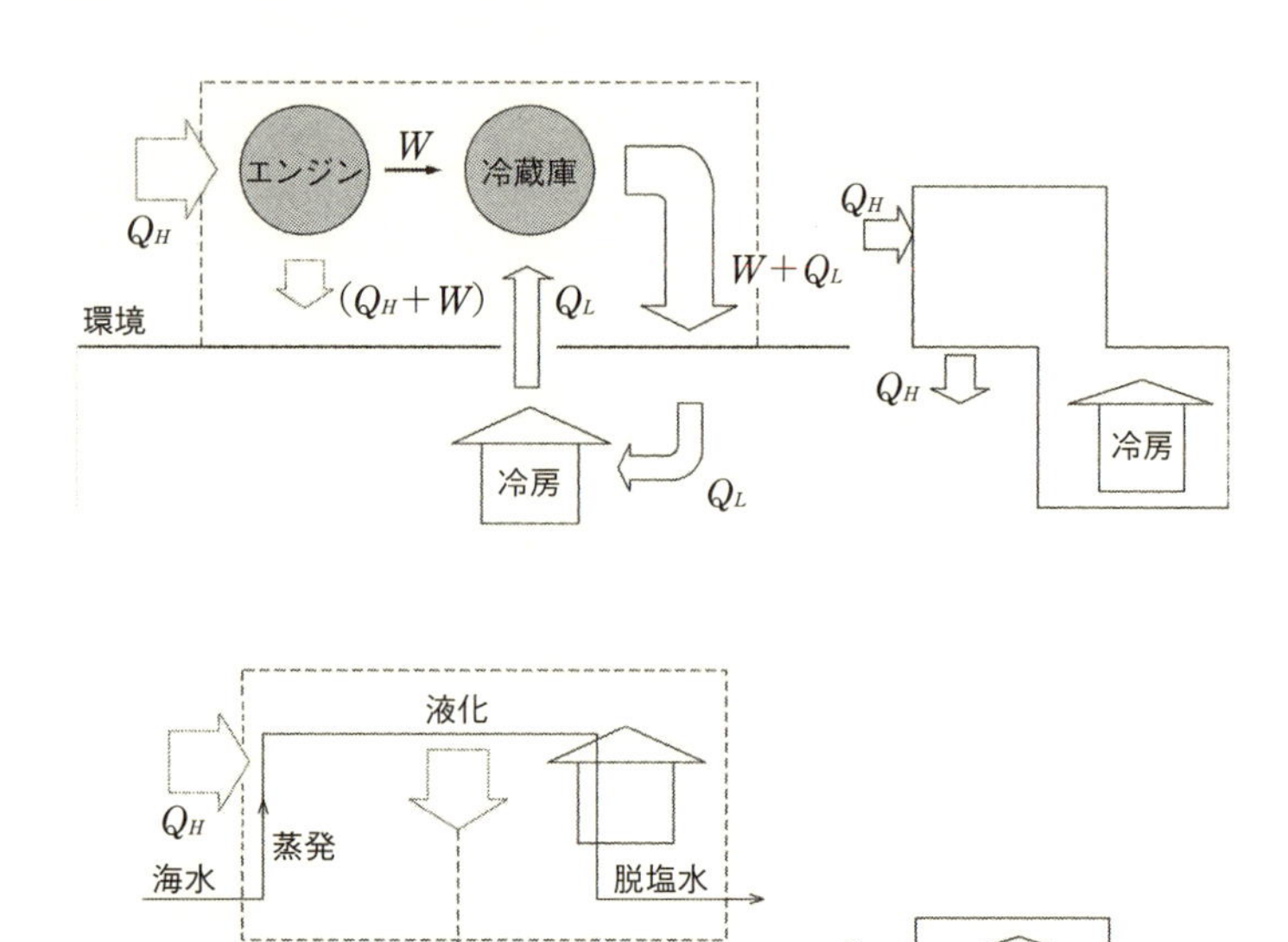

図2.5　経済は物理学である
燃料の消費は、地表での私たちの輸送だけではなく、寒い気候で生活空間を暖め、暑い気候では冷却し、乾燥した地域では上水を供給するなど、文明と生活水準の持つ、他のデザインの構成要素も持続させる。輸送と暖房を確保したいという最初の2つの衝動は、図2.2と図2.4ですでに詳しく説明した。これらの流動デザインはみな、人類の動きを促進し、その移動距離と生存時間を延ばす。こうしたデザインをひとまとめに眺めると、人間と機械が一体化した種の進化のデザインが浮かび上がってくる。

得と資本に対する税を減らすことを提案し、それが税収の増加につながると主張した。彼は正しかった。彼が提唱した変化は経済全体の中の流れを解放し、経済が成長したからだ。減税の結果、効率と生産性と経済活動が増加したのだ。

輸送手段も、動力装置も、会社も動物も、大きいほうが効率が良い。[*13] 設計者はエンジンの効率を向上させるためには、流路を開いてやらなければならない。つまり、流体が通るダクトの径を大きくし、熱流のために接触面積を増やすということだ。効率は大きさと手を携(たずさ)えて増え、それに伴って燃料消費も増大する。

経済でも、工学でも、生物の系でも、無生物の系でも、あらゆるデザイン変更は同じ基準で評価される。もしグローバルな流れを促進するなら、そのデザイン変更（アイデアの実行、知識、発明）は採用され、存続する。これは、とくに経済で歴然としている。貨幣の発明は、貿易財の流れを促進するうえで重要な進歩だった。物々交換からの大躍進だ。国家間の地域自由貿易協定やクレジットカードの利用は、障害物が取り除かれたおかげで、経済活動の増加につながった。銀行員がATMに取って代わられた現象も同様で、障害物の少ない流動デザインを通して、経済活動が盛んになった。

水の役割

私たちの使う力はなぜ時とともに増えざるをえないのか。これは大切な疑問であり、それは私たちの惑星が有限で、ごく単純なモデルで考えれば、太陽から一定の熱を受け取っているからだ。この筋書きでは、河川流域は次のようなかたちで形成される。一定量の雨が降り（つまり、水の流動量の総計は一定している）、流動構造は時とともに改善する。一面の湿地から、河道の明快なデザインへと進化し、河道の配置は向上し、洗練される。このデザインの進化に終わりはなく、その結果、すべての流路の流動量が増す。私たちはこの一方向の傾向を「流路形成（channeling）」と呼ぶことができる。たとえ降雨が一定でも、どの流路を流れる水も増えるので、その効果ははっきり見て取れる。人間の動きでは、この傾向はより顕著だ。燃料（「降雨」）が一定ではないからだ。実際この傾向は、テクノロジーが進化し、燃料を採取する流れが増えるのに伴って強まる。燃料の流れが増えるのは、探査や採取、採掘、処理、科学、法規が進化（向上）するからだ。

流路の流動量は果てしなく増大するが、拡がる流動はみな、S字カーブをたどって推移する。第7章で見るように、増加率は最初は低く、それから高まり、最後に落ちる。カラハリ砂漠のオカヴァンゴ・デルタが周期的に拡大しているあいだに起こるように、雨が降らなくならないかぎり、増加は止まらない。このデザインの進化現象には終わりも、激変も、大惨事もない。壁がない所で、ひっそりと壁に突き当たるだけだ。

賢くなるのは動きと生命にとって良い。私たちは自分や自分の所有物を動かしやすくするために、新しい科学やテクノロジー、ビジネス手法を発明する。科学は動きを導くデザインであり、動きの流れを楽にし、予測する。文明社会としての私たちの進化は、河川流域の進化と何ら変わりはない。私たちは全体として、人間と機械が一体化した種であり、解剖学の本に描かれた裸の人体よりも計り知れないほど大きく強力な流動系だ。流動する地表（太陽を原動力とする燃料、食物）のますます多くが私たちによって採取され、私たちとともに流れたり、私たちを動かしたり、私たちの流れに加わったりしている。私たちは、出現し進化しつつある流路であり、流路形成のおかげで私たちはしだいに多くのものを動かしている。動きが増せば、使われる燃料は時とともに増えていき、減りはしない。

この進化の中で、水はどのような役割を果たすのか。オマーンの首都マスカットで開催された「世界水の日２０１１」を記念する会議の開会式は、誰一人異を唱えようのない次のような言葉で始まった。「生命は水なしでは存在しないだろう」。そのとおりだが、これでは不十分だ。生命は水の流れなしでは存在しないだろう。数か月後の、機械工学国際会議での基調イベントは、「エネルギーと水――生命の維持に必要な二つの貴重なもの」と銘打たれていた。だが、このタイトルも正確ではない。たしかに生命の維持には欠かせないが、貴重品ではない。湿地には水がたっぷりあるし、サハラ砂漠には厖大な太陽エネルギーが降り注ぐ。どちらも貴重ではない。なぜなら、どちらも人間が居住する空間を流れていないからだ。

生命には水の流れが必要だ

エネルギーと水は通例、「問題」と称せられる。銀行に十分なお金を預けていないようなものだ。私は、エネルギーと水が「貴重品」ではなく、人間の生命を持続する流れであることを示して、この章を終える。両者は二つの流れではなく一つの流れであり、それが人間に必要なもののいっさい（動き、加熱、冷却、上水）を与えてくれる。この単一の流れは動きを体現しており、だからこそ、一国の年間の経済活動（ＧＤＰ）は、その国の年間燃料消費量に比例するのだ。

私たち人間と、生物の領域全体は、水が地球上を流れるときに通過する巡回路の不可欠な部分だ。このループのうちでもよく知られているのが、下向きの流れ（雨）と地表に沿った流れ（河川流域、三角州、地下浸透、海流）だ。それに比べてあまり知られていないのが上向きの流れで、陸地や水面、陸地を覆う植物からの蒸発作用によるものだ（この流動デザインは、「樹木が水を好む」理由になっている）。[*14] なおさら知られていないのが、生物圏も地球上に見られる水の流れのためのデザインである事実だ。この流れが止まると、生命が終わる。

人間は、地球上に無数に存在する生物学的な水の流動系の一つだ。そして、人間はそうした流動系のうちで最も強大であり、実際、私たちは進歩すればするほど、地表でより多くの水を動かす。私たちは地表をはなはだしく変えたので、今や地球上で独自の地質時代である（人新世という呼び名も提唱されている）、人間と機械が一体化した時代を構築し、目撃しつつある。

あらゆる世界的問題と同じで、世界の水問題も地球上に均等に行き渡ってはいない。[*15] 水が不足している地域もあれば、豊富な地域もある。それでは北アメリカとヨーロッパはなぜ水が不足していないのか。これらは降雨量の記録を破るような地域ではない。世界記録を保持しているのはコンゴだ。それにもかかわらず、北アメリカとヨーロッパは全世界の穀倉地帯の役割を果たしている。水問題が地球上でこれほど偏っているのは、なぜなのか。

水問題の不均一性が、地球上の人間の動きの不均一性（図1・1）と合致している点が一つの手掛かりになる。進歩したというのは、すべて（動き、水の流れ、科学、テクノロジーなど）において進歩したことを意味し、ここで、生命の物理学が絡んでくる。突き詰めれば、進歩はより大きな流れをより容易に動かす能力のただ一事を意味する。

地球上では、あらゆる流れは、太陽の加熱作用と冷たい宇宙空間への熱排出のあいだで稼働する熱機関を原動力としている。私たち自身の動きについて考えてみよう（図2・4と図2・5）。力はグローバルな熱機関によって生み出されるが、この仕事量を受け取るものがない。そのため、力はすべて熱へと散逸（消失）する。熱いものから冷たいものへという熱の流れの正味の効果は、想像しうるありとあらゆる種類の動きだ。

人間の必要性はすべて、図2・5に示した図式にまとめることができる。たとえば暖房をする、つまり室温を環境の温度よりも高く保つには、火から環境への熱の流れが必要とされる。この熱流を適切に配置すればするほど、より多くの熱流が環境に排出される前に私たちの生活空間を通過する。冷房と、食物貯蔵用の冷蔵スペースの必要性も同様に満たされる。燃料を使って力が生み出される。力は暑い気候の中にある建物の温度を制御する冷蔵庫を稼働させる。温度調節とは、人間の生活にまつわる動きを促進し、その持続力を高めることにほかならない。

人間と機械が一体化した種としての私たち自身の進化の場合と同じで、動物のデザインの場合も、世界中で流動アクセスを増すデザインは、一部の流動抵抗を減らすことばかりではなく、他の流動抵抗を増やすことも求める。動物は生命と動きを促進するために、体を断熱しなければならない。つまり、熱抵抗を必要とする。私たちのエンジンや家、冷蔵庫も、断熱材に覆われていなければならない。抵抗が必要なのは、動物や人間、車両などを通る流れが、特定の流路を進まざるをえないからだ。これは、流路に沿っては抵抗が少なく、流路とそれ以外のあいだは抵抗が大きいことを意味する。片や抵抗が少なく、片や抵抗が大きいというこの明らかな矛盾こそ、「流路」の意味することにほかならない。

これと完全に同じなのが、生活空間に水を流動させる必要性だ。給排水用のインフラ（社会基盤）建設には仕事量が必要で、それは燃料を消費する動力装置からもたらされる。食物を得る（これまた生活空間への水の流れ）必要性は、農業と灌漑によって満たされるが、それにも力が必要だ。乾燥していて人間が居住している地球上の地域では、水の供給はおもに脱塩に頼っている。これにも、燃料から得られる仕事量が求められる。

富の流れ

すべてを考え合わせると、現代の生活につきものの必要性は、仕事量（力）が動かす流れだ。社会が進歩し、文明化し、裕福になるにつれて、やがてこれらの流れは膨れ上がる。生活状況（食物、水、冷暖房）の向上は、より多くの燃料の使用ばかりではなく、流れたり動いたりするものすべてのデザインの配置（つまり、科学とテクノロジー）の向上をも通して達成される。富（ＧＤＰ）と燃料消費を基準に国々を比較すれば、それがはっきり見て取れる。富は力、文字どおり、経済活動を構成するあらゆる流れを動かすのに使われる力なのだ。水を得る必要性は、力を得る必要性でもある。

富とは、今このときに起こる動きであり、洞窟に隠されて忘れ去られた金ではない。このように見れば、富という動きの概念は物理学の中に位置づけられる。ある国が富んでいる（発展し、進歩している）のは、開発途上国よりも多くの物資と人を動かすからだ。目的を持って流れる燃料は（採取されたものであれ、売られたものであれ、燃やされたものであれ）、富であり、それは燃料が人と財の動きを持続するからだ。地中に蓄えられている燃料は富ではない。動きを生み出さないからだ。ようするに図1・2に示された見方は、経済とビジネスとして知られている自然のデザイン現象の物理法則なのだ。生物学と経済学は、この法則の下では物理学のようになる。法則に基づき、厳密で、予測可能になる。[16]

燃料の燃焼と、それによって生じる動きだけが、富を体現する流れではない。そこには、知識（科学、教育、そして行動――これについては第11章参照）、テクノロジー、コミュニケーションの経路の創造という流れもある。これらの流れや流動構造が発生するのは、それが、人や財をより効果的に動かすデザインの不可欠の要素だからだ。知識の拡がりは、グローバルな物資の流動構造にとって不可欠の要素で、それは富（すべて物理学で測定可能な、より遠くまで到達する、より効率的な、増大した流れ）も意味する。だから、科学的なアイデアの分布を示す地図[17]は、人間の動きの分布を示す地図（二一ページ図1・1）と事実上同じになる。これら二つの地図が一致するのを目にすれば、「未来の帝国は心の帝国である」というウィンストン・チャーチルの言葉にも容易に納得がいく。今や私たちは、チャーチルの思い描いていた未来に生きているのだ。

この観念的な考察の力、この概念の力は、開発途上の人々がより多く動き、より良い道路や教育、情報、経済、平和と安全を手に入れるために必要とされるデザインについて、この概念が持つ意味合いを拠り所としている。より多くの動きなどはどう達成したらいいのか。発展途上の地域や集団を、先進経済の流れの本流や太い支流に、（より良い場所に配置したより流れの良い流路によって）より良いかたちで結びつけることで達成すればいい。発展途上の地域や集団との連結部分がうまく流れるには、全体的なデザインは大河を必要とする。進歩した経済が欠かせない。それがあれば、先進世界と発展途上世界のあいだの隔たりを制御でき、全体のデザインが効率的になり、安定し、その構成要素すべてに恩恵が及ぶ。

こうした少数の大きなものと多数の小さなものは、いっしょに流れなければならない。なぜなら、それが動きを促進するのに最も適しているからだ。財の動きは、少数の大きな道路と多数の小さな通りから成るタペストリーに進化し、財は少数の大型トラックと多数の小型自動車で運ばれるようになった。少数の大きなものと多数の小さなものというパターンは、地表における動物の質量の流動デザインの秘密でもある。生物学と一般の言葉では、これは「食物連鎖」としてもっとよく知られている。食物連鎖では、速い者が遅い者を捕え、大きい者が小さい者を食べる（これは正しい。なぜなら、地上でも水中でも空中でも、大きい動物のほうが速いからだ。この現象には第5章で的を絞る）。

少数の大きな流れと多数の小さな流れは地球を網羅する。それらは階層的で、循環系のように、ヨーロッパと北アメリカという二つの心室のある心臓を持っている（図1・1）。この自然のデザインは、より一般的には、燃料消費や経済活動、富と呼ばれる。

グローバル化のデザイン

生命の物理学のレンズを通して眺めると、どんなグローバル化のデザインが出現しつつあるかは明白だ。それはエネルギーと水の流動構造や、流路とは直角方向の拡散を伴うデザインの流路から成る未来だ。このデザインへ向かって未来を動かす人間の活動は、次の三つの方面で進行するだろう。

1．水資源と燃料資源の開発。

2. 水の生産手法とエネルギー変換手法の開発。
3. 力の生成、分配、消費（消失）のグローバルなデザインと合致する、水と燃料の生産と消費のためのグローバルなデザインの開発。

第三の方面が最も重要だが、最も知られていない。グローバル化や持続可能性、環境への影響についての細々とした議論に終始してしまっているからだ。第三の方面に取り組めば、水とエネルギーに関する統治機関の企てに根本的な構成要素が加わり、科学、教育、産業に桁外れの影響が及ぶだろう。

人間のグローバルな流動系は、利用者が居住する地域とその環境に埋め込まれた生成拠点から成るタペストリーだ。それは分配と採取の流動系で、すべてつながっており、その動きによって地球全体に及ぶ。生成拠点と流路が、自らが網羅する領域（環境）に特定のかたちで割り振られているときには、（障害物が全般的に減るため）流域全体の流れが良くなる。人が居住する地球は、こうして生きた系（生体組織）になるのであり、最善の未来が原理に基づいてデザインできるのだ。そして、その未来は、予測できるかたちで追求できる。

力の分配と割り振りと消費は、第一から第三までの方面で、対等のパートナーとしてひとまとめに考慮されるべきだ。この全体論的な見方には、住宅供給や輸送、建材、冷暖房、照明、配水などの分野が含まれる。大学ではこの見方は、工学を物理学や環境科学、経済学、ビジネス、生物学、医学と健全なかたちで結びつける役割を果たす。これらの分野を総合すれば、地球上の人間社会を持続する燃料の流れどうしが均衡を保つ、グローバルなデザインの出現が可能になる。

私たちはエネルギーの持続可能性を指向して、どのように進むべきなのか。全体像（図1・1）を把握する必要があるのは明らかだ。そして、力の使用はS字カーブを描いて増加し続けることと、地球上の力の階層的（脈管構造の、不均一な）分配が自然のデザインであることは、物理学的に見て確かだと認める必要も、当然ある。自然であるとは、止めようがなく、良いものであることを意味する。

発展途上の地域をものの流れの中に取り込む最善の方法は、力や財、人、情報の河川が全地球に行き渡るのを許すことだ。これは、あらゆる種類の力の拡がりを通して、すでに起こりつつある。英語での教育や、科学、スポーツ、飛行機での移動、インターネット、世界的な健康イニシアティブ、利他主義、慈善事業を通して、実現しつつある。最近まで流れが届いていなかった地域を網羅しようとする傾向が見られる。そして、これは継続するだろう――自然に。

この進行をなおさら速めるには、流動構成に形を変える自由を持たせなければならない。自由はデザインにとって善だ。自由に変化する流動の配置には、見過ごされている地域を太い支流に結びつける能力がある。構成とデザイン進化の物理的特性は、政策担当者が正しい決定をより迅速に下せるように、認められ、教えられるべきだ。

端的に言えば、生きている世界の流れはすべて、力に動かされているから自然に起こる。力はあらゆる種類のエンジン（地球物理学的なもの、動物、人工のもの）に由来し、エンジンはあらゆる種類の燃料（水力、風力、食物、化石燃料、太陽エネルギー、その他多く）を消費する。社会の中では、力の消費によって生み出された動きは、富としてより幅広いかたちで理解される。燃料と力の消費と同じで、富も階層的に分配される。次の章では富に的（まと）を絞り、富が物理に基盤を持つことが私たち一人ひとりにとって重要である理由を考察する。

第3章　目的を持った動きとしての富

力の生成と消費と動きは、進化の統一的見解を提示する。この見解によって、動物のデザインと動き、河川流域、乱流、運動競技、テクノロジー、グローバルなデザインなど、進化の現象が科学的に観察され、記録され、研究されているすべての領域の説明がつく。進化とは、時の経過とともに起こるデザインの修正であり、生物の地表と無生物の地表の全体へそうした変化が拡がることを意味する。

これらの変化はメカニズムによって引き起こされ、実現する。メカニズムは、科学の原理と混同してはならない。生物学的デザインの進化においては、変化のメカニズムは突然変異、生物学的選択、生存であり、地球物理学的デザインにおけるメカニズムは、土壌浸蝕、岩盤力学、水と植物の相互作用、空気抵抗、スポーツの進化におけるメカニズムはトレーニング、人材募集、指導、選抜、報酬の提示、テクノロジーの進化におけるメカニズムは問題提起の自由、イノベーション、報酬、交易、知的財産権の盗用（剽窃〔ひょうせつ〕、スパイ行為）、外国への移住だ。

進化するデザインを流れるものは、その流動系が時の経過とともにどのように自らの配置を求め、見つけ、生み出すかにまつわる物理の原理ほどは特別ではない。どのようにこそが原理であり、それがコンストラクタル法則、物理学における生命の法則なのだ。何はメカニズムで、メカニズムは流動系自体に劣らず多様だ。何は数多くあるが、どのようには一つしかない。

自然界では、環境へ影響を与えるとは、すなわち構成を生み出すことだ。自然のうち、直近のものの流れや動きに置き換えられる（浸透される、押しのけられる）ことに抵抗しない部分はない。動きは浸透を意味し、それに与えられる名称は、この現象が観察される視点で決まる。河川流域の観察者にとってこの現象は、樹枝状の流動構造の出現と進化だ。地表の進化に河川ほど大きな役割を果たす流れは、地球上には他にない。地表の形を作り変えるうえで、人間の活動ほど影響を及ぼす生物学的動きは他にない。

自然界における構成の出現とそれが環境に与える影響を捉えたこの心的イメージは、普遍的に応用できる。百聞は一見にしかず、と言う。獣道（けものみち）や動物たちが地面に掘った巣穴を考えてほしい。ゾウの周期移動や、樹木が倒れるところを考えてほしい。私たちの社会的存在を特徴づける動きのすべてにもこれは当てはまる。社会組織のパターンは、環境への影響と切り離せない。

より速く、より多く

ある流動系が時とともに与える影響は、その系が存続するあいだにどれだけの重さをどれだけの距離にわたって動かしたかで測定可能だ。（車両であれ、川の水であれ、動物の質量であれ）何らかの重量を地球上で動かすのに必要とされる仕事量は、その重量とそれが地表で水平に動いた距離の積に比例する。河川流域と動物の存続期間についてもそうだし、人間や家族、都市、国家の存続期間についてもそう言える。一国の経済活動はすべてこの動き、すなわち、特定の距離に及ぶ重量（人々、財）の動きだ。

政治学と歴史学と社会学では、あらゆるものの速度が増していることが観察され、語られる。輸送とコミュニケーションの高速化、テクノロジーや社会の変化や生活のペースの加速などだ。テクノロジーの変化で誰もの自由時間が増えたにもかかわらず、人々は時間の不足を感じている。だがそれは何のための時間なのか。

地理学と経済学と都市計画では、人類がより多くの空間を必要としていることが観察され、語られる。だがそれは何のための空間なのか。この継続的現象は、拡張とグローバル化として知られている。これは、都市生活の三次元の拡がり（地表で水平に、そして上下に向かって垂直に）

を特徴とする。人々は建設現場が多過ぎて空間が足りないと不平を言う。建設現場は新しい居住可能な空間を生み出しているにもかかわらず。

言語や筆記、科学が進歩すると、やはりより多くの時間を考えることに充てられる。ここでもまた問うべきなのは、何について考えるための時間か、だ。答えは、より多くの活動や動き、地球上の人類のより多くの流れについて考えるため、となる。より多くの時間と空間を必要とする理由についての疑問にも、この答えが当てはまる。

こうした一見無関係で矛盾を孕(はら)んだ傾向が、普遍的な衝動と現象、すなわち自然界におけるより大きな流動アクセスの生成とデザインの進化を構成している。これらの傾向は予測可能だ。予期できるのは、これらの傾向がはるか昔から、構成の不可欠の要素だったからだ。

構成は自然の速度の支配者だ。構成があるおかげで、政治や歴史、社会学、動物の速度、河川の速度において観察される変化が手に負えなくならずに済んでいる。地理学と経済学と都市計画で懸念されている拡張は、一つとして壁にぶつからずにいる。

進化するデザインにおいて、年数は重要であり、年数は性能にとって良いものだ。時の経過とともに、河川流域はその流路の位置をしだいに改善していき、流路は適所に収まる。流路には階層がある。少数の大きな流路が多数の小さな流路と調和して流れる。突然の豪雨には、これらの古い川床に組み込まれた記憶によって適切に対処できる。

階層制

　この流路の階層制を見ていると、子供のころに目にした光景が蘇ってくる。私の父は獣医で、子供時代の私は、父がブタの肺を切るたびに管が見えたので、おおいに興味をそそられた。組織のような、もっと一様なものが見えるだろうという私の期待が裏切られたからだ。今では、土壌や肺、生体組織、その他あらゆるものの中で、管が三次元の排水系を構成していることが知られている。

　階層制は地球を網羅する流動系のすべてで見て取れる。そして、この階層制は予測可能だ。これらの階層的構造は、さまざまなスケールの樹状の流れの織物を形成し、それぞれの流れは一領域を一点につなげており、地球上で流れるもの、生きるもののいっさいに重ね合わさり、それらを持続している。その一例が、河川流域で実際に測定してデータを集めた流路の数と大きさに見られる。科学の原理[*1]に基づくと、大きな流路のそれぞれには、およそ四本の支流が注ぎ込んでいることが見込まれる。この予測は、あらゆる大きさの河川流域の代表的な観察結果とうまく一致する。そうした観察からは、支流の数は一貫して三本から五本という範囲に収まることがわかっているのだ。

別の階層制の例として、大陸のような広い領域に見られる都市の大きさの分布と同じ規模の都市の数が挙げられる。都市の分布を対数尺で記すと直線になり、その傾きは$-\frac{1}{2}$と-1のあいだに収まる。これは、一つの点を一つの有限の平面領域あるいは立体領域と結ぶ自然の流動系の事実上すべてで経験的に見つかる分布だ。そしてこの分布も予測可能だ。[*2]

さらに、森の樹木の大きさのランクと数も階層制の例となる。大きさとランクのデータを比べたグラフの右下がりの帯状の分布は、地面から風へという水の流れを林床全体が促進するように、多様な大きさの木の外形が林床に配置されている様子から推定できる。重要なのは、全領域からの水の流動を促進するように、林床領域をさまざまなスケールの樹木が埋めることだ。デザインの生成を全体論的な視点からこのように眺めると、林床の樹木の一見ランダムで多様なスケールが見分けられ、大きさとランクのデータを比較したグラフの配置が理解できる。[*3]

さまざまなスケールの河川領域や人口、森林について物理の原理が語ることは、社会の流れのデザインにも当てはまる。科学と高等教育は諸大学から成る自然の組織を流れる。それぞれの大学は全地球と結びついている。古い大学が初期の流路を掘り、それが今では学生という地表を灌漑する最大の流路となっている。「最大」と言っても、教室に出入りする人の数が最大だというわけではない。最大なのは最も創造的な流れで、デザイン変更を生み出すもの、つまり、新しいアイデアを生み出す人や、新しいアイデアを生み出して地球のさらに広い範囲へ、未来へと運ぶ人材を育てる人を引きつける流路だ。

学生の数が増えれば、この教育の流動構造に組み込まれた記憶によって対応できる。この組み込まれた記憶から、大学の階層制は大幅に変わりえないという予測が導かれる。[*4] この階層制は、河川流域の流路の階層制と同じぐらい永続的だ。これが自然なのは、流動系全体（地球）がそれを要求しているからだ。この流動系の中では、厖大な数の人が同じもの、すなわち知識を求めている。

少数の大きなものと多数の小さなもの

手短に言えば、輸送や冷暖房などのテクノロジーの進化によって、私たちの生活水準は時とともに向上する（つまり私たちは良い生活を送る）。つまるところ、一国の経済活動（より良い生活のためのこうした動きのすべて）は、その動きのあいだに消失した力を供給するために燃やされた燃料が残した痕跡なのだ。だからこそ一国の経済活動は、その国における燃料の消費量に比例する。そしてまた、経済活動の分布も階層的になるとともに、地球上の人と財の流れや知識の流れ（コミュニケーションの流れ）とも一致する。

燃料の使用と富と持続する動きとの物理的関係は、富、平均余命、幸福、そして何より自由との関係の要因でもある（図3・1〜3・3）。幸福に関して言えば、私たちは「流れに乗っている」ときに気分が良いという事実が、コンストラクタル法則の一つの表れになっている。人生で起こる変化で私たちの気分を良くしてくれるものはみな、物理的な動きを促進する。物理的な動きこそが生命だからだ。自由の増加は大切な変化で、それは絶え間なく起こる。富の増大に関して言えば、経済は途方もない規模の運任せのゲームであるというのが現在の見方だ。経済の激動を理解し、予測し、防ぐには、物理の法則をしっかりと調べなければならない。壊滅的な貧困は、個人にとっても世界にとっても良くない。

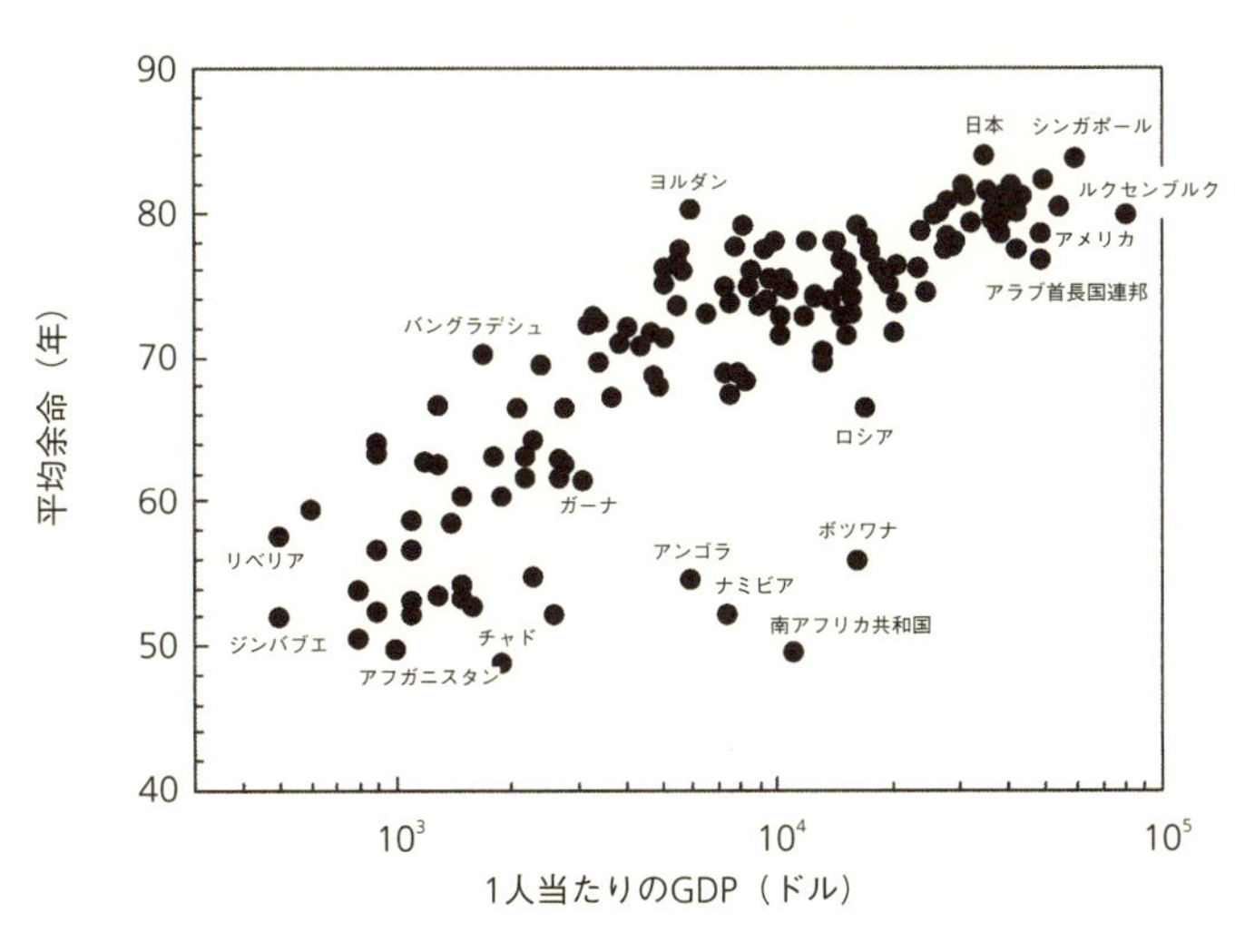

図3.1　経済活動の増加は、寿命の伸長も意味する（データは *CIA World Factbook* より）。

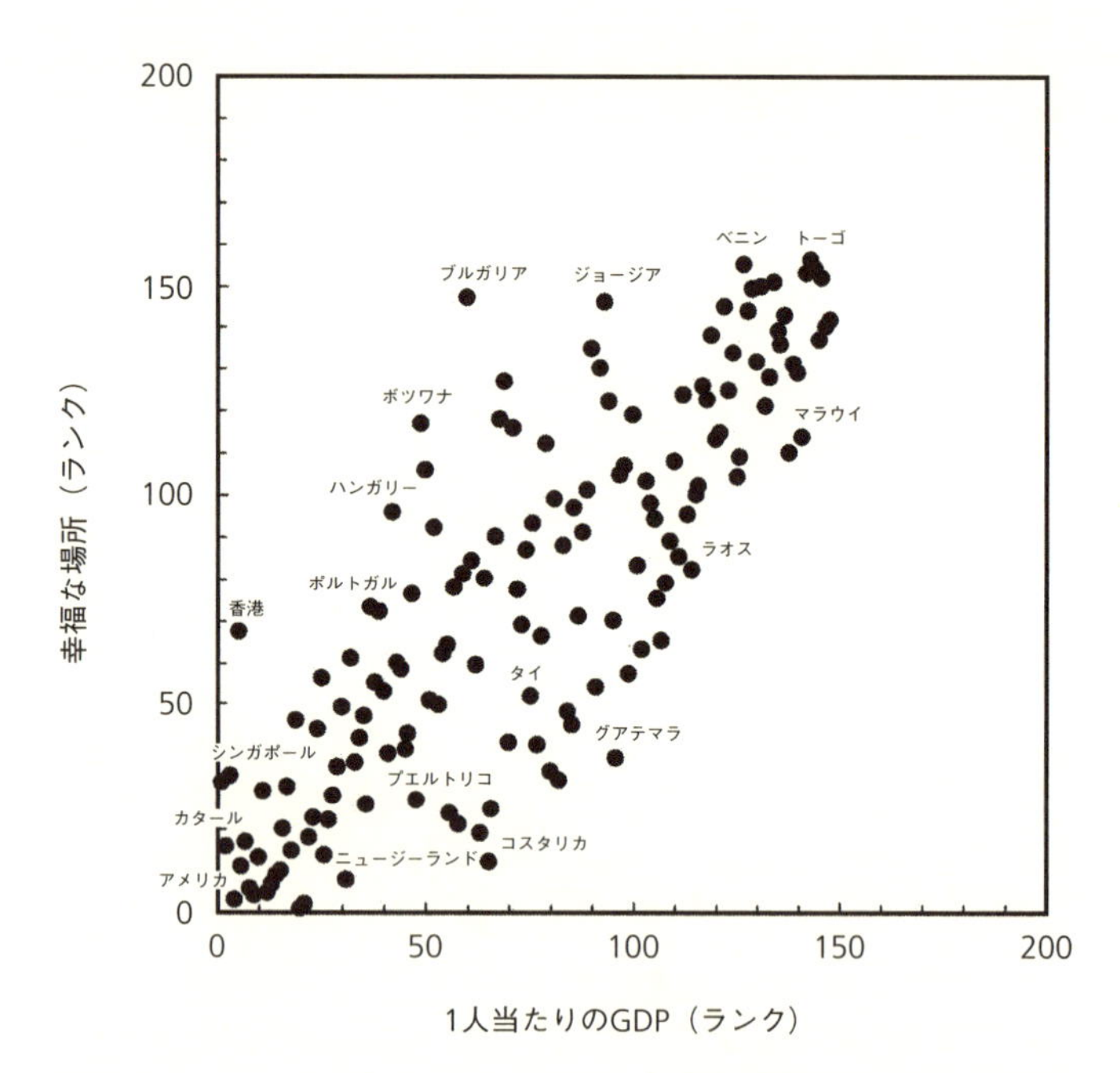

図3.2　動き（富）はおおざっぱに言って、幸福と解釈できる（データは *CIA World Factbook* と *World Happiness Report*, Columbia University, 2012 より）。縦軸も横軸もランクを示しており、したがって、豊かで幸福な国が左下に並んでいることに注意。

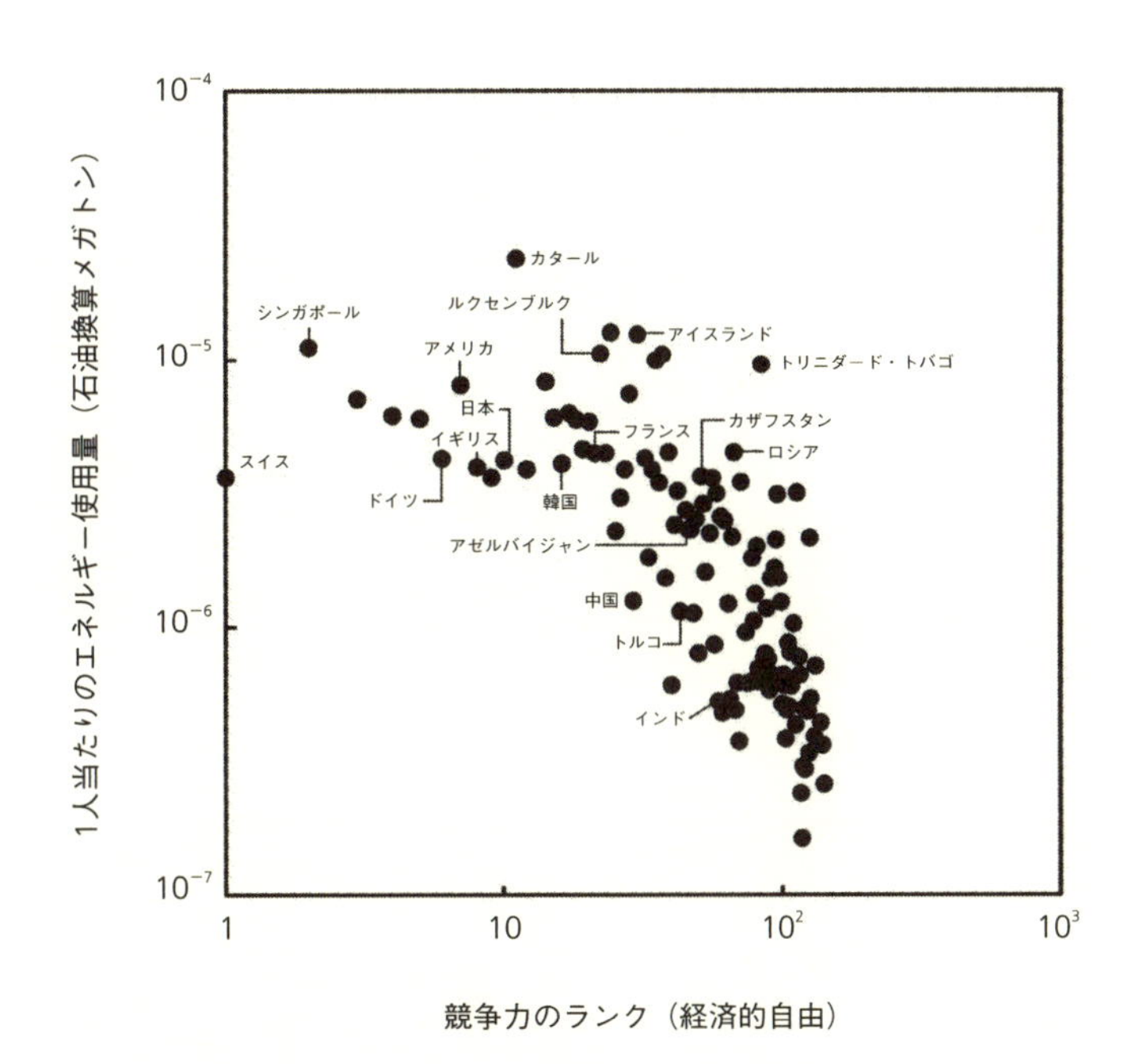

図3.3　自由な社会には富と持久力がある
時とともにすべての国が上に向かう（図1.2の右上がりの分布に沿って）。つまり、どの国もさらなる自由に向かって進化しているということだ。横軸はランクを示しており、したがって、最も競争力のある国々は左側に並んでいることに注意。

この見方は物理に根差しているので、生物学と経済学は物理学のようになる。法則に基づき、厳密で、予測可能になるのだ。それにもかかわらず、階層制は不平等と誤解されているために、否定的な言葉で説明されることが多い。階層制は自然に発生する。人間が個人としても、集団としても、全体としても抱いている衝動は、より楽に、経済的に、持久力を持って流れたいというものだからだ。階層制は生命の進化と存続のために良い。

自然界の階層制は、流路の動きには、河川流域においてであれ人間の肺においてであれ、少数の大きなものと多数の小さなものがあることを意味する。この構成はグローバルな流動性能のカギだ。ところが、一般的な言葉では、「金持ちは少なく、貧乏人は多い」などと言っては、「少数の大きなものと多数の小さなもの」という発想を嘲笑う。

コスト、つまり費やされたお金は、製品として「具体化されたエネルギー」ではない。コストは地上でAからBまで進んだ物理的な流れ、すなわちAによって支給され、Bによって受領されるというかたちで取引された財の文書記録だ。経済学とビジネスは、地球上での人類の物理的流れを説明するものだ（いや、そうあるべきだと言ったほうが、なおいい）。経済学とビジネスは何をおいても、流れと地理、すなわち、地球上の生命のタペストリーを織り成している人類の生きた流動構造についてのものであるべきだ。

目的を持った動き

蓄えられたお金は、未来の力と動きの蓄えだ。A地点で消費される燃料が、A地点で目的を持って使われうる動きよりも大きいときは、余剰の動きは、動きを必要としている別の地点Bに伝達される。金銭的な観点に立つと、この物理的流れの記録は、以下のように説明できる。「Aが燃料の消費を増やさずに自分の動きを増す必要が生じたときに、他のいかなる動きの生成者からでもAがその動きを受け取れることを示す契約証書をBがAに預けた」。この取引をこのような観点から眺めると、貨幣の発明の物理的影響と、貨幣と資本の蓄積が自然に起こった理由が今や見て取れる。こうしたデザイン変更には、動力源（食物であれ、役畜であれ、電力であれ）が生成された場所からはるか遠くまで動きを拡げる効果があった。この変更は、コンストラクタル法則の時間の矢に一致するかたちで、地球を網羅する動きを容易にする方向で起こった。貨幣と資本の蓄積を伴う人間社会は、貨幣と資本の蓄積を伴わない社会のあとに出現せざるをえなかった。

私たちやビーバーが建設するダムは、目的を持った流動の配置だ。ダムは私たちとビーバーの所産であり、ひとりでに生じたりしない。ランダムに倒れた木の幹とは違う。そのような倒木は一時的な障害で、河川流域全体が取り除く。ダムは流路形成を体現している。雨の多い地表から採取された「燃料」をどのように流路を通して私たちに運ぶかという、私たちのデザインだ。水に含まれている燃料は、重力の位置エネルギーだ。ダムをはじめとする人間のデザインによって、雨水は流路を運ばれ、流域にあるタービンを通って流れる。タービンが生み出した力は私たちと私たちのものを動かす。ビーバーのダムも同じような理由で現れる。自分の動き、自分の生命を持続するために必要なものを、流路を通して自分に向かって運ぶためだ。ダムがなければ、森林火災が発する熱が環境へと直接流れるように、雨水はそのまま丘を下っていく。私たちを動かさないから、私たちには無意味だ。それとは対照的に、人間の拡張物（テクノロジー、水車、動力装置など）は、下向きに動く水を途中で捉え、ダムやタービンなどの流動の配置のおかげで、その水から力を引き出し、はるかに多くの動きの原動力とする。

ダムは誤った方向（つまり発電用タービンから遠ざかる方向）に流れている水にとってだけ障害となる。ダムは、目的に沿う方向、すなわち、水が下向きに動く力を私たちに届け、私たちの動きを増す方向へと流路を通して水を運ぶためのデザインだ。横方向への流出を妨げるのは、縦方向の流れを促進するのに等しい。これこそ「流路」の意味するところだ。縦方向の流れが容易であれば、横方向の流れ（漏出）は困難になる。だから私たちは白い紙に黒い線で流路を描く。黒い線が続いているということは、その線と直角方向にあたる両側にはまったく違う色

（白）が拡がっていることを意味する。

さまざまなビジネスと法規は一般に、人間の暮らしのために建設された流路（たとえば電力の採取）やビーバーの暮らしのために建設された流路と何の変わりもない。ビジネスと法と規制は、私たち全員を動かす流路を維持する道の規則だ。それらの規則は、生きて動いている人間たちにとって良いものであり、自由な社会では、流れが良くなるために形を変え続ける（第8章参照）。

ビジネスは、通行者あるいは商業の流れから何かを奪い取る検問所ではない。それとは正反対で、流路であり、弁の開放者であり、だからこそビジネスは（法や規制や統治機関と同様）自然に出現する。ビジネスはみな、地上での私たち（肉体、車両など、所有物）の流れを促進するから、自然に発生する。

たとえば、二〇世紀初頭にフォード・モーター社で組み立てラインが導入されると、労働者一人当たりの自動車の製造台数が劇的に増えた。組み立てラインのデザインでは、工場の作業場にいる労働者のあいだを部品が動くからだ。組み立てラインが登場する前は、労働者たちが作業場に置かれた部品のあいだに漏れ出し、製品が同じ作業場の労働者と素材のあいだに漏れ出していた。二つのデザインの違いは何か。流路の配置が改善されるにつれて、素材と労働者が流路を通して動かされるとき、その動きがはるかに速くなった点にある。

組み立てラインの発明と同じアイデアが、ボールの動きを伴うチームスポーツで毎日教えられている。たとえばバスケットボールだ。優れたコーチは選手たちに言う。「ボールをパスしろ。ボールを持って走るよりも、そのほうが速くボールが動くからだ」。ボールを前より真っ直ぐ、前より遠く、ふさわしい相手へパスしなくてはいけない。ふさわしい相手はたいてい、より優れた選手で、自由にプレイできる場所へといつも動いている。パスが上手な選手は、ボールを導き、このゲームにおける一領域から一点へという流れのデザインの中で流路になる（第5章参照）。

今日、工場の作業場はデトロイト近くのどこかの建物よりもはるかに大きい。じつは地球を覆う規模になっている。工場はそれぞれほんの数種類の部品の生産に特化している。それよりずっと少数の他の工場が、それらの部品の組み立てを専門としている。部品はより速く、より遠くまで動く。これは、組み立ての中心地と配給ラインとの均衡が、ますます広大な領域で図られることを意味する。このパターンは、エアバス〔欧州四か国合同の航空機製造会社であり、同社の造る旅客機の名称〕の製造法や、アメリカでの自動車製造法に見られる。

デザインと進化のこの普遍的で自然な傾向は今日、アウトソーシングとグローバル化と呼ばれる。このデザインの傾向は、組み立てラインと長いパスの場合には称讃されるのだが、現代のグローバルな産業に当てはめられたときには、否定的な言外の意味を持つことが多い。

研究開発（R&D）も、良い流路デザインを目指して進化を続けるデザインの現代の別称だ。R&Dには何が流れているのか。流れているのはデザインの変更だ。形を変え続ける流動の配置には二つの特徴がある。デザイン変更と、デザイン変更の拡がり（知識）で、それらを進化と呼ぶこともある。進化は私たちの中（私たちの学び方や考え方）でも、外（地球上ですべての人のために動きを促進する新しい装置を生み出すべく、仲間と共同する方法）でも起こる。こうした装置を作っているあいだの私たちの動きは、グローバルな動きの不可欠の要素で、この動きのスクリューであり、ナットであり、エンジンであると言える。

R&Dを流れるものは、R&Dに先行していた科学の歴史を見ればよくわかる。科学が初めて私たちの流れを促進したのは、幾何学と力学というデザインにおいてだった。幾何学と力学は広まり、代数学によってより速く、より効率的になった。次に、これら三つはみな、数理解析（微積分法）が加わることによって、いっそう速くなった。そして今や、私たちはソフトウェアを手にした。これはすべて、内部での進化の流れのためであり、私たちの思考のためだ。外部ではそれとは別の進化の順序である、知識を広める手段が現れた。一部屋だけの学校（プラトンのアカデメイアや初期の教会）から、大学（ボローニャ大学）へ、図書館、専門誌、そして今やインターネットへという系譜で、すべては知識の流れをより楽に、より持続的にするような流動構造の自然な順序として並んでいる。そのどれもが、私たちのグローバルな動きをより楽に、より持続的にするさまざまな新しい装置へのアクセスを高めてくれる。

科学とテクノロジーの内部と外部の進化は、経済学とビジネスの観点からも書き表すことができ、それによって、より効率的なビジネスが生き延びる理由の説明を提供できる。ソフトウェアも、自由に形を変えるデザインとともに流れる。ソフトウェアはコンピューターコード〔プログラム〕が連なる多数の行で、コードは文章中の単語のように多様であり、階層制をもってアクセスできる。単語のなかには使用頻度が群を抜いているもの、修正されて古い単語よりも優れ、短くなっているもの、完全に新しいもの（造語）などがある。ソフトウェアの開発にコンストラクタル法則を使えば、この自然の進化の秘密に的を絞って、進化を加速させることになる。そしてその秘密は、自由に形を変えるデザインにある。それは、デザインに疑問を抱き、デザインを変えたり、捨てたり、新たに創造したりすることだ。

階層制はしばしば複雑性と結びつけられる。これら二つの言葉は構成を意味する。流れ、機能するもの、理解できるものを指す。複雑性は不確実性とも結びつけられる。なぜなら、複雑性とは文字どおり高度に複雑なもの、たとえば厖大な数の幾何学的特徴を持っているために記述のしようのないモデルを意味する、というのが一般的な見方だからだ。だが科学では、この解釈は間違っており、不毛と言える。私たちは観察対象をさまざまなかたちで認識し、記述するが、複雑性もそうしたかたちの一つだ。したがって、複雑性は不確実性ではなく確実性に根差している。そのうえ、対象の複雑性を私たちが観察し、それについて語る（そして別の対象の複雑性と比較する）というまさにその事実が実証しているように、観察された複雑性は無限で驚くべきものではなく、ほどほどで処理できる範囲に収まっている。

複雑性、乱流、ネットワーク、カオス、相対成長（アロメトリー）など、話し手が理解できず、ましてや予測などできるはずもない現象に、一見すると科学的な名前をつけるのが流行している。そのような用語は恐ろしく魅力的なので、新世代の書き手たちは、その意味するところも理解せずに、複雑性理論、乱流理論、ネットワーク理論、カオス理論などについて書くことに慣れきっている。理論（予測する力）が端（はな）から欠如しているという事実は、誰にも顧みられないままだ。

本当に難しいのは、一見すると無関係のこうした現象を予測することであり、それには以下のような疑問に答える必要がある。事物はどれほど複雑であるべきか。そして、それはなぜか。層流はいつうねりだし、乱流の渦を見せ始めるのか。何であれ、いつネットワークに似た脈管構造のパターンで流れるのか。なぜデザインの混沌とした特徴が出現して整然とした特徴と共存する必要があるのか。デザイン上の類似と相違はいつ出現するか。そのような特徴はどのようなものか。そして、なぜそのような特徴は必要なのか。

富を望む衝動、自由への衝動

多様性と階層制は、この自然の流動デザインには必須の特徴だ。動いているものがすべて、地球の表面を同じ程度まで形作るわけではない。あらゆる河川が地球の表面の形を作り変えるが、大きな川は小さな川よりも多くを作り変える。幹線道路を走るトラックは、通りを走る自家用車よりも多くの重量を運ぶ。猫はネズミよりも多くの重量を運ぶ。先進国の居住者は、より大きな流路を通して、より多くの重量をより遠くまで運ぶ（図3・1〜3・3）。より大きな運び手のほうが寿命が長く、より幸せで豊かだ。

一国の経済活動はそっくりこの動きに含まれており、その動きの中で、その国の年間GDPは、国土で消費される燃料の量に比例する。目的（富）を持って使われた燃料と自由とのあいだには強い相関関係がある。図3・3の左上には、先進国が見られる。これらの国々には、自由、富、絶えず進歩している法規、持久力がある。これらは「正常な」国々だ。右下には、それ以外が見られる。これらは開発途上国で、自由を欠き、貧困が蔓延し、壊滅的な変化を経験する。（図1・2で立証したように）すべての丸は上へ、より多くのエネルギー使用と富へと向かっているので、どの国もより大きな自由へ向かって進化する。今やこれは明白そのもので、ただの見解ではなく、物理的現象だ。

自分の衝動に耳を傾ける人は、鞭で追い立てられる人よりも報われる。どんな人も集団も、富を所有したいという衝動を持っており、それは生きたい、すなわち（目的を持って燃料を使って）動きたいという衝動や、もっと自由に動きたい、動きの配置をもっと自由に変えたいという衝動と同じだ。コンストラクタル法則はこうして、自然の進化史と人間の生活の将来に動きと構成として表れる。

「虐げられれば知恵ある者でさえ愚かになり」

「コヘレトの言葉」第7章7節（日本聖書協会『聖書』聖書協会共同訳）

「自分にとって奴隷制が正しくないことを知らない人間は、天下に一人としていない」

フレデリック・ダグラス[*5]（アメリカの元奴隷で奴隷制廃止論者）

「人間は自由の刑を宣告されている。なぜなら、いったんこの世に放り込まれたら、人間は自分のやることとなすことのいっさいに責任を負わされるからだ。［人生に］意味を与えるかどうかは、自分次第なのだ」

ジャン＝ポール・サルトル[*6]

私は前作『流れとかたち』の最後に、獣医だった父親のことを書いた。父は、共産主義下の最も耐えがたい時代に、聴いてくれる人には声高に断言したものだ。「犬の目を覗いてみろ。犬はこう訴えている。『放っておいてくれ。俺は自由でいたいんだ』と」。アメリカで講演するときに私がこの話を繰り返すたびに、犬の言っていたことの意味がまったく伝わらないという、強い印象を受けた。やがて、その理由に思い当たった。アメリカでは人も犬ももう自由で、首に鎖を巻かれていたりはしないのだ。

自由経済は、目的のある燃料消費によって推進される流動系であり、そのような燃料消費は、社会の生命を維持するために社会の中であらゆるもの（重量）を動かすのに必要な力——胃の中の食物を消化するのに必要な力から、脳の働きに必要な力まで——を提供する。「資本主義」というのが、地球上での人々や財の流れによって創造された、自然の構造に与えられた呼称だ。昨今は無数の装置に結びつけられた機械に由来する力が、そうした流れをすべて推進している。資本主義は自然に発生する。それは自然の現象で、火から家畜、貨幣の使用、空の旅、電力まで、人間が自らを結びつけた自然な現象のいっさいと同じで、良いものだ。

流れに乗れ

ようするに、人間の生活はさまざまな流れを織り合わせた巨大な脈管構造であり、それらの流れはみな、燃料と食物を重量の移動に変換する装置の集合を原動力としている。人間の生活の正味の効果は、グローバルな地表のより激しい再配置であり、それは人間の生活がなかった場合よりも激しいものだ。

私たちはみな、この流れに乗っているのだろうか。もちろん、そうだ。そして、ありとあらゆる機会を捉えてこの流れに乗る。私たちが世界を飛び回る様子を眺めるといい。西に向かう便は、西から東に流れるジェット気流の奔流を避けるために、北極圏に沿って進む。東に向かう便は、ジェット気流に乗るために、もっと低い緯度を飛ぶ。グローバルな航空交通は、大気という列車に乗っているのだ。両者はともに地球のエンジン（六〇ページ図2・4）を原動力としており、進行方向が一致していっしょに流れているときのほうが、より楽に（速く、遠くまで）流れる。

この現象は、地球そのものに劣らぬほど昔からある。小さな流れは大きな流れに合流し、そうすることで、両者の水は前より楽に流れる。これは、河川流域や肺の気道、血管組織の進化に見られる。船による人間の移動にも見られる。その最も古いかたちは、木製の舟に乗った一人の漁師だ。漁師は川の上流に向かって舟を漕ぐときには、岸沿いを選ぶ。流れが弱いからだ。その川をよく知っている漁師は、下るときには舟を水の「糸」に乗せるが、糸はいつも流路の中央にあるとはかぎらない。

川の水の糸は、地球の南北どちらかの半球を流れるジェット気流に似ている。ジェット気流は、空気の川床を流れる空気の川だ。ジェット気流もまさに川の水と同じように、蛇行する（曲がる）[*7]が、その曲がりくねった形状は、川では不可能なほど速く下流へ進む。なぜなら、ジェット気流の空気でできた川床は、河川の堅固な川床よりもはるかにしなやかだからだ。ジェット気流は絶えず自らの流れをねじ曲げており、そのため、飛行機の長距離便が指定される航路は日々変わる。

私たちは移動するときにしっかり目を見開いていると、見たこともない光景が目に飛び込んできて新しいアイデアが頭に浮かび、それが思いがけない発見につながることがある。この、思わぬものを発見する能力は「セレンディピティ」と呼ばれ、今日私たちに力を与えてくれている知識の源泉だ。

アイデアは自然に発生する。アイデアもまた自然現象であり、脳内で新しい心的イメージや新しい流路を創造し、一点から一立体領域への信号伝達の脈管構造中で頻繁に使われる流路の形を変え、それを拡大する。私たちは何かを目にしたり、耳にしたり、嗅いだり、ものにぶつかったりしたときにアイデアを得る。心に形成された新しいイメージは、類似の心的イメージの上に目的を持って降り立つ。私たちがより速く理解できるように、より楽に記憶（想起）できるように、より小さな脳領域に記憶できるように。

図3・4をひと目見てほしい。私が香港からアメリカへ帰るときに乗っていた飛行機の座席で撮影した、目の前のテレビ画面の写真だ。中国や日本など、極東の国々のおおまかな輪郭は子供でも知っている。そうした輪郭を覚えているのは、学校に行っていたころ、地図を見た

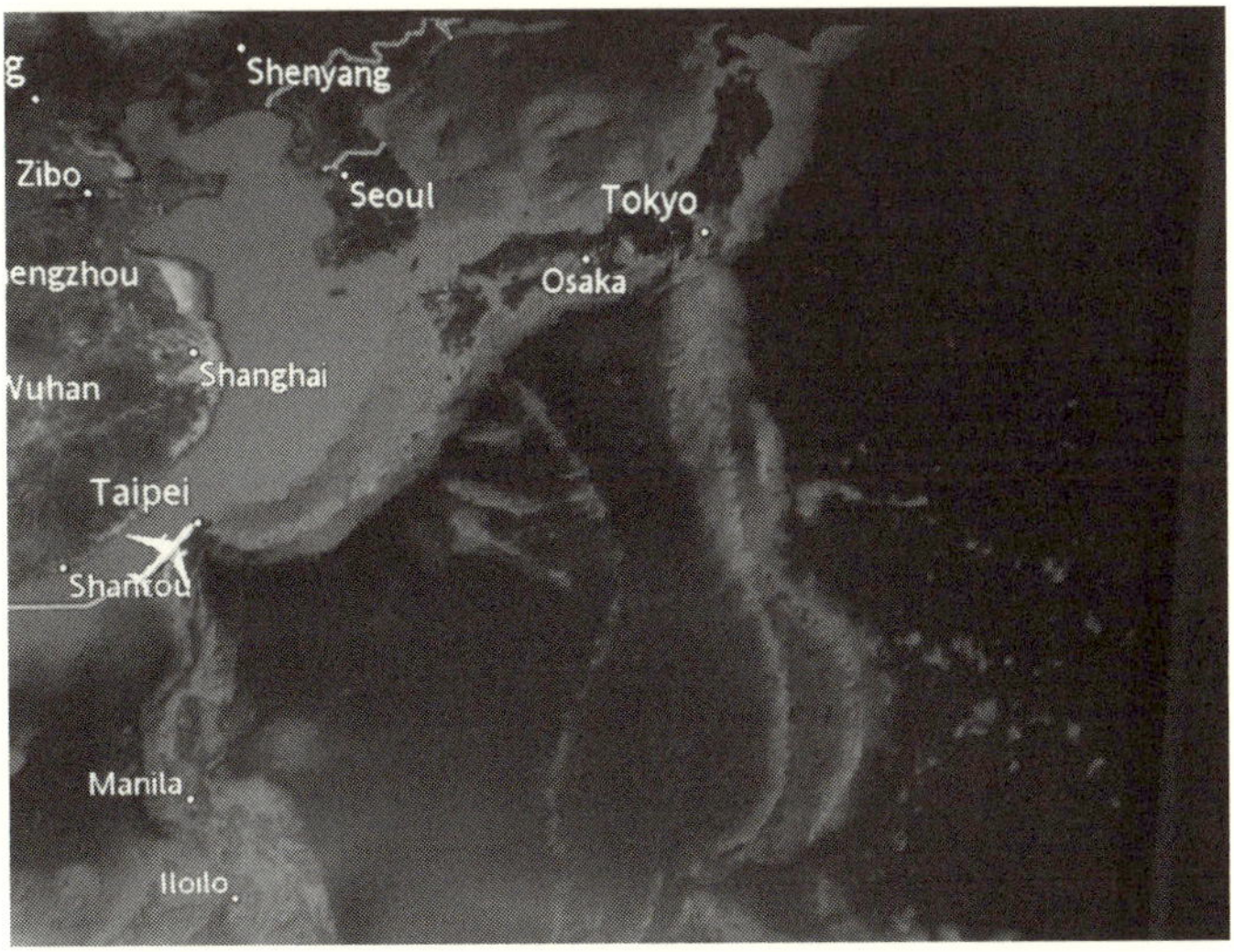

図3.4　極東の空を飛んでいたときのセレンディピティ

り書いたりしたからで、私たちはその形状を同じ学校で教わった歴史や文化と結びつけた。

海の下には、学校で教わらないことが隠されている。拡張する人間圏の新しい「辺境地帯（ワイルドウェスト）」だ。だがそれは、私がこの写真を紹介した理由ではない。本当の理由は、はるかに根源的なものだ。海底は誰もが理解できる未就学児の言語で語りかけてくる。そのメッセージを私たちは明確に表現し、記憶にとどめ、伝えることができる。海面上に姿を見せている部分が中国や日本などであることはわかるが、海底にはそれとは完全に異なる、はるかになじみ深い姿が横たわっている。それは、日本をショールのようにまとっている女性だ。台湾が彼女の手で、フィリピンがハンドバッグにあたる。日本海が頭と結い上げた髪だ。

自然は、すでに私たちに教えた言語で語りかけてくる。人間の心には、理解したいという自然の衝動があり、それは心が思い出す必要のある事物を合理化し、説明し、単純化すること、すなわち、より楽に覚えることを意味する。心は想像したものや目に見えないものを、自然がすでに教えてくれた形象の中に保存する。私たちが観察したものや触れたものが心の映画スクリーン上で最初に降り立つのがここだ。心の中で「類推」が起こり、類推が魅力的で有用なのも、この衝動のおかげだ。そしてそれは、話し言葉や洞窟壁画、迷信、宗教、科学で人間に力を与えた衝動でもある。

この章で実例を挙げながら説明した内容を総括すれば、それは、富や経済、社会にまつわる衝動は物理的現象、すなわち生命と進化の現象にその基盤を持つというものだ。本章では、動きが目的や富、自由と結びついていることを示し、それによって政治と歴史と社会を、この三つをはじめいっさいが属する科学の陣営に取り込んだ。ようするに、私はどうなのか、なぜこれが私にとって重要なのかといった、よく見られる疑問に対する答えを知ったわけだ。次の章ではテクノロジーの進化に的を絞り、詳しく考察することにする。テクノロジーの進化こそが、この地球における人間と機械が一体化した種の進化の主要な一面だからだ。

第4章　テクノロジーの進化

テクノロジーは偉大なる解放者だ。動物と奴隷は、蒸気動力や電動機械、エンジン駆動の輸送手段の登場によって解放された。機械工学の教授ピーター・ヴァダースが書いているように、「いかなる社会であれ、利用可能なテクノロジーが提供し維持できるだけの自由しか持ちえない」。じつは、自由は与えられるとそれに報い、新たなテクノロジーの創出を可能にする。自由の中では創造が楽になる。芸術と科学の歴史を振り返れば、それは明らかだろう。芸術家や科学者がどこにいたか、どこに暮らしていたかを考えてほしい。彼らの名前からは、地理と歴史とアイデアの物理的流れがはっきり浮かび上がってくる。

新しいテクノロジーは、私たちの流れに前より容易なアクセスを提供するために出現する——私たちに利用可能な空間と資源へのより大きなアクセスを提供するために。人類は今日、エンジンと輸送手段という私たちの装置が生み出した力のおかげで、持続可能なかたちで動き続けている。そうした装置のデザインは、時とともに姿を変える。私たちとともに進化する。

人類は、私が「人間と機械が一体化した種」と呼ぶものであり、私たちを包み込む輸送手段に改善が加えられるたびに、また、私たちが体現している知識と器用さのおかげで、進化している。

動物の進化とテクノロジーの進化

テクノロジーの進化は進化現象の一種類にすぎず、動物の進化や河川流域の進化、科学の進化、その他いかなる種類の進化とも変わりはない。これをこの上なく単純なかたちで把握したければ、燃料を消費して地表を動く車両などを考えてほしい。動きを生み出すために燃料を消費する、自力では移動しない動力装置のデザインの出現を、その他の進化現象を支配するものと同じ物理学が支配している。私たちは、この車両などの器官の一つ（たとえば、流体が通るダクト、あるいは熱交換器の表面）は、どれほど大きくするべきかと問う。器官の大きさは有限だから、車両などの効率は器官のせいで二つのかたちで（燃料の点で）不利になる。

まず、器官の生命を維持している流れは、抵抗や障害、あらゆる種類の「摩擦」を克服して一方向に流れなければならない。熱力学ではこの普遍的現象を「不可逆性」「有効エネルギーの消失」「損失」「エントロピー生成」などと呼ぶ。不可逆性と結びついた燃料面での不利益は、器官が大きいほど小さい。なぜなら、ダクトが太いほど、あるいは熱伝達が起こる表面積が大きいほど、流体の流れや熱流が受ける抵抗が小さいからだ。この限りにおいて、大きいことは良いことと言える。図4・1の右下がりの曲線を見てほしい。

次に、その器官を運ぶために、車両などは燃料を燃やさなければならない。そしてまた、自力では移動しない動力装置の構成要素を製造し、取りつけ、維持するのにも燃料がいる。そして、その構成要素が大きいほど多くの燃料が必要になる。この燃料面での不利益は、器官が大きくなるにつれて増し、図4・1の右上がりの直線が示すように、小さいことは良いことだと教えてくれる。

この第二の不利益は、第一の不利益と相容れないので、この葛藤から、器官はその車両などにとって大きすぎず、小さすぎず、ちょうど良い、それ相応の大きさにするべきであるという概念（予測、純粋に理論上の発見）が現れる。両者の折り合いがつくと、車両などが必要とする燃料の総量は、その車両などの各器官の重量の総計に比例する。

その器官が、先ほどの二本の線が交わる大きさになるように作られると、二つの不利益の合計を最小化できる。このように折り合いをつければ、大きな車両などが大きな器官（パイプ、表面、壁材、熱交換器など）を持ち、小さな車両などが小さな器官を持つことになる。この予測は、あらゆる輸送手段のテクノロジーの進化と一致している。

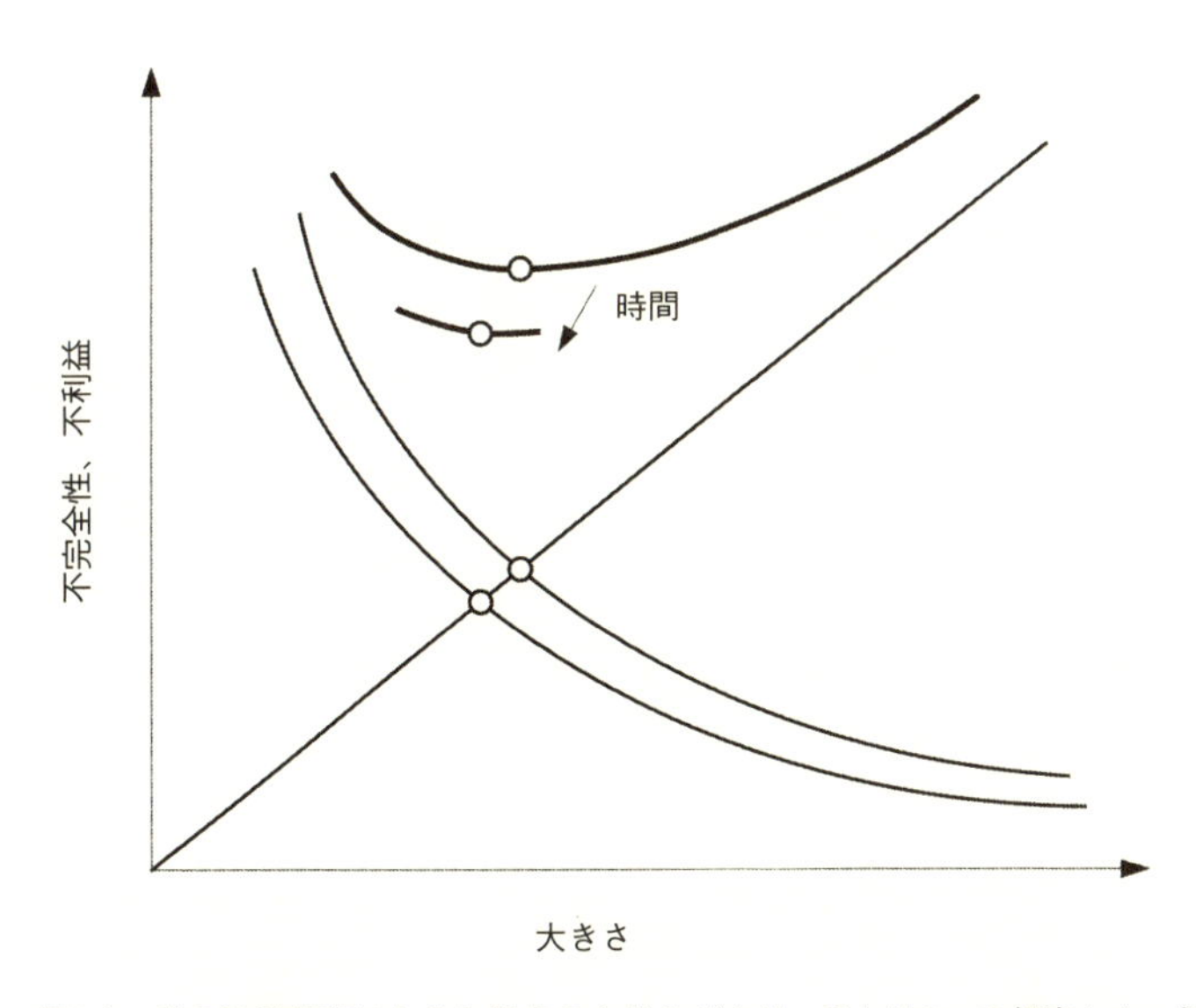

図4.1　どの流動器官にもそれ相応の大きさがあり、それは2つの相容れない傾向から現れ出てくる。有効エネルギーは消失する。器官の大きさが増すにつれ、器官の不完全性が減るからだ。より大きな系（輸送手段、動物）がある器官を作って運ぶために消費する有効エネルギーは、その器官が大きいほど増える。2つの不利益の総和は、器官の大きさが有限で、2つの不利益を表す線の交点にあるときに最少になる。器官は時とともに、小型化の方向へと進化する。器官は進歩し、不可逆性にまつわる不利益（右下がりの曲線）が徐々に下降するからだ。

この予測はまた、車両などのあらゆる器官が不完全であり続けることを意味する。なぜなら、どの器官も大きさが無限ではなく有限だからだ。全体（車両や飛行機）は、個別に調べたときにのみ「不完全」な器官から成る構成体だ。車両や飛行機のデザインそのものは、時とともに進化し、車体や機体の重量を動かすのによりふさわしい構成体になる。ここで私たちは、「より良い」とは、消費される燃料の単位量当たりに、より多くの重量をより遠くまで動かせるという意味であることを学ぶ。

この考え方が、あらゆる場所での進化の構成の原理だ。この原理は重要なので知っておく必要があり、有用で、簡単に学べる。この原理はまた、時宜を得ている。なぜなら、「生体（バイオ）模倣技術（ミメティクス）」はテクノロジーを助けると主張するのが昨今の流行だからだ。だが、テクノロジーの助けになるのはバイオミメティクスではなく、この原理だ。バイオミメティクスとは、自然界のものを観察し、人間と機械が一体化した種の進化を続けるデザインへの付加物として人工的に複製する技術だ。それが成功するのは、そもそも観察者が、観察された自然物を使う利点の根底にある原理を理解している場合に限られる。もしその理解が不要なら、目の見える動物や先史時代の穴居人なら誰もが、科学に基づく私たちの文明よりもはるか先まで進みえたことだろう。バイオミメティクスで成功したと主張する人は、図らずも（本能的に）、物理の諸原理とコンストラクタル法則に頼っているのだ。

図４・１との関連で車両や飛行機について言えることはすべて、動物の器官と動物全体にも当てはまる。どの器官も特定の大きさを持たざるをえない。そして器官は、大きい動物ほど大きくなる。どの器官も不完全であり、それは大きさが有限であるせいだ。そして、多くの科学者が「自然は間違いを犯す」と驚嘆するときに犯す間違いもこれで説明がつく。

いや、自然は間違いを犯したりしない。自然は私たちがどう考えるかなど、気にもかけない。自然は「現象」と呼ばれる、ほんのいくつかの普遍的傾向を示すのみで、そうした傾向に対して私たちはいくつかの物理法則を持っており、それらの法則は普遍的に正しい。自然は自らの法則に忠実だ。動物の場合には、時の経過とともに見せる傾向は進化であり、地表でより多くの動物の重量をより遠くまで、より楽に動かすことだ。動物全体がトラックのようなものであり、動物の重量を運ぶための輸送手段と言える。食物を見つけるのは、燃料を見つけるのと同じで、仕事量を必要とする。

動物と車両、あるいは心臓と水ポンプの決定的な違いは、人間は動物の進化を目にできなかった点にある。なぜなら、動物の進化は途方もなく長い時間をかけて起こったからだ。とはいえ、私たちはテクノロジーの進化は目の当たりにすることができる。実際、テクノロジーの進化の時間スケールは非常に短いので、私たちの動きを可能にするもの（集中方式の動力装置、電化、自動車、飛行機といった真の驚異）の大半は、過去一世紀のあいだに進化した。

小型化は自然に起こる

器官は、より流れやすいデザインを指向して時とともに進化する。つまり、図4・1の右下がりの曲線は、時の経過とともに下向きに移動し、右上がりの直線との交点も同様に下に移るということだ。それに伴い、谷形の曲線の谷底も下へ、左へと降りていく。未来の器官は、進化の点でより良くなるばかりでなく、小さくもなるに違いないというのが、重要な発見だ。この発見は未来についてのもので、この未来のことは小型化と言う。

今や私たちは、なぜ小型化が起こるのかわかった。それは、私たちの体や輸送手段、仲間をより楽に、より長く、より遠くへ動かすという、私たち一人ひとりの中にある自然の傾向なのだ。小型化は「自然に起こる」のであり、ナノテクノロジーとともに始まったわけではない。ナノテクノロジーの前には超小型電子技術（マイクロエレクトロニクス）があったし、マイクロエレクトロニクスの前には高密な熱伝達を行なうコンパクトな熱交換器があった。

より小さいものへと向かう「革命」などありはしない。絶え間ない「進化」があるだけだ。私たちはその進化をあらゆる領域で目にする。古代から現代まで、筆記がどのように進化したかを考えてほしい。進化するデザインを映し出すこの動画には終わりはない。人間と機械が一体化した種のために絶えず進歩する流れがあるだけなのだ。

この進化は、体積流量の密度の増加、つまり機能性の増加へと向かう。それは、より小さな装置でより多くを行ない、その装置内で単位体積当たりの流れの増加を起こす方向へ向かうものだ。

流れの構成要素の最小のものがどれほど小さくなろうとも（たとえば、マイクロからナノになったとしても）、人間と機械が一体化した種に力を与える新しい装置は、手、目、耳、内臓といった、人体のあらゆる部分で、人体の長さスケールと一致し続けなくてはならない。最小の構成要素が小さくなればなるほど、新しい装置の最小の素子は数を増すだろう。これらの非常に小さい流動系は、袋に豆を入れるように人間スケールの装置に注ぎ込まれるわけではない。それらは、いっしょに流れて利用可能な領域全体に完全に行き渡るように、組み立て、結びつけ、構成しなければならない。驚くまでもないが、これらの装置はけっきょく、肺や血管組織に似てくる。

小型化へと向かう動きは必然的に、立体領域に行き渡る、より流れの良い流動構造に向かう進化であり、その構造はより複雑になる。なぜなら、最小の構成要素がなおさら小型化し、なおさら数を増すからだ。ナノレベルの現象や、ナノレベルの素子、ナノレベルの性能に心を奪われていると、本当の現象を見落としてしまう。その現象とはすなわち、装置の機能を維持するために流れによってすべて結びつけられた、最小スケールでかつ最大の数の精巧な器官（たとえば肺胞）に頼るマクロの装置（たとえば肺）の構成だ。

高密度の機能性へ向かう進化は、図4・2に示してある。この図は、電子機器の冷却用のデザインが過去四〇年間に経てきた変遷を振り返るものだ。電子機器で埋め尽くされた装置の長さスケールLは変化しうる。電話ボックスから今日のサーバーやノートパソコン、携帯機器への進化をたどり、長さスケールがどれほど縮み続けてき

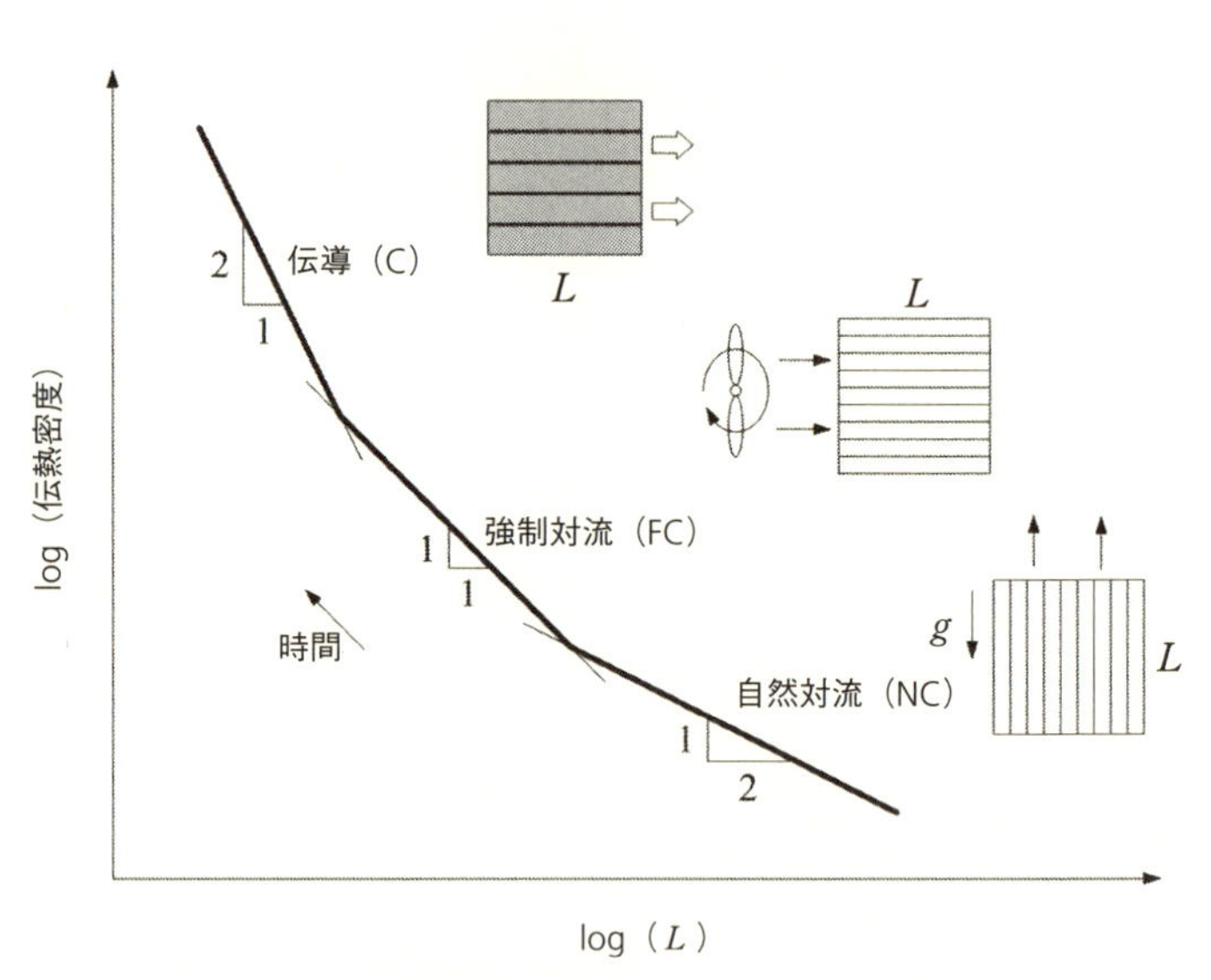

図4.2　高い値へと向かう伝熱密度の進化
大きさが小さくなる方向への進化（小型化）と、冷却テクノロジーの段階的変化という、2つの現象が見て取れる。
A. Bejan and S. Lorette, *Design with Constructral Theory* (Hoboken, NJ: Wiley, 2008), 第3章参照。

たかを考えてほしい。

図4・2には三つの冷却テクノロジーが要約してある。自然対流（NC、浮力による流れ。暖かい空気は軽いので、冷却されるために装置の中を通って上昇する）、強制対流（FC、送風機あるいはポンプによる流れ）、固体伝導（C、装置の外被を通して、熱いほうから冷たいほうへ熱が流れる）だ。これらのテクノロジーが現れて世界を席巻した時間的順序は、NC→FC→Cであり、その逆ではない。この順序にならざるをえなかった理由は以下のとおりだ。

電子機器の載ったプレートどうしの間隔が特定の値をとるときに、冷却テクノロジーは最大の機能性の記録密度（伝熱密度）を提供する。この種の最も古いデザインは、NC冷却のためのもので、熱を発する電子機器の集積密度は、図4・2に示したように$L^{-1/2}$の割合で変化する。この古いパッケージを小型化できれば、機能性の密度を上げられることがわかる。NC冷却テクノロジーの進化の時間の矢は左を指しており、小型化へ向かっている。

二番目に古い冷却テクノロジーは、強制対流（FC）に基づいている。電子機器の密度が最も高いデザインでは、プレートの間隔は、集積密度がL^{-1}で変化するようになっており、これも図4・2に示してある。強制対流による冷却密度を上げるには、Lという素子を小さくする方向、すなわち小型化の方向に進めばいいということだ。これはNC冷却テクノロジーが見せる傾向と一致している。より小さな素子の中により高い密度を求めるときには、強制対流冷却から自然対流冷却へではなく、自然対流冷却から強制対流冷却へという、テクノロジーにおける段階的な変遷がなくてはならない、というのが新たな予測だ（あとから振り返れば、この予測は正しかった）。

立体領域の冷却の進化は、適切な大きさの間隔、平行板、その他の集積素子（円筒形、球形、互い違いの配列、一直線に並んだ配列、ピンフィン配列など）による強制対流では終わらない。図4・2のいちばん上の図に示したように、Lスケールの装置を純粋な伝導で冷却することが可能なのだ。装置は立体領域全体で均一の割合で熱を生み出す。立体領域から、脇の一点あるいは複数の点へと熱を流して冷ますのを促進するには、もともとの素材の内部に、それよりはるかに伝導性の高い素材の個体挿入物（ブレード、ピン、樹状材）を入れる。

ようするに、伝導冷却は二つの固体の器官（伝導性の高いものと低いもの）から成る複合材料として装置をデザインすることで促進される。そしてそのデザインでは、伝導性の高い経路と伝導性の低い背景という構成になっている。構成は二つの素材によって表現され、デザインは、立体領域で生成される熱が境界にあるヒートシンクへとしだいに流れやすくなるように進化する。そのようなデザインはみな、熱生成の高密度化（高密度の電子機器）に向かう傾向にあり、その密度はLが減るにつれ、L^{-2}の割合で増える。高密度へ向かう道筋は、強制対流冷却のデザインの場合よりも直接的で、自然対流冷却の場合よりは確実に優っているので、強制対流から、全立体領域にわたる固体伝導への変遷があるに違いないことがわかる。テクノロジー進化のこの段階は、強制対流から伝導へという一方向でのみ起こり、その逆はありえない。

この進化の物語は、冷却テクノロジーが二通りのかたちで展開せざるをえないことを示している。すなわち、より小さなスケールへ向かうかたち（小型化）でと、熱流メカニズムにおける劇的・段階的な変化を経るかたち（変遷）で、だ。変化は継続的で、小型化へと向かう形の変化と同じ時間的方向性を持って起こる。

自ら動くものなどない

テクノロジーの進化は私たちに直結し、生命の存続を促進するあらゆる流れと動き（人、財、物資などの流れ）の進化するデザインに結びついている。自ら動くものなどない。動くものは何もかも、強いられるから動くのだ。力と移動距離の積は、その動きによって散逸（消失）した仕事量に等しい。

どんなデザインも、どんな動きも「ただ（フリー）」ではない。自由（フリー）落下や自由（フリー）対流という言葉を使う人にとって、これは驚きかもしれない。目には見えないものの、自由な（自然な）対流には運び手がおり、それは送風機やポンプ、車両などを動かすあらゆる装置と同じで、仕事量を生み出すエンジンだ。

部屋の真ん中に置かれた旧式のストーブのような、冷たい流体の中に沈められた、熱を生み出す装置を考えてほしい。定圧の空気は熱せられると膨張するので、この装置に隣接する空気の層は膨張し、軽く（低密度に）なり、上昇する。同時に、冷たい流体は、下向きに追いやられる。このように、熱い装置の外壁と冷たい空気のあいだの温度差が、図４・３におおざっぱに示した循環の原動力となる。この動きは何が引き起こしているのか。

この問いに答えるには、流れを導く架空のダクトを通る、少量の流体の進化を追ってみよう。熱せられた壁の下端にあったこの流塊（流体の一群（パケット））は、壁に熱せられて膨張しながら上昇し、流体上部の気圧の低い部分に向かう。その後、このループのうちの、下向きに流れる部分に沿って、冷たい流体によってこのパケットは冷却され、圧縮されながら下端にたどり着く。この流体のパケットの進化を追えば、それが四つの段階を経て一サイクルを終えることがわかる。加熱→膨張→冷却→圧縮というサイクルだ。

蒸気機関の中を循環する水や、ガスタービン発電所の中を循環する空気も、同じサイクルをたどる。図４・３の熱機関のサイクルは、たとえば、適切にデザインしたプロペラを流れの中に差し込めば、仕事量を私たちに送り届けることができる。このサイクルは、太陽エネルギーから間接的に引き出される風力の源泉だ（この場合の太陽エネルギーというのは、太陽による加熱と、冷たい宇宙空間による冷却を原動力とする大気の熱機関だ）。六〇ページの図2・4をもう一度見てほしい。仕事量を採取する装置（風車の羽根車のようなもの）がない場合、熱機関は作動流体を高速で動かし、仕事量の出力は不可逆性（隣接する流体の層のあいだの摩擦と、有限の温度勾配に沿った熱伝達）のためにすべて内部で消失する。図4・3に示された循環全体は、タマネギの皮のように入れ子細工になった無数の車輪で、その車輪どうしのあいだには摩擦と熱の漏出を伴う。

無生物の流動系の遺産は、生物の流動系の遺産と同じだ。これらの流動系はみな、太陽に端を発する有効エネルギー（エクセルギー）を消失することで質量を

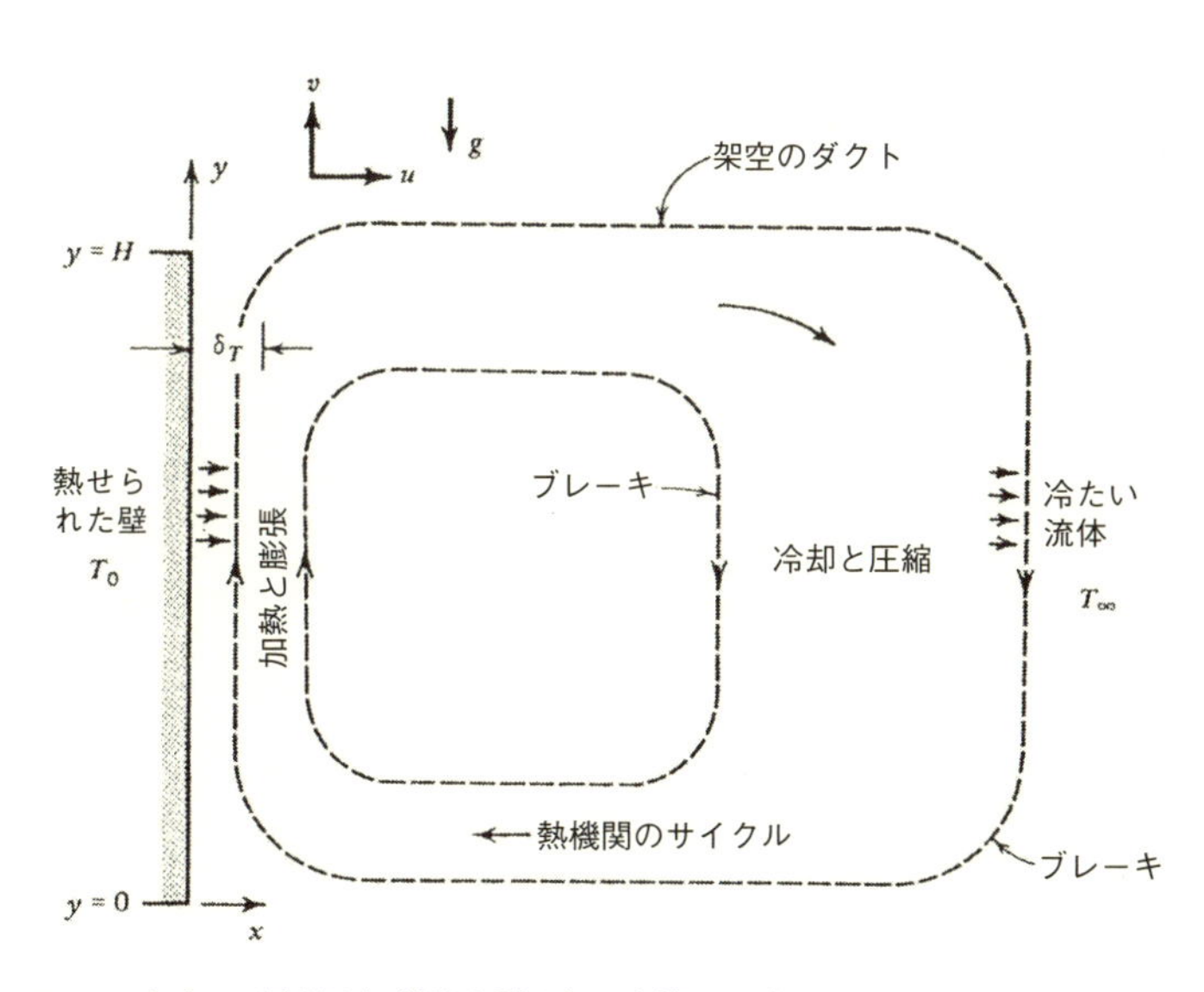

図4.3　自由な（自然な）対流を引き起こす熱エンジン

動かす。河川と動物は、動かした重量と水平の移動距離の積に比例して有効エネルギーを消失する。陸上、空中、水中の輸送手段にも同じことが当てはまる。消費される燃料は、車両などの重量と移動距離の積に比例する。

河川と動物のデザインは、厖大な月日のあいだに形を変え、完成した。車両や他の多くの装置のデザインは、今このときにも、私たちの頭の中や設計テーブルの上、事業の中で進化を遂げている。けっきょくのところ、仮にすべての燃料が燃やし尽くされ、食物が食べ尽くされたときには、それは生物の系が成し遂げたことになる。生物の系が、その存在なしでは起こりえなかったほど、地球の表面上で質量を動かした（地球の表面を「攪拌した」）のだ。

進化はしても退化はしない

人間と人間以外（動力装置、動物、植物、水の流れ）から成る生物圏では、エンジンには力を使う外部のもの（たとえば、推進力を必要とする車両や動物の体）へ機械力を送り届ける軸や連接棒、脚、翼がある。これらの生物圏のエンジンはコンストラクタル法則に従うので、より流れやすい配置へと、時とともに自由に形を変える。それらは（有限の制約の下で）より多くの機械力を生成する方向へと進化する。それは、エンジンにとっては、より少ない散逸あるいはより高い効率性に向かう進化を意味する。

生物圏のエンジンの外では、機械力はすべて、摩擦やその他の不可逆的なメカニズム（たとえば、人間による輸送や製造、動物の移動、体から環境への熱損失）を通して消失する。エンジンと、その直近の環境（「ブレーキ」）は、地球全体のデザインと同じになっている。地球の流動構造は、その「エンジン＋ブレーキ器官」や河川、魚、鳥、乱流の渦などのいっさいとともに、生物あるいは無生物の他のどんな流動構造にも劣らぬだけのことをやってのける。流動構成の生成と進化という現象がなかった場合よりも、地球の表面をよく攪拌するのだ。

動物の動きは、河川や海洋、大気中の乱流の渦のような、無生物の、動いたり攪拌したりするデザインと似ている。動物を自動推進式の水の塊、すなわち、海洋や大気中の渦と同じように動いたり攪拌したりする、水の質量の運び手と見なすのは、けっして大げさなことではない。

この統合的な見解を支持する、議論の余地のない証拠がある。これらの動くものはすべて時の経過とともに形を変え、より広い領域や深い場所、高い場所へと、注目すべき順序で拡がった。それは、水の中を泳ぐものから、地上を歩いたり走ったりする動物、空を飛ぶ動物、空を飛ぶ人間と機械が一体化した種、宇宙空間を旅する人間と機械が一体化した種へ、という順序だ。流動構成の時間的方向性はいつも同じで、進化はしても退化はしない。

工学、経済、社会組織でデザインの変更を生み出す、バランスのとれた、絡み合った流動構造は、生物学の自然の流動構造（動物のデザイン）や地球物理学の自然の流動構造（河川流域、グローバルな循環）と何ら違いはない。図4・4のごくありふれた大気の流動現象は、進化するデザインの変更の非生物学的な例になる。ずらっと並んだ工場の煙突からのプルーム（立ち上る煙）、あるいは低木地帯の火事からのプルームは、最初はカーテンのような、平らな乱流プルームとして立ち昇る。やがてある高さまでくると、煙のカーテンは断面が円形のプルームに自らを構成し、他のあらゆるプルームと見分けがつかなくなる。ジェットも同じ現象を見せる

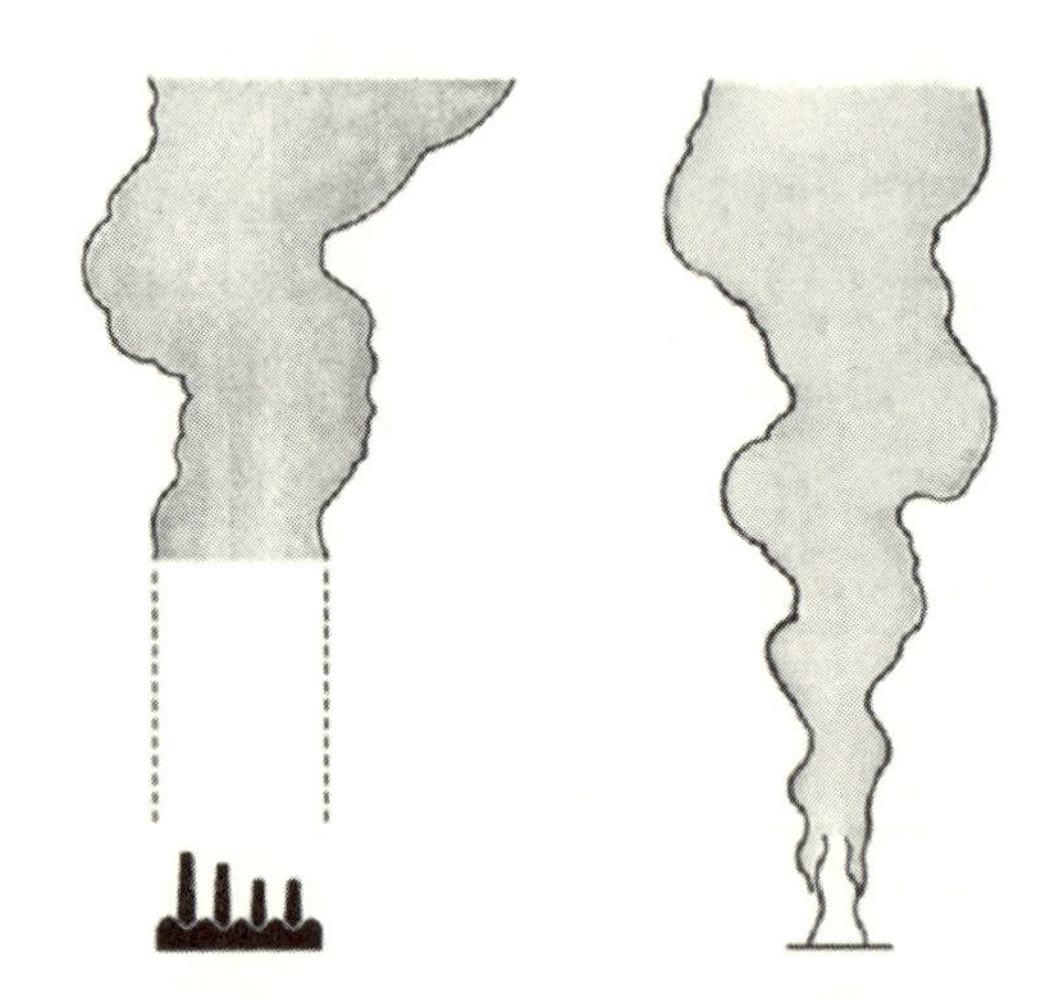

図4.4　乱流プルームはみな、特定の高さまで昇ると、最初の断面の形状とは無関係に断面が円くなる。ずらっと並んだ煙突から上がる平らなプルーム（左）と、集中した火から立ち昇る、断面が円形のプルーム。

A. Bejan, S. Ziaei and S. Lorente, "Evolution: Why All Plumes and Jets Evolve to Round Cross Sections," *Nature Scientific Reports* 4 (2014): 4730.

（ジェットとは、同じ流体がたまっている中を進む流体の流れ。たとえば、プールの底でホースから噴き出す水の流れ。プルームは温かいジェットで、周囲の流体よりも温かい流れ）。その断面は平たいものから円いものへと自由に形を変える。その逆は起こらない。断面が円いプルームやジェットは、断面が平たいプルームやジェットへと進化したりしない。

それはなぜか。

それは、流れるものへのアクセスを促進する配置へと形を変えるという、流動系の普遍的傾向のせいだ。煙突からのプルームの場合、ジェットの場合と同じで、流れているのは、動くもの（流れの柱）から動かないもの（静止している環境）へと伝達される運動量（動き）だ。運動量は柱に沿った流体の流れとは直角の方向に流れる。この横方向の流れは「攪拌」あるいは「運動量伝達」と呼ばれる。遅い動きはもっと速く動くことを余儀なくされ、速い動きはもっと遅く動くことを強いられる。運動量の横向きの流れから静止している環境へのアクセスが増すと流体の柱は周囲の流体とより速く混ざり合い、流体の柱の縦方向の速度はより急速に落ちる。この構造全体は、攪拌が高められ、縦方向の速度がより急速に落ちるように、断面が平らから円形へと形を変える傾向を持つ。

ようするに、テクノロジーの進化は、地球の表面における人間の動き（人や財、物資、建設、採鉱など）の、進化を続けるデザインにまつわるものだ。輸送手段あるいは動物全体が、より効率的な動きの方向に自らの構造を進化させると、図4・1の右上がりの直線は図4・5に示したように時計回りに動く。競合する二つの傾向を表す線の交点は右下に向かって動き、不利益の合計が減る。全体的な効率が上がるにつれ、車両など動物は大きくなり、寿命が延び、より長い距離を動く。器官も大型化し、より大きな器官はより大きな車両や動物にふさわしいというスケーリング則（複数の数量のあいだに比例関係が存在し、それが異なるオーダー（桁数）の大きさの範囲でもおおよそ成り立つという法則）が維持される。

進化とは物理の概念だ

進化とは、単なる生物学的進化よりもはるかに幅の広い概念だ。それは物理の概念なのだ。「進化」とは、配置（構成）に起こる自由な変化を意味し、その変化は時の流れの中で、識別可能な方向に進む。進化という現象を予測するのは、科学的思考における重要な一ステップだ。私たちは、飛行機の進化を眺めることで、図4・6に示されたものよりもなお短い時間スケールで進化を目撃できる。この進化を実証できるし、物理に基づいて予測することもできる。

周りを見回してほしい。私たちが目にするもの、触れるものは、毎日ではないにしても、年々、さらには一〇年ごとに変化している。飛行機を見るといい。飛行機はますます多くの人を世界中で運んでいる。空港のゲートを眺め、空を見上げてみよう。

図4・6の中の飛行機のデータを見るよりも、三五ページの図1・3の絵を見るほうがずっと単純だ。図4・6のデータは新しい飛行機のモデルとそれが導入

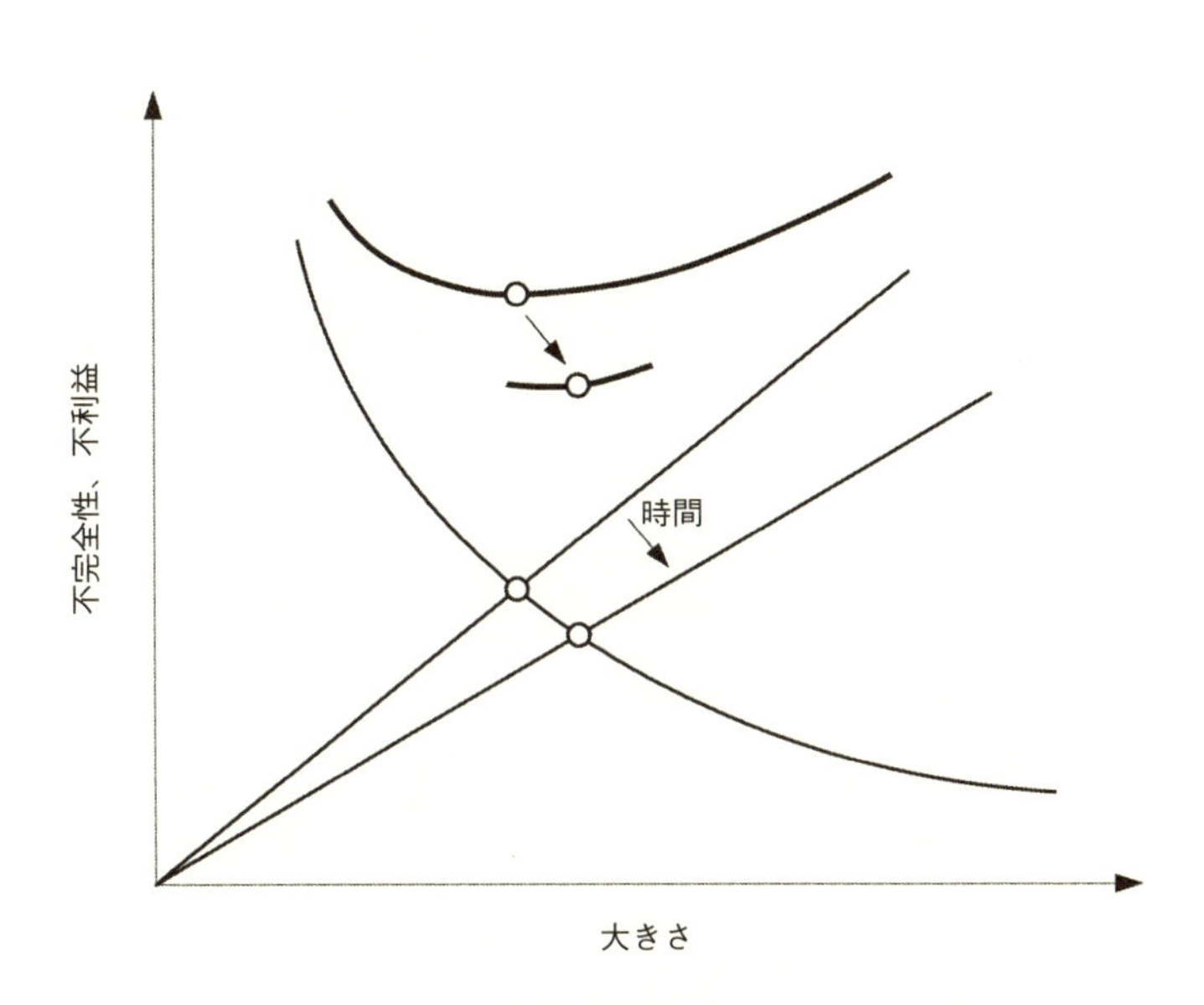

図4.5　テクノロジーの進化は車両や飛行機や動物のレベルでも起こる。時とともに車両や飛行機が進歩するにつれ、器官に起因する燃料の不利益が減少する。

された年を示している。新しいモデルはそれぞれ同じ大きさの先行モデルより経済的だ。そうでなければ成功を収められなかっただろうし、採用されることも、長続きすることもなかっただろう。より高い効率性へ向かう傾向は、飛行機の絵からは見分けがつかない。だが、別の傾向が見て取れる。新しいモデルの大きさはまちまちだが、ある一〇年間に見られる大型機に、次の一〇年間にはさらに大きなモデルが加わるのだ。

これは、生物学ではよく知られた法則である、コープ＝デペレの法則〔別名コープの法則〕の本質を明らかにしてくれる。この法則によれば、動物の系統は時の経過とともに、より大きな体を持つ方向で進化するという。[*1] だが、この法則を飛行する人間と機械の実例の世界で考えてみると、それが法則として当てはまらないことがわかる。新しい動物種はあらゆる大きさで現れ、多数の小さなものと少数の大きなものがいる。ただし、時とともに大きいものにはさらに大きいものが加わるが。それぞれが独自のデザインを持っているものの、（イルカとマグロのように）共通の特徴も持っているという事実は、図4・6に示してあるように、物理の原理に帰せられる。

この図は、「進化」と呼ばれる自然の傾向（現象）に対して私たちの目を開いてくれる。生物学では、人間が出現する前に進化のほとんどが起こったために、私たちは仮定に基づいて進化を理解しており、そのせいで、進化についての生物学の主張は不利な立場に立たされている。ある種の進化をリアルタイムで見られたら、どれほど役に立つことだろう。だが、図1・3はまさにこの必要性を満たしてくれる。注目するべき種は私たちであり、それは、新しい飛行機のモデルが独自には現れないからだ。飛行機は、地球をより容易に動き回るための人間のデザインの延長と言える。もっと厳密に言えば、注目するべき種は人間と機械が一体化した種だ。どの飛行機モデルも、人間と機械が一体化した種のデザイン変更の進化を物語る例、前よりますます良く、速く、効率的で、長く持続し、遠くまで

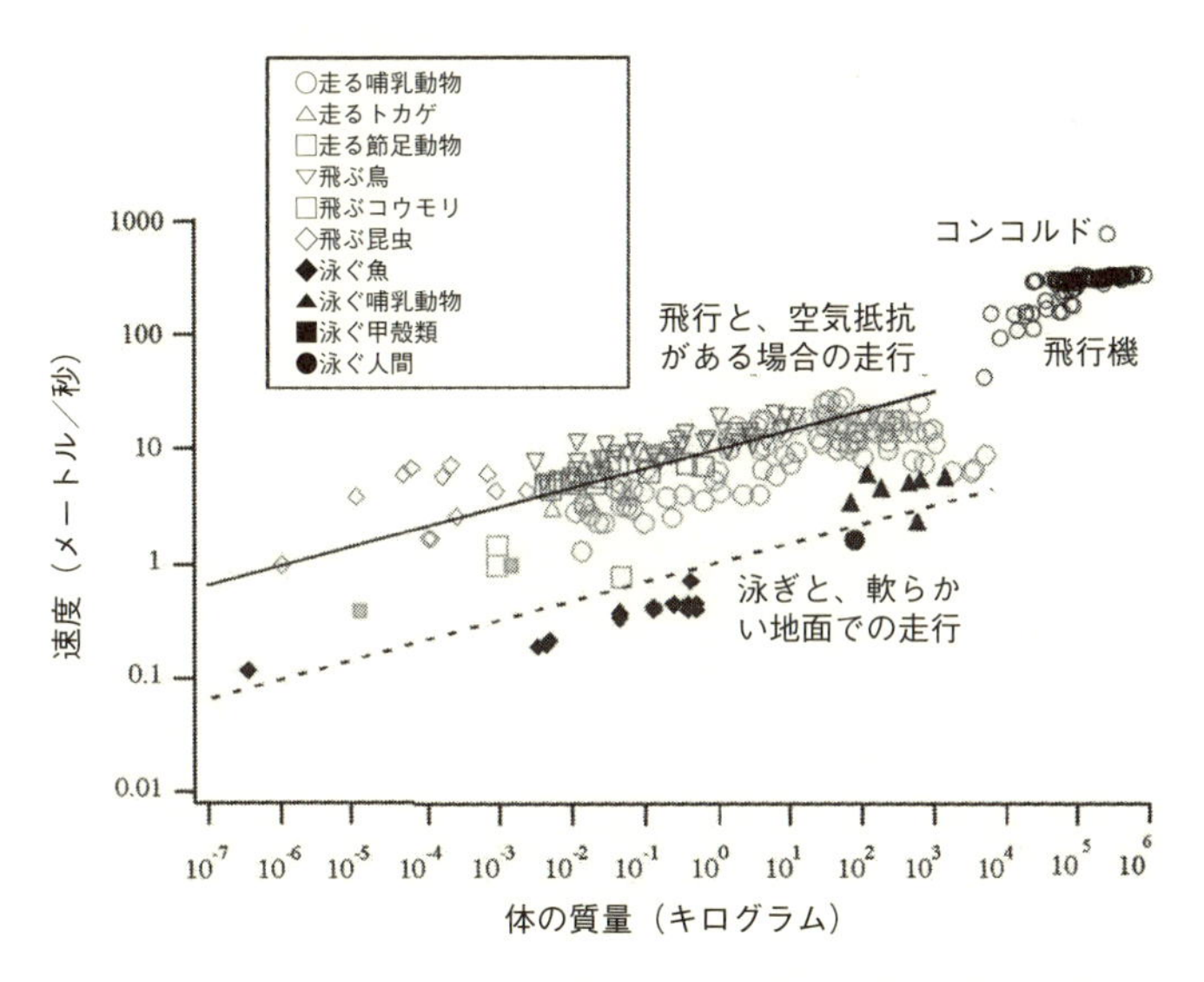

図4.6　飛んだり走ったり泳いだりする、あらゆるもの（昆虫、鳥、哺乳類）の典型的な速度。動物の移動に関するデータの出典は、A. Bejan, J. D. Charles and S. Lorente, "The Evolution of Airplanes," *Journal of Applied Physics* 116 (2014)：0.44901 及び、A. Bejan and J. H. Marden, "Unifying Constructal Theory for Scale Effects in Running, Swimming and Flying," *Journal of Experimental Biology* 209 (2006)：238-248 に示されている。

到達できる、拡がりつつある流れの例なのだ。

飛行機の進化

飛行機のこの進化は、図4・6に示された、空を飛ぶ生き物の進化とそっくりだ。大きいものほど速く飛ぶことは確証されているが、この図を掲載したのは、空を飛ぶ種の目に見えない（目撃されていない）進化は、人造の飛行機械の進化とデザインの特徴を共有するおびただしい動きの形態につながったことを示すためだ。

これに劣らず重要なのが、飛ぶためのデザインのデータ群は時の経過とともに右に向かって拡がり続けているという、図4・6から見て取れる結果だ。昆虫類に始まり、その後、鳥類と昆虫類となり、さらにそのあとには、飛行機と鳥類と昆虫類に増えている。昆虫と鳥は、やがてさまざまな大きさが見られるようになるが、時とともに、大きいものに、なおさら大きいものが加わる。

今日地球は、少数の大きな動物と多数の小さな動物が織り成す網で覆われている。新しいものは数が少なく、大きい。古いものは数が多く、小さい。新しいものは、古いものに取って代わりはしない。古いものに加わるのだ。これが、いたるところで歴然としている「複雑性」の織物だ。

飛行機のモデルも同じように進化した。最初はＤＣ３など多くの小型機が見られ、やがてＤＣ８やＢ７３７が加わり、次に、まだ使用されていた小さくて古いモデルにＢ７４７が加わった。この進化の方向性の中で、大きさの記録が毎回破られた。この傾向は、空を飛ぶ人間と機械が一体化した種と空を飛ぶ動物種を結びつける。

燃料を消費し、地球上を動く飛行機のことを考え、この輸送手段の器官の一つ、たとえばエンジンを、どれほど大きくするべきかと問うといい。図４・１ですでに述べたように、車両や飛行機はこの器官によって二通りのかたちで（燃料面で）不利益を被る。第一に、器官は多くの種類の抵抗を克服することで動く流れによって機能を維持している。この燃料面での不利益は、器官が大きいほど小さくなる。第二に、車両や飛行機は器官を運ぶために燃料を燃やさなければならない。この不利益は、器官の重量に比例する。この二番目の不利益は、小さいほうが良いことを示しており、第一の不利益と相容れない。この対立が、有限の大きさを持つ器官の物理的特性の基盤となる（大きさが有限であるというのはその器官の特質の一つだ）。

二つの不利益の折り合いをつけると、より大きな器官（エンジン、燃料積載量）はそれに比例して大きい車両や飛行機にふさわしく、小さい器官は小さい車両や飛行機にふさわしいことになる。この予測の正しさは、[*2] 図４・７と図４・８を見れば明らかだ。これらの図は、飛行機が進化する過程では、熱機関の質量M_eと飛行機全体の質量Mと燃料積載量M_fとのあいだに鮮明な比例関係が出現してきたことを示している。エンジンのデータは、統計的に有意のかたちで$M_e = 0.13M^{0.83}$という相関を持つ（ただしMもM_eも単位はトン）。図4・7のデータ群によって表された時間の矢に注意してほしい。エンジンと飛行機の大きさを一九五〇年と二〇一四年で比べると、約二〇倍に増えている。図4・6と同じで、この時間の矢は大きくて少数という方向を指している。

大きい輸送手段は移動距離も長く、大きな河川や気流や動物も同様だ。移動距離Lは、M^{α}の割合で変化すると予測される（ただし$\alpha < 1$）。これは、飛行機の進化におけるLとMのデータの比較で裏づけられている。[*3] 両者は$L = 324M^{0.64}$という相関関係にある（ただしLはキロメートル、Mはトン）。民間の航空交通はより効率的になり、コストが下がっている。単位原価f（飛行機で一座席分を一〇〇キロメートル移動させるのに費やされる燃料のリットル数）は、過去半世紀間に一桁減った。平均すると、一座席当たりに燃やされる燃料は毎年一・二パーセントの割合で減少してきた。

「技術者がデザインを目にする所に、生物学者は自然選択を見出す」

ジョン・メイナード＝スミス

同じ進化するデザインが動物の器官と動物全体の両方に当てはまる。動物の運動系を構成する器官（筋肉、心臓、肺）は、車両や飛行機のエンジンに相当する。生物学では、動物の筋肉の質量と蓄えられる熱量と肺の体積が、動物の体の質量に比例することが経験的に知られている。[*4] 動物の器官のスケーリングは、図4・7で明らかになった、エンジンの質量と飛行機

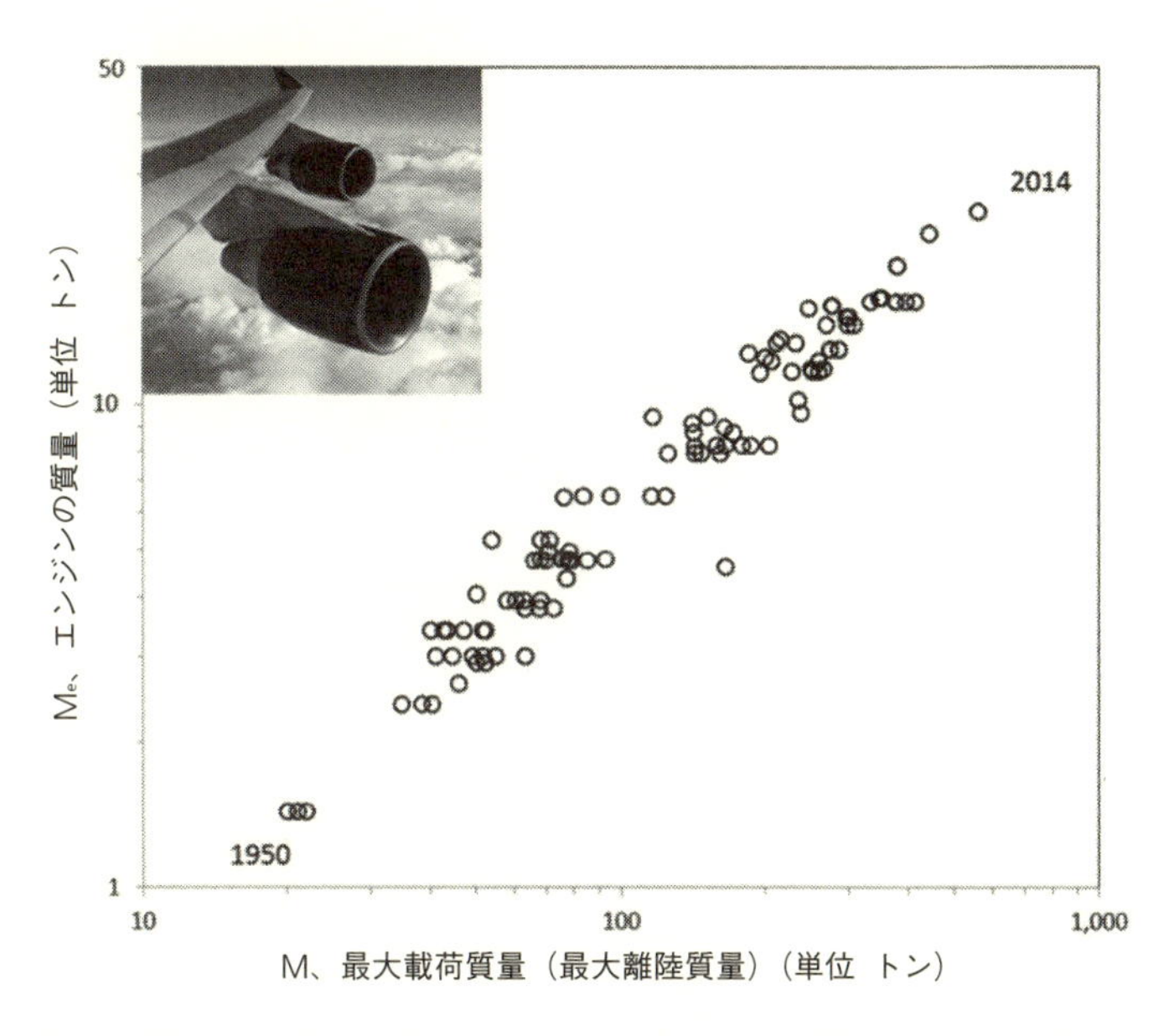

図4.7　飛行機が進化するあいだ、エンジンの大きさは飛行機の大きさとほぼ比例して増していった。このデータは、タービン（ジェット）エンジン搭載機のみを対象としている。
A. Bejan, J. D. Charles and S. Lorente, "The Evolution of Airplanes," *Journal of Applied Physics* 116 (2014): 044901.

の質量とのあいだの比例関係と同じだ。これは、図4・7を予測した原理は、スケーリング研究で器官の大きさも予測でき、また、生物学でも経験的に認められていることを意味する。より正確に言えば、動物にとって、真の「エンジン」（ミトコンドリア）の質量は、体の質量の0・87乗に比例する。[*5]

流れ、進化する自然界のデザインは一つしかない。全体が流れる。そし

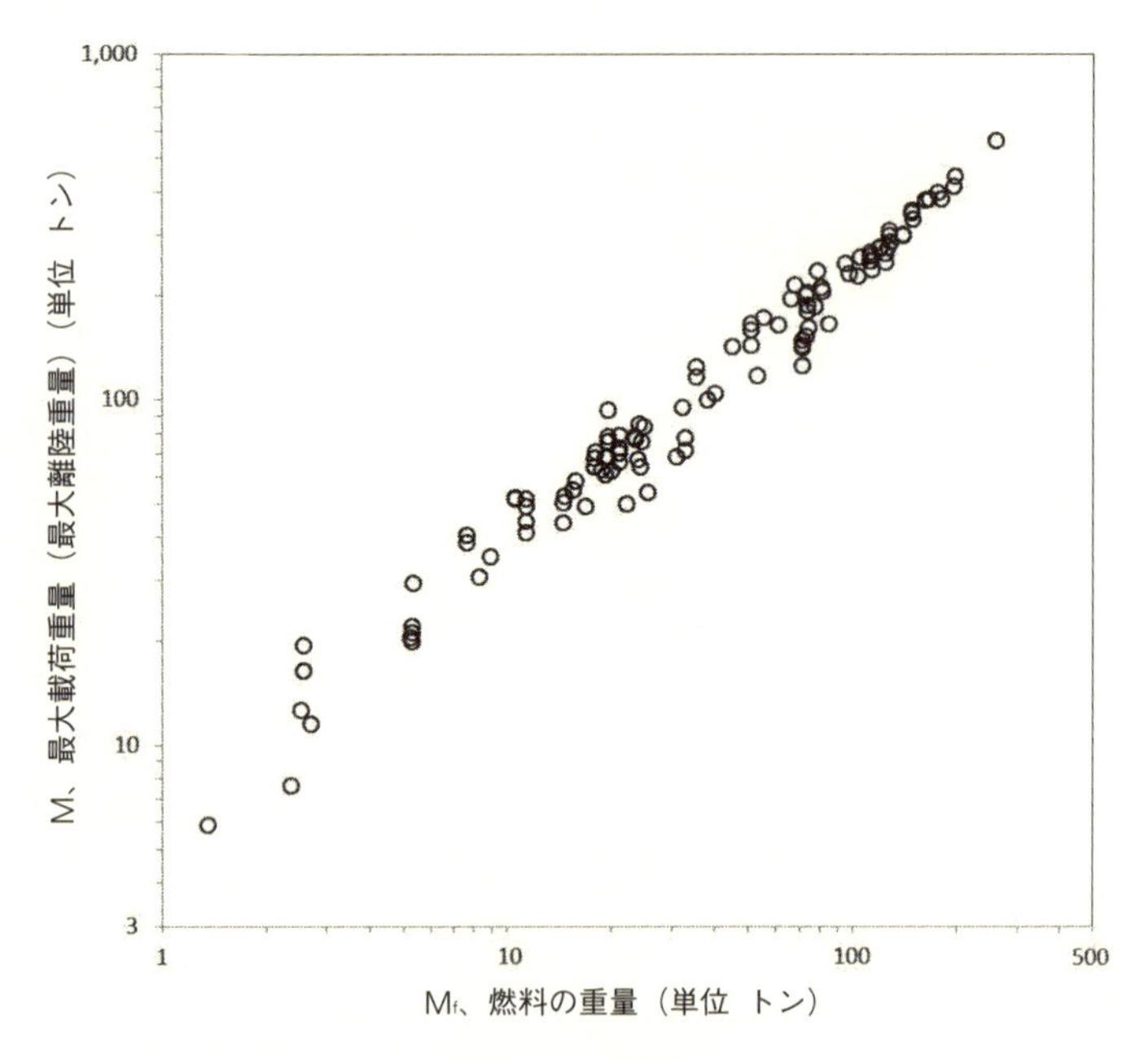

図4.8　燃料の質量と飛行機の質量との比例関係

A. Bejan, J. D. Charles and S. Lorente, "The Evolution of Airplanes," *Journal of Applied Physics* 116 (2014) : 044901.

て、その構成を変える自由、進化する自由を伴って流れる。何もかもが、動物あるいは飛行機の中ばかりでなく外も流れており、外では動いている体が環境を押しのけ、飛行機に吹きつける空気を排除する。生物学では、体の外を流れるものの研究が欠落しており、この学問の対象のほとんどが体の中を流れるものに限られる。飛行機を研究する科学者は、全体論的な見方をする。彼らは全体を見る。なぜなら、内部の流れと外部の流れの両方が、流動系全体や人造の鳥の動き、その流動する腸の構造の形を変え、全体を改善するからだ。

飛行機は小さいものも大きいものも、進化しながらしだいに他の飛行機に似てくる。飛行機は翼を羽ばたいたり、空中に停止したり、滑空したりしない。巡航速度で一定の高度を保つのに必要な安定した力を供給するエンジンを持っている。鳥の運動機能や上昇機能とは違い、飛行機の運動機能や上昇機能はエンジンと翼という二つの別個の器官が担う。とはいえ、飛行機は自らを鳥や他の動物と結びつける特徴（相対成長スケーリング則）を示す。飛行機のエンジンの大きさは機体の大きさや燃料積載量に呼応する。大きい動物とちょうど同じで、大きい飛行機はより効率的な輸送手段で、より遠くまで行く。

飛行機の機体は、乗客と貨物を運ぶ胴体と、胴体を持ち上げる翼という、二つの主要部分から成る。この二部構造を象徴的に描いたのが図4・9だ。翼は全翼幅Sと、翼弦長L_wと、厚さtで表される。胴体は長さLと、縦横の長さDと、断面積Aを持つ。この構造のあらゆる

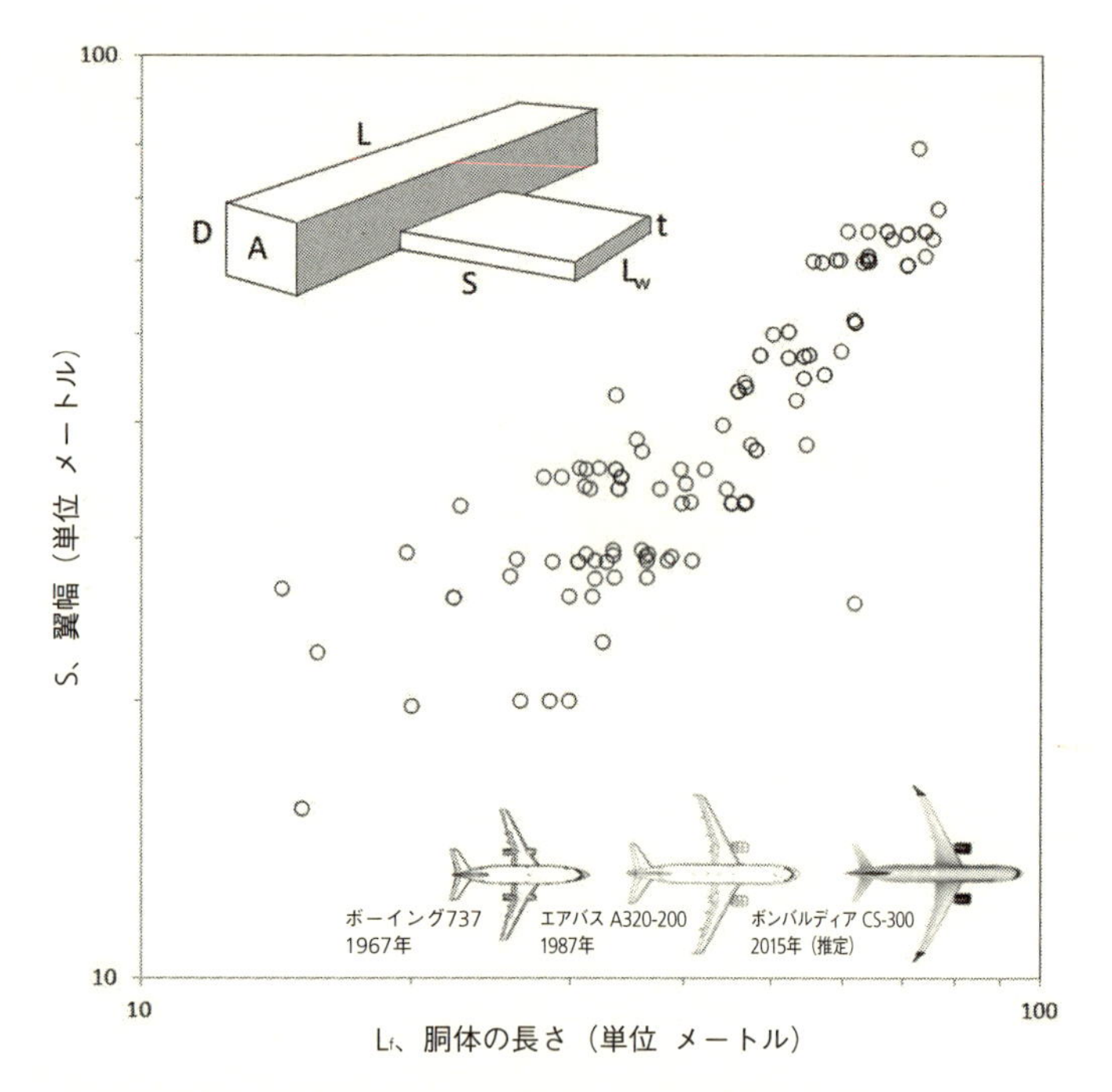

図4.9 飛行機が進化するあいだに、胴体の長さは翼幅とほぼ等しくなった。
A. Bejan, J. D. Charles and S. Lorente, "The Evolution of Airplanes," *Journal of Applied Physics* 116（2014）: 044901.

縦横比（形状）が、これまで論じてきた進化の傾向を予測したのと同じ物理の法則で予測できることを、私たちは発見した。[*6] それについて説明しよう。

民間航空機の最も重要な目的は、できるかぎり少ない燃料を使って、特定の数の人と特定の量の貨物を所定の距離だけ運ぶことだ。消費される燃料は、その距離を飛ぶあいだにエンジンによって生み出された仕事量に比例し、その仕事量は、飛行機が克服した力の合計と飛んだ距離の積に等しい。ようするに、特定の大きさの飛行機が必要とする燃料を減らすには、二つの制約のもとで、力の合計を減らさなければならない。その制約とは、全質量（胴体と翼）が決まっていることと、翼は全体の重量を支えられるだけの強度を持たなければならないことだ。

これらの制約からは、重要な特徴が現れ出てくる。それは、翼幅が胴体の全長にほぼ等しくなるという特徴だ。この予測は、図4・9にまとめたデータによって裏づけられる。さらに、胴体の断面（図4・9では正方形として描かれている）はほぼ円形にならざるをえず、胴体と翼は幾何学的に類似した、$D/L \sim t/L_w \sim 1/10$ という、細長い外形を持たなくてはならないことも、私たちは発見した。

ここから導かれるおもな結論は、テクノロジーの進化は私たちに関するもの――生物・無生物両方の流れを促進するあらゆる動きの進化するデザインに関するもの――であるということだ。飛行機の進化は、これを説得力あるかたちで例証している。

飛行機は変われば変わるほど、外見と性能が似てくる。うまく機能するものは維持される。より大きなアクセスを提供する流動構造は存続し、なおさら優れた構造がそれに加わる。両者が合わさり、古いものと新しいものの脈管構造のタペストリーは、古いものだけの場合よりも容易に遠くまで、人間の流れを運ぶ。新旧両方の飛行機モデルによる大量航空輸送は、新しいモデルを欠いている場合よりも効率良く地球を攪拌する。

自然界全体で、そして私たちのテクノロジーの中で、流動構造は今このときにも進化している。生物・無生物両方のあらゆる流動系の遺産とは、デザインの進化のおかげでそうした流動系が、そのような進化がなかった場合よりも多くの質量を動かしてきた（地球の表面を「攪拌してきた」）ことだ。

こうして見えてくる進化は、生物学的な進化よりも幅広い現象だ。テクノロジーの進化と、河川流域の進化、動物のデザインの進化は一つの現象であり、物理の範疇に入る。普遍的に応用できる見方を使うことで得られる力は、かつては生物学における変則的な例とされてきた進化の特徴を物理が説明できたときに明らかになる。物理学と生物学の視点における愉快で思いがけない違いの例を紹介して、この章を締めくくることにしよう。

二足歩行はテクノロジーの最大の革命である

私たちは、飛行機の進化についての物理学の論文[*7]の結びの言葉として、コンコルドは燃料消費が過剰なために、コンストラクタル法則に基づく進化のデザインの道筋から大きく外れていることを指摘した。コンコルドは燃料の経済性ではなく速度のために製造されたので、例外的な存在だった。私たちの物理学の論文について書いたあるジャーナリストは、コンコルドは進化の傾向から逸脱していたせいで、「最初から先が見えていた」と嘲った。この発言を読んだあるカナダの大学の生物学教授が、「先が見えている」という表現に食いつき、それをそのジャーナリストではなく私の言葉だと勘違いし、脳の大きさと体の質量のデータを集めて比較するグラフを作成した。[*8] 動物の脳の大きさのデータは、図4・7のデータ群と似た線上に収まった。人間の脳は、脳の大きさと体の大きさを比べるグラフの線のはるか上に位置するので、その生物学の教授は図の上に、「私たちはみな先が見えている！」と書き添えた。

だが、お笑い草はけっきょくその教授のほうだった。なぜなら、彼の反応から、生物学者たちは人間の脳が一般的な傾向よりもはるか上に来る理由を知らないことがわかったからだ。私は物理学の出身だから、理由を知っている。ホモ・サピエンスによって動かされている質量の大きさは、横軸（そのグラフの水平の座標）に示された裸体の大きさをかなり上回っている。人間の脳に対応するデータは、同じ高さで二倍以上右に記されるべきだったのだ。そうしていれば、一般的な傾向を表す線上に収まっていただろう。なぜか。その理由は、以下のとおり。

「心に留めておくのだ、サンチョ、一人の男は他の男と変わりはしない。その男が他の男以上のことをすれば、話は別だが」

ミゲル・デ・セルバンテス・サアベドラ『セルバンテス全集　第二・三巻　ドン・キホーテ』（岡村一訳、水声社、二〇一七年）

すべての進化は、動物をあいだに挟んで河川から飛行機まで、体の動きをより容易でより持続性のあるものにすることだ。人間にとって、より容易な動きをもたらす進化のテクノロジーは、二〇〇万年前の黎明期から存在していた。言語と社会組織とともに、当初の新「テクノロジー」は二足歩行（より速く、より安全で、より経済的）だった。初期のホモ・サピエンスは二本の脚で歩いたり走ったりすることによって、祖先よりもかなり多くの重量を効果的に動かしていた。

それがテクノロジーの最大の革命で、その物理的な結果がより大きな脳だった。その後のテクノロジー上の付加物は脳の増大を必要としたが、最近ではそうした付加物があまりに急速に出現しているので、脳の外にある脳のデザイン、すなわち道具、家畜、教会、学校、科学、書籍、印刷、貨幣、法規、コンピューター、ワールドワイドウェブなどの中で成長してきた。私たちが携帯する人工物や、私たちが自らの動きと相互作用で機能を維持している制度や組織はすべて、地球の表面上で重量を水平に動かす、より大きなものへと、私たち一人ひとりの形を変えるためのものなのだ。

テクノロジーの進化は私たちを解放する

産業革命と航空輸送とインターネットは、人間の脳を外へと拡張した最新の人工物であり、この拡張のおかげで今日、私たち一人ひとりがいっしょになって(接触を保ち、自覚を持ち、影響力の大きい、ものの運び手として)、地球の全表面とともに流れている。

新たな人工物が登場するたびに人間の動きが良くなるためには、各個人が富(食物、水、木材、鉱物、住みかなど)、自由、余暇、平和へアクセスできなければならない。平和な時期に創造するのはやさしい。豊かな人はより長く、より幸せな人生を送る(図3・1〜3・3参照)。世界地図と世界史を眺めると、富や自由などが潤沢な時期には、その場所でより多くの動きがあることが見て取れる。地理は重要だ。人類はそうした特別な場所でのほうが大きな進歩を遂げ、進歩が遅れている場所の人は、より多くの自由、平和、富のある地域へ絶え間なく移住した。これまでそうだったし、これからもずっとそうであり続ける。

テクノロジーの進化は、上映されている作品がすべて、教会では崇められていない奇跡についてのものであるシネマコンプレックスのようなものだ。機関車の奇跡が、エンジン付きの船の奇跡、飛行機の奇跡、現代のコミュニケーション手段の奇跡と並んで上映されている。私の親の世代でさえ、今日生きていたら衝撃を受けるだろう。たとえば、ドイツの人と話すには、魔法の絨毯(じゅうたん)(飛行機)を使って会いにいく必要さえない。もっとも、ビールを飲みながら語り合う楽しさには、現代のどんなコミュニケーション手段もかなわない。おっと、私はたった今、iPhone用の未来のアプリを発明したわけだ。

要約すれば、テクノロジーの進化は私たちを解放すると同時に、私たちに力を与えてくれる。また、私たちが生きているあいだに進化を観察し、進化が万物の現象、物理の現象であるのを理解することを可能にしてくれる。飛行機、器官の大きさ、大気循環と海洋循環、電子機器の冷却、自然の「間違い」はみな、生命を促進する進化のデザインなのだ。次の章では、さらに一般的でなじみ深い進化(運動競技の進化)の映画をスクリーンに映し出す。それによって、進化が本当に物理的現象であることがいっそう明白になるだろう。

第5章　スポーツの進化

テクノロジーの進化は大多数の人にとってはなじみがないかもしれないが、スポーツは日常生活に浸透しているので、スポーツの進化ならきっと誰もがよく知っているだろう。私たちはスポーツを観賞し、自らも行なう。スポーツに感動する。人はみな、勝者を敬愛する。

スポーツの進化には、科学とテクノロジーの役に立つという目立たない一面もある。スポーツは科学に資する実験室だ。原理を知っていれば、運動選手やコーチはうまく機能するテクニックを選べる。抜群の成績を挙げる秘訣には誰もが関心がある。その秘訣は科学だ。物理の原理はスポーツの進化と、進化の未来全般を予測する。私を指導したコーチの一人がよく言っていたとおり、「トレーニングにはかなわない」（著者は大学生時代バスケットボールの選手で、ルーマニア代表に選ばれた）。彼は、常軌を逸するほど練習するべきだと言っていたわけではない。断じて違う。彼は、いったん身につけた技能は（良いものも悪いものも）、けっして捨て去ることができないと言いたかったのだ。この原理は、音楽から数学まで、あらゆる技能に当てはまる。

体の大きさと速度

短距離走や競泳といった速度を競うスポーツは、しだいに速くなっている。だがそれは、進化現象の些細な一面でしかない。杳として捉えがたいのは、スポーツがなぜ、どのようにして速くなっているか、だ。短距離走（一〇〇メートル走）と競泳（一〇〇メートル自由形）の記録を過去一〇〇年にわたって調べると、新しいチャンピオンが古いチャンピオンより大きい傾向があることがわかる。[*1] 大きいというのは、体重が重く（質量M）、背が高い（Lあるいは$[M/\rho]^{1/3}$ ただしρは体の密度）ことを意味する。これはそれとわかる際立った傾向だ。一九〇〇年から二〇〇二年にかけて、最速の短距離走者と泳者の平均身長は、全人類の平均身長の伸びと比べて二・五倍の速さで増えた。具体的に言うと、前者は一二・五センチメートル、後者は五センチメートル伸びた。

勝者の速度と体の大きさを座標平面上に記すと、あらゆる動物（泳ぐもの、走るもの、飛ぶもの）の移動における速度と大きさの関係を裏づける関係が見られた。あらゆる動物に関して、コンストラクタル法則によって予測される速度と質量の関係は、以下のようになる。[*2]

$$V_s \sim M^{1/6} g^{1/2} \rho^{-1/6} \quad \text{（泳ぐもの）}$$

$$V_r \sim rM^{1/6} g^{1/2} \rho^{-1/6} \quad \text{（走るもの）}$$

$$V_f \sim (\rho/\rho_a)^{1/3} M^{1/6} g^{1/2} \rho^{-1/6} \quad \text{（飛ぶもの）}$$

ただし、「〜」はほぼ等しい（±50パーセントの範囲に収まる）ことを表す。これらの関係の由来は、巻末三八三ページの本章の補遺に詳述してある。$(\rho/\rho_a)^{1/3}$という因子は、およそ10になる。なぜなら、体の密度ρは、水の密度（$1000\mathrm{kg/m^3}$）にほぼ等しく、環境（空気）の密度は$1\ \mathrm{kg/m^3}$だからだ。走るものの速度はV_fとV_sのあいだに収まる。ただしrという因子は1と10のあいだに収まり、$V_s < V_r < V_f$という関係になる。Vをメートル毎秒で、Mをキログラムで表せば、前述の関係はおよそ以下のようになる。

$$V_s \sim M^{1/6} \quad \text{（泳ぐもの）}$$

$$V_r \sim rM^{1/6} \quad \text{（走るもの）}$$

$$V_f \sim 10M^{1/6} \quad \text{（飛ぶもの）}$$

これらに関連しているのが、L_xという距離を移動するあいだに消費される仕事量を求める以下の公式だ。[*3]

$W_s \sim MgL_x$　（泳ぐもの）

$W_r \sim r^{-1} MgL_x$　（走るもの）

$W_f \sim (\rho / \rho a)^{1/3} MgL_x$　（飛ぶもの）

走っているときに消費される仕事量はW_fとW_sのあいだにあり、$W_s > W_r > W_f$という関係になる。けっきょく、大きい体のほうが速く移動し、移動した距離当たりでより多くの仕事を行なう。必要とされる仕事量は、海→陸→空の順で減り、時の経過とともに、地球上のかなり大きな動物の質量の動きが同じ方向で拡がった理由も、これで説明できる。人間と機械が一体化した種の動きも、櫂（かい）で川や海岸沿いを進む小舟から、陸上の車輪と馬車、そしてごく最近の飛行機へと、同じ方向で進化した。今日、これらのデザインのすべてがそれぞれふさわしい場所で使われ、この傾向を維持しながら、高層大気、深海、宇宙へと進出している。

同じ動画（このデザインの進化は時間の中で特定の方向性を持つ連続した光景だから、「動画」というのは適切な表現だろう）は、時とともに速度が増してきたこと、今後もそれが続くことを示している。同じ質量を持つ運動選手は、泳者よりも走者のほうが速く、走者よりも飛翔者（パラシュート降下する人、サーカスで曲芸飛行する人など）のほうが速い。河川流域のような、無生物の質量の流れの進化においても、同じ現象が見られる。雨がよく降る土地では、流れが良くなったり、流れるものへのアクセスが増したりするように、あらゆる流路が絶えず形を変え続ける。

走者と泳者の進化を予測する

私たちは、最速の走者と泳者、男性と女性という、運動選手の四つの集団で、同じ進化するデザインと、そのデザインの予測を可能にしてくれるコンストラクタル法則の原理を見出した。[*4]

速度は体の質量の1/6乗、あるいは体の長さスケール（身長）の1/2乗に比例して増すはずだ。

おおまかに言えば、コンストラクタル法則は大きいものほど速いはずだとしている。ゾウとネズミ、ウサイン・ボルトと小学生を比べてほしい。この予測には議論の余地がないが、それはやはりおおまかに言ってであり、なぜなら、個々のケースを予測できる人はいないからだ。

自然界のデザインでは、原理（秩序）と多様性（例外）が仲良く分かちがたく共存している。進化の方向が一方だけを向いているのは、個人（運動選手）から成るグループのどれもが同じゴール、すなわち勝利を目指しているためだ。目標は速度ではなく、勝つこと、社会で地位を上げること、より良く、豊かに、長く生き、生涯を通して大きな可動性を持つこと、より多く（たとえば遺産）を子孫に伝えることだ。突き詰めれば、真の目標は生命の充実ということになる。私たちは一生涯のうちに、単一のデザインに向かう多種多様なスポーツ集団の進化の中に、異なる動物種、たとえばサメとイルカが（サメは魚類でイルカは哺乳類であり、サメの種のほうがイルカの種よりもはるかに古いにもかかわらず）、同じ形と動きをするようになる進化に相当するものも目にしてきた。

走行と水泳と飛行は、コンストラクタル法則に由来する特定の頻度を持った、周期的な前方傾倒運動だ。巻末の補遺に示したように、体の大きさが増すとこの運動の頻度は下がる。この特定の頻度で「発生する」体の水平速度Vは、体の大きさ（長さスケールL）が大きいほど増す。速度はLの平方根に比例する。

結論として言えば、速度は大きさに由来する。ピサの斜塔の上から私が前方に投げた石は、自分の頭の高さから投げた同じ石よりも遠くまで飛び、大きな速度で地面に当たる。

速度と大きさのあいだのこの関係を知っておくことは重要で、それは、運動競技における速度と、それを増す方法を説明するために、これまで多くの考え方が提示されてきたからだ。そうした考え方は、運動選手の生まれや育ちにまつわるものから、トレーニング方法にまつわるものまで、幅が広い。生まれに加えて育ちもそれなりの役割を果たすことは言うまでもない。「大きさが速度を決める」という物理の法則が威力を発揮するのは、他の特徴や条件（食物、トレーニング、医療など）がすべて同じときだ。

移動の速度は「収縮」と呼ばれる機械的作動の速度と、一部の短距離走者の場合には収縮の速い筋肉の優勢に依存するという考え方もある。たしかにどんな動物も運動選手も、仕事をしたり、（前方に傾倒するために）体を持ち上げたり、また、収縮したりするために、筋肉が縮まる必要がある。収縮の速度は移動の速度（体〔骨盤〕が前方に傾倒する速度）よりもかなり大きい。走行と収縮は、二つの異なる動きなのだ。

今や進化の法則が知られているので、進化するデザインを頭の中で早送りし、未来を予測することができる。運動競技における速度の進化に関する私たちの二〇〇九年の論文は、次のような予測で結ばれている。

将来、最速の運動選手はより重く、より長身になると考えられる。どんな体格の選手にも表彰台に上がる機会を与えるべきだとするならば、速さを競う競技は、体重別にせざるをえなくなるかもしれない。身体力と質量を考慮すると、これは少しも非現実的なことではない。事実、近代的な競技体制が確立された当初から、これは認識されていた。大きい選手は小さい選手よりも、持ち上げる力も、押す力も、パンチする力も強いため、重量挙げ、レスリング、ボクシングには体重別の階級が設けられた。同様に、大きい選手ほど走るのも、泳ぐのも速い。[*5]

この予測のリストには、アメリカンフットボールも間違いなく加えられるだろう。このスポーツは、（対戦相手を押したり、対戦相手に体当たりしたりするための）速度と力を追求するうちに、より大きな選手を惹きつけ、より危険な場面を伴うようになった。壁にぶつかったスポーツはルールを変えなければ消滅する。たとえば、古代ローマの競技場で行なわれた剣闘士とライオンの闘いは、闘牛士と雄牛との闘いに形を変えた。

大きいほうが速度が出るが、ただ大きければいいというものでもない。文化や、スポーツ教育へのアクセス、食物、トレーニング手法と施設、医学的管理、運動選手の熱意なども重要だ。運動選手は音楽家と似て、自分の体をさまざまなスタイルで使う。他の条件がすべて同じなら、やはり大きさが決定的な役割を果たすということこそが、真の発見だ。

特定の種類の身体構造も、速度を増す要因になる。そのような身体構造は、（おおざっぱに言って）運動選手の出身地と結びついている。大きいほうが速いはずであることを発見したおかげで、私たちは最速の短距離走者が西アフリカ出身、最速の泳者がヨーロッパ出身の傾向にある理由も説明できた。[*7] 身長が同じ場合、西アフリカ出身の選手のほうがヨーロッパ出身の選手よりも重心が（平均で）三パーセント高いからだ。短距離走では、重要な高さは地面からの重心の高さであり、速度と高さの½乗との関係から、高さにおける三パーセントの違いは、西アフリカ出身の短距離走者の速度を約一・五パーセント押し上げる。これは大変な恩恵だ。逆に、ヨーロッパ出身の水泳選手は胴体が平均で三パーセント長く、水面から三パーセント高くまで上がる体は、三パーセント高い波を生み出す。彼らの体と、それが生み出す波は、前進速度の点で約一・五パーセントの優位をもたらす。

ようするに、理論物理学のたった一つのアイデアで、短距離走における西アフリカ出身者の典型的な身体構造と競泳におけるヨーロッパ出身者の典型的な身体構造へ向かう、スピードスポーツの「分岐」が説明できるわけだ。どちらのスポーツでもアジア出身の勝者が稀な原因は、最初の効果、つまり全体的な高さの不足に帰せられる。[*8] 生まれ（特定の体格を持つように生まれること）が、育ちの前提条件になっているのだ。[*9]

脚は陸のため、胴体は水のためにある。これこそ、スポーツ進化のコンストラクタル理論が生物学に与える予測だ。スポーツを知っている人は、水生動物と陸生動物の外見が異なるはずであることも知っている。どの動物に賭ければいいかも知っている。短距離走の最速動物（チーター、アラビア馬、グレーハウンド）は、重心の高い身体構造をしているはずで、最速の泳者は脚がないはずだ。したがって、陸上から水中へと進化した哺乳類（クジラやイルカ）の体内には、退化した脚と骨盤が見つかることが予期される。また、それを発見するために、そうした哺乳類を殺して解剖する必要もない。私たちには想像する能力が備わっているからだ。物理の法則は何でも見通す水晶玉に等しい。

短距離走の勝者は誰か

大きさと出身民族だけが、陸上と水中での速度を支配するおもな要因ではない。同じ大きさの運動選手が体を動かす頻度をどう調整するかも大切だ。走者について、この側面を図5・1に示した。物理の観点に立つと、走行は、前へ転がる人間車輪の二本のスポークによって地面の上方に維持されている重量の前方傾倒運動と言える。[*10] 前方により速く傾倒する必要があるからこそ、人は自然に（本能的に）両腕を持ち上げて、脚のストライドに同調させて交互に前へ振り出す。そうすることで、一歩一歩の動きのあいだに、垂直の（重力による）落下によって生み出される前進よりも遠くまで、体の重心が前に進む。腕の振りは、スピードスケート競技には付き物だ。この競技でも、より遠くへ、より速く前方傾倒する、より大きくてより長身の選手が有利になる。

人間車輪の二本のスポークは走者の脚だ。図5・1では、脚は一本の垂直の棒で表されており、体の全質量は棒の上端の一点（重心）に集中している。図には、走者の四つのデザインが描かれている。二つは背が高い走者（aとb）、残る二つは背が低い走者（cとd）だ。四つのうちの二つ（aとc）では、体の質量が足先を中心に三〇度だけしか前方に回転しないが、残る二つ（bとd）では、地面までまる九〇度回転する。四つともかかる時間は同じだが、速度と進む距離はa＞b＞c＞dの順になる。それはなぜか。

理由は二つある。

まず、あらゆる動物の移動に関するコンストラクタル法則に一致するかたちで、背が高い走者（aとb）は背が低い走者（cとd）よりも速いことが見込まれる。[11] これで、短距

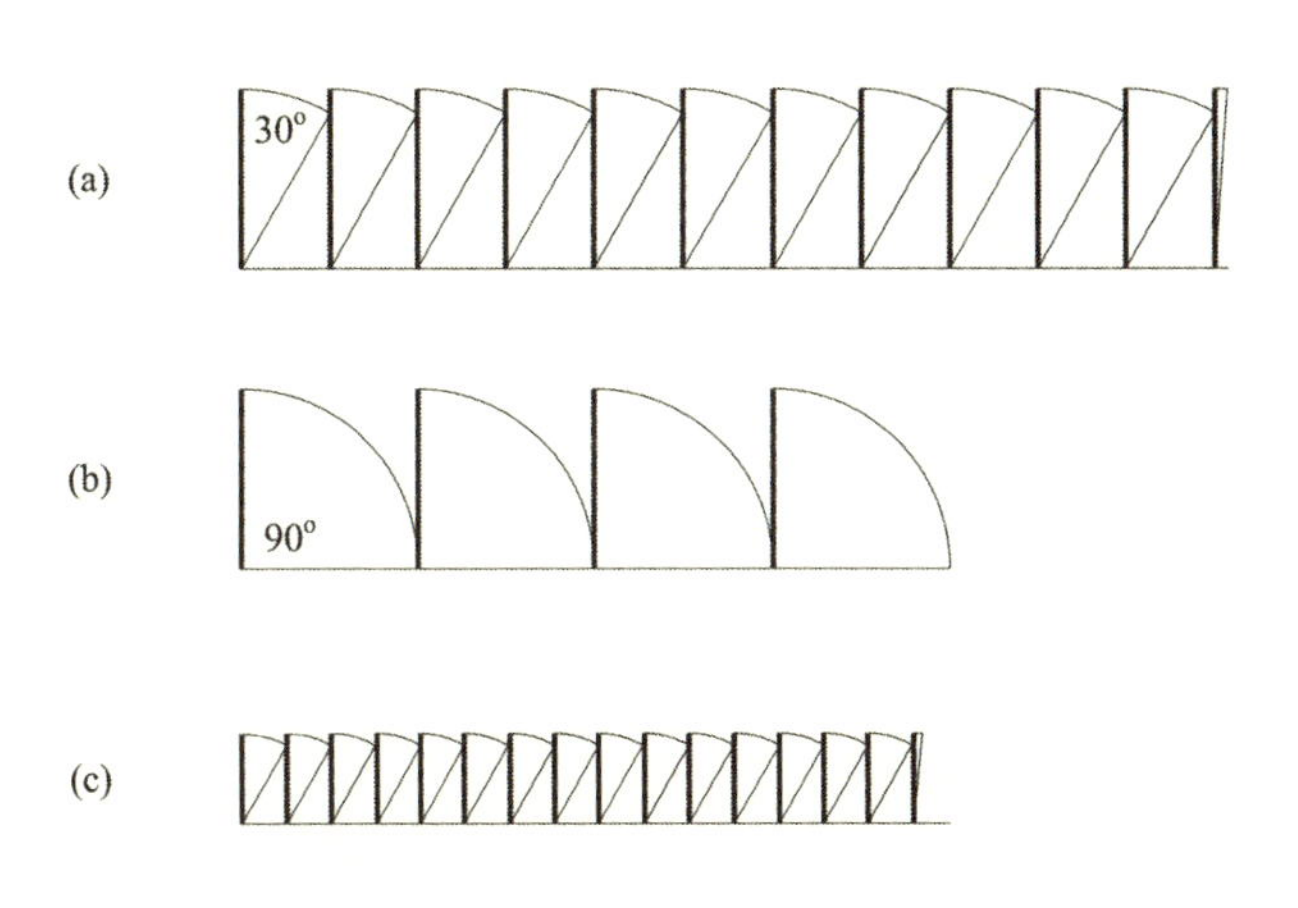

図5.1　走者は繰り返し前方に傾倒する棒として水平に動く。この運動選手の質量は、棒の上端の1点にある。棒の高さは、地面上方の選手の重心の位置に相当する。背が高い走者（aとb）は、背が低い走者（cとd）よりも速く動く。ピッチが速いと（aとc）、遅い場合（bとd）よりも、前方に進む速度が上がる。

離走におけるウサイン・ボルト現象の説明がつく。また、男子四足走行一〇〇メートル走の記録（二〇一三年一一月一四日に東京で伊藤健一が樹立した一五秒七一という記録）が、ボルトの記録の約$3\frac{1}{2}$倍である理由も説明できる。伊藤健一の重心の高さは、ウサイン・ボルトの重心の高さのおよそ$\frac{1}{3}$だ。なぜなら、手足を使って走ると、重心の高さが約$\frac{1}{2}$に下がるし、伊藤選手はボルト選手よりもかなり背が低いからだ。

次に、同じ背の高さの走者のあいだでは、歩幅が狭い（aとc）ほうが広い（bとd）よりも速度が大きい。歩幅が狭いのはピッチが速いことを意味する。体を直立させたままにし、単位時間当たりのステップを増やすことで速く走るというマイケル・ジョンソン現象も、これで説明できる〔ジョンソンのもののような歩幅の小さいスタイルはピッチ走法と呼ばれ、ボルトのものに代表される歩幅の大きいスタイルはストライド走法と呼ばれる〕。

図5・1はけっきょく、短距離走での速度のためのデザインには二つの独立した特徴、すなわち体の大きさ（aとb）とピッチ（aとc）があることを示している。二つの著しく異なる走り方（ウサイン・ボルトとマイケル・ジョンソン）が歴史的な成功を収めたのは、高さを保って走るという単一の進化の傾向の表れだ。

高跳びの勝者は誰か

この成功はまた、動きのための既存のデザインにおけるわずかな進歩を通してばかりではなく、流動性能に劇的な影響を与える突然の変化を通しても、進化が進むことを示している。走り高跳びにおける背面跳びの登場も、四本足での移動から二本足への移動への突然の変化とよく似た性質のものだ。動きのデザインにおけるこれらの変化はともに、漸進的なものではなく、一つの段階から別の段階への跳躍であり、動きの性能に与えた影響も同じだった。ディック・フォズベリーは一九六〇年代に、仰向けで頭と肩から先にバーを越える背面跳びのテクニックを完成させ、一九六八年にメキシコシティで開かれた夏季オリンピックで金メダルを獲得し、このテクニックは世界中で有名になった。この大成功以前の勝利は、おもにベリーロールと鋏(はさみ)跳びのテクニックに基づいていた。それらは柵を飛び越える常識的な手法に端を発するものだった。

「思考とは、二つの長い夜のあいだにきらめく閃光にすぎないが、この閃光こそがすべてである」

アンリ・ポアンカレ

私はこれを書いていて、ふと思った。動物の体が到達できる高さは、このデザインの一部であり、二つのかたちで予測可能だ、と。一方の筋書きでは、動物がある場所に立ち、高さHまで跳び上がる。これには$F \times L$という仕事量が必要とされる。ただし、身体力スケールFはMg（三八三ページの補遺を参照）、Fの垂直方向の移動距離は体の長さスケールLだ。この仕事量は、最高点での体の重力位置エネルギーに変換され、MgHとなる。エネルギーの保存則（$MgL \sim MgH$）から、垂直方向の移動距離Hは、体の長さLとほぼ同じであるに違いないことが見込まれる。

もう一方の筋書きでは、動物が速度Vで水平方向に走り、それから足先をしっかり地面に突いて向きを変え、軌道を水平方向から垂直方向に変える。走っている体の運動エネルギーは、$\frac{1}{2}MV^2$のオーダー（$\frac{1}{6}MV^2$から$\frac{3}{2}MV^2$の範囲）で、それがMgHのオーダー（$\frac{1}{3}MgH$から$3MgH$の範囲）の位置エネルギーに変換される。走行とは$(2gL)^{\frac{1}{2}}$にほぼ等しい速度Vの前方傾倒運動であることを思い出せば、位置エネルギーへの運動エネルギーの変換から、HがLとほぼ同じであるに違いないという結論が導かれることがわかる。

よくある専門家からの批判

そこで、大きな体のほうが小さな体よりも高い所まで地面から跳び上がれるはずであることが予測される。これは一般的なデザインであり、そこから逸脱するように見える個々の事例によって無効になることは断じてない。逸脱が別の自然な現象の生みの親であるとは面白い。私が聴衆に予測可能な自然のデザインを示すたびに、いつも専門家が少なくとも一人はお気に入りの例を挙げて異を唱える。生物学者から成る聴衆に、飛行のコンストラクタル理論のプレゼンテーションを初めて行なったときには、ある教授が開口一番、こう述べた。いいですか、ニワトリは飛びさえしませんよ。それはどう説明するのですか、と。専門家が見せるそのような抵抗を説明するのに打ってつけなのが、トルコとアラビアのことわざだ。「人が石を投げつけるのは、実の生(な)っている木だけ」〔「成功者は嫉妬される」の意〕

たしかに、私の飼っている老猫は依然として、静止した姿勢からテーブルに跳び乗れるが、私にはもうできない。昔はできたが、私は猫ではない。とはいえ、幼い猫もテーブルには跳び乗れない。ネズミは他のネズミ数匹を跳び越せるが、私を跳び越えることはできない。蚤(のみ)は体の何倍もの高さまで跳ねられるが、稀にしかそうしない。ゾウがするように、休みなく地面から体を躍らせたりはしない。

この話のカギを握る言葉は秩序で、それは構成、配置を伴う動き、自らを調整する自由を意味する。物理で予測可能になるデザインから、新しいデザインの発見が現れ出る。それは、問われさえしなかったものだ。たとえば、体を上方に推進する力Fを生み出すために縮む筋肉組織について考えてほしい。脚の筋肉に注目しよう。脚の筋肉を、高さL、直径Dの垂直の円柱と見なす。高さLは体の長さスケール$(M/\rho)^{1/3}$と等しい。脚を上に持ち上げる力Fは、σD^2とほぼ等しいはずだ（ただしσは筋肉組織特有の引っ張り強度を表す）。F（あるいはMg）とσD^2が等しいので、この持ち上げるための器官の細長比が導かれる。すなわち、$L/D \sim M^{-1/6} g^{-1/2} \rho^{-1/2} \sigma^{1/2}$となる。体の大きさ$M$が減るにつれて細長比$L/D$が増えるはずであるというのが、ここでの発見だ。これは、小さい動物の四肢のほうが大きい動物の四肢よりもほっそりしているという事実から、誰もが知っている。

この探究の道筋では、目に飛び込んでくるデザインの特徴はまだある。体の全質量Mあるいは全体積の中に占める、持ち上げるための器官の質量あるいは体積（ϕ）の割合だ。上方移動用の器官の体積はLD^2に比例し、体の全体積はL^3となる。したがって、ϕの体積比は、LD^2をL^3で割った比率になり、すでに導いた関係を使えば、ϕは細長比の二乗の逆数とほぼ等しくなるはずであるという結論に行き着く。すなわち、$\phi \sim M^{1/3} (g/\sigma) \rho^{2/3}$だ。これで、$\phi$が1未満

図5.2　動物の大きさと脚の関係
上段——より大きな陸生動物は、より頑丈な（ほっそりとしていない）脚を持つはずだ。その脚は体の全質量に占める割合がより大きい。左から右に向かって、全質量が増え、持ち上げるための器官である脚が占める質量の割合が$M^{1/3}$に比例して増え、脚の細長比（L/D）は$M^{1/6}$の割合で減る。
下段——これら3つの動物は、同じ大きさで描いたとき、どれも同じ距離にあるようには見えない。猫は私たちに最も近く、ゾウは最も遠く見える。なぜそう見えるのか。観察者である私たちには、これまでの知識があるからだ。大きい動物の脚はその動物全体に占める割合が大きいことを知っているので、私たちの頭は、体の割に太い脚をより遠くの動物と結びつける。

であるに違いないことがわかる。実際、人間のような動物の例（$M=100$kg　$D=0.2$m）からρ/gのおよその大きさを推定すると、2,500kg/m^{2}にほぼ等しいことがわかり、$\rho \simeq 10^3$kg/m^{3}とすれば、人間の場合、ϕはほぼ1/5で、それより小さい動物ではより小さく、大きい動物ではより大きいはずであると結論できる。

理論に導かれる発見は、ダイヤモンドを掘り出すのに似ている。完全に予想外のある発見が、第二、第三の発見につながる。脚（持ち上げるための器官）が体に占める質量の割合は、体の大きさが小さくなるにつれて、$M^{1/3}$の割合でゆっくりと減るはずだ。だから、同じ大きさで描いた図では、猫の脚はゾウの脚より細くて短い（図5・2下段参照）。脚の細長比（L/D）は$\phi^{-1/2}$に等しい。人間の場合にはおよそ10で、$M^{-1/6}$に比例して変化する。脚の細長比は猫からライオンに向かって減少する。今や私たちにはその理由がわかった。

これらの予測は、面白くて思いもよらないという以外に、なぜ重要なのか。答えはたくさんあり、読者次第だ。

動物のデザインは予測できる

私にとっては、未来へと昇っていくだけではなくアクセス不能の過去へと降りていくための、予測用の理論のロープにしっかりとしがみつけることは重要だ。本章の冒頭で取り上げた速度と質量の関係に基づき、翼竜からサメの一種のメガロドンまで、泳ぐところも、走るところも、飛ぶところも誰も見たことのない有史以前の動物の速度がわかる。その関係から、ネス湖の怪物であれビッグフットであれ、ウェブ上に投稿された新しい動画で速度が確認できるものであれば、その動物の大きさを知ることもできる。持ち上げるための器官の細長比の関係に基づけば、大きな化石の骨の細長比を計測して、その器官が持ち上げていた動物の質量を予測できる。ここでもまた、物理の原理は未来と過去を覗く水晶玉の役割を果たすのだ。

動物のデザインはさまざまな器官から成り、それらの器官は二つのデザインの特徴を持っている。動く体全体として配置されている流動構造と、器官の大きさと体全体の大きさとのあいだに予測可能なかたちで存在するスケーリング関係だ。それに基づき、各部分の相対的大きさを知れば、動物の姿を描くことができる。外科医や獣医は、どこを、どれだけの幅で、どれだけ深く、一回だけ切開すればいいかを知ることができる。製造される車両や飛行機が大きくなるほど大きなエンジンを持つように進化するのは、けっして偶然ではない。[*12] これは、大きい動物ほど大きい筋肉組織や骨格を持っているのと同じことだ。そして予測どおり、大きいものほど効率も良い。このように、動く体全体は、自らの質量をより大きなアクセスと移動距離、より長い寿命のために動かせるような、典型的な大きさを持つ不完全な器官から成る構成体だ。

還元主義は、動物の構造や、自然界の構成全般を予測する際の答えにはならない。部分を理解することは必要だが、全体の予測にはつながらない。コンストラクタル法則は還元主義とは逆で、科学が全体の秩序と性能を予測するのを可能にする。各部分がいっしょに流れる構造を知ることによってのみ、全体が見える。大きな尺度であれ小さな尺度であれ、全体の構成を理解し、予測したければ、構成の原理を知らなくてはならない。デザインの尺度を上げるのも下げるのも、構造物の構成を支える原理を持っているときに初めて可能になる。

自然が織り上げる構成は、多様性と構成が織り合わされてできている。多様性だけに的を絞っても何も見えない。それは、観察者が雲の中にいるからだ。木を見て森を見ずという、よく聞かれる表現は、この無力感から生まれる。

迷子になる森のうちで最も深いのが、生命という現象そのものだ。生命科学者はみな、内部にいる。一本の木の一枚の葉の一本の葉脈であるようなものだ。そこから抜け出すのに必要なのは、純粋に観念的な考察であり、物理の法則だ。法則があれば、最も強いものは本来最も軽く、最も効率が良く、したがって最も美しいことを明確に見て取れる。[*13]

動物があくびをする理由

運動選手について理論を立てることの恩恵として、頭に浮かぶ理論はまだある。なぜ動物が伸びをしたり、あくびをしたりするかを考える人は多くないが、現に動物は伸びをし、あくびをするし、人間も同様だ。私たちはなぜ人間がそうするかを知っている。気持ちが良いからだが、なぜ気持ちが良いのだろう。それは、動く能力を与えてくれる動物のデザインの特徴はすべて、快感で私たちに報いてくれるからだ。呼吸、飲食、安全、生殖、暖かさ、美、良いアイデアに触れることのいっさいがそうだ。

気持ちの良さはショーウィンドウにすぎない。奥のキッチンでは、コンストラクタル法則がデザイン（レシピ）を生み出し、パンが定期的にオーブンから出てくる。私はコンストラクタル法則を使って生物・無生物両方のデザインを予測するたびに、それを目にしてきた。呼吸、心臓の鼓動、氷の製造、排泄、射精、洪水には、すべて周期性がある。

伸びをし、あくびをするのも、同じデザインの特徴だ。動物の体じゅうの脈管を体液が流れている。動物は有効エネルギー（エクセルギー、仕事量、力）を消費して体液を脈管を通して流す。動力装置の中のパイプとは違い、動物の脈管は硬くない。しなやかで、引っ張って広げていないとしぼんでしまう。もし動物が自分の脈管構造の流路を開放しないと、液体を通す力の点で不利益を被る。流路が縮むにつれて、時とともにより多くの力が必要になるのだ。拡張性を欠くのは、動物のデザインの特徴としては望ましくない。逆に、過度の拡張も良いデザインとは言えない。力の消費を必要とするからだ。ばねを両手で引っ張って、長時間伸びたままにしておくところを想像してほしい。やがてばねの力に屈してしまうだろう。

有益なかたちで拡張するには、適切な割合と適切なリズムで弛緩と組み合わせるといい。これ、つまり体内の液体が流れる脈管の拡張とあくびは、物理における周期性の一例だ。体液の脈管を拡張してあくびをすると、気道の上部と体液の脈管が拡張する。自然のデザインはそのリズムに反映されており、それは呼吸や血液循環をはじめ、飲食から排泄、労働から睡眠までの他のあらゆる周期的身体機能を支配するのと同じデザインだ。

スピード競技の速度に限界はあるか

スピードを競うスポーツにおける傾向の考察はどんなものであれ、最終的にはその特徴にまつわる一つの疑問に行き着く。人間の速度には限界があるのか、というのがその疑問だ。私はかつて、限界はないと思っていたが、それに疑問を抱き続け、ついに考えを変えた。

未来に関する予測は多くの不確実性に取り巻かれているものの、走者や泳者がけっして超えられない速度を、物理を使って予測することは可能だ。動物と人間の移動は、物体が繰り返し前方に傾倒するものなので、物理の法則に従う。背の高い物体はより速く前方に倒れるから、速度の限界についての疑問は、プールやトラックで前方に倒れることのできる最も背の高いものを突き止めるという課題に煎じ詰められる。[*14]

プールでは、最も背の高いものは、水の深さを振幅の上限とする波で、h＝2メートルとなる。流体力学の分野では、この種の波は「浅水波（せんすいは）」と呼ばれており、その速度V_{max}は、$(gh)^{1/2}$＝4.4メートル毎秒となる。最速の泳者はこの波を生み出せるほど強く、それに乗れるほど大きくなければならない。そのような泳者が地球上に登場するかどうかは問題ではない。肝心なのは、プールの中での速度には上限V_{max}があること、そして、今日の速度の記録はたまたま$\frac{1}{2}V_{max}$に近いことだ。速度の上限があるというのがここでの発見であり、この理論は原理によって可能になった。競泳の一〇〇メートル自由形というスポーツには、まだ未来がたっぷり残っている。

驚くべきことに、走る速度についても同じことが当てはまる。x＝100メートルという距離を最速で走り抜く物体が前に倒れる高さには、x＝100メートルという上限がある。その上限で倒れる時間は$t_{min}=(2x/g)^{1/2}$＝4.5秒で、最高速度は$V_{max}=x/t_{min}$なので22メートル毎秒となり、これは（なんと！）現在の一〇〇メートル走の優勝速度の約二倍だ。そのような高さまで跳躍して前へ倒れるだけの強さと背の高さを持った運動選手が生まれるかどうかは問題ではないし、私は人間がそれをいつか達成できるなどとは断じて主張していない。ここでの発見は、上昇をし続ける走行速度にはけっして突き破れない上限が物理によって定まっており、今日の最高走行速度は水泳の場合とちょうど同じで、$\frac{1}{2}V_{max}$ に実質的に等しいということだ。

コンストラクタル法則に基づけば、走行でも水泳でも、「背の高さ」が運動競技における速度の秘密となる。これは、手足の指を広げる（図5・3）方向へ泳者のデザインが進化することを予測した理論的な論文で裏づけられた。[*15] 指を広げて泳ぐのは、水との境界の層から成る手袋（指に張りついた水の手袋）をつけて泳ぐようなものだ。泳者はこの手袋のおかげで、より大きな力で水を下向きに押し、体を水面からより高く上げることができる。水泳という前方傾倒運動では、大きさと高さから速度が生まれる。

手足の指を広げる動作は、泳ぐ動物における櫂形の足先と手のひらの出現の物理的起源を明らかにしてくれる。動物のデザインに見られるこの特徴を生物学的に理解するにあたっては、より大きな櫂で水を押せば水泳は効率が上がるという主張が基盤になっている。とはいえ、念入りに調べてみると、この説明は疑わしいことがわかる。櫂を大きくしても効率は上がらず、周りの水へ及ぼす力が増すだけだからだ。

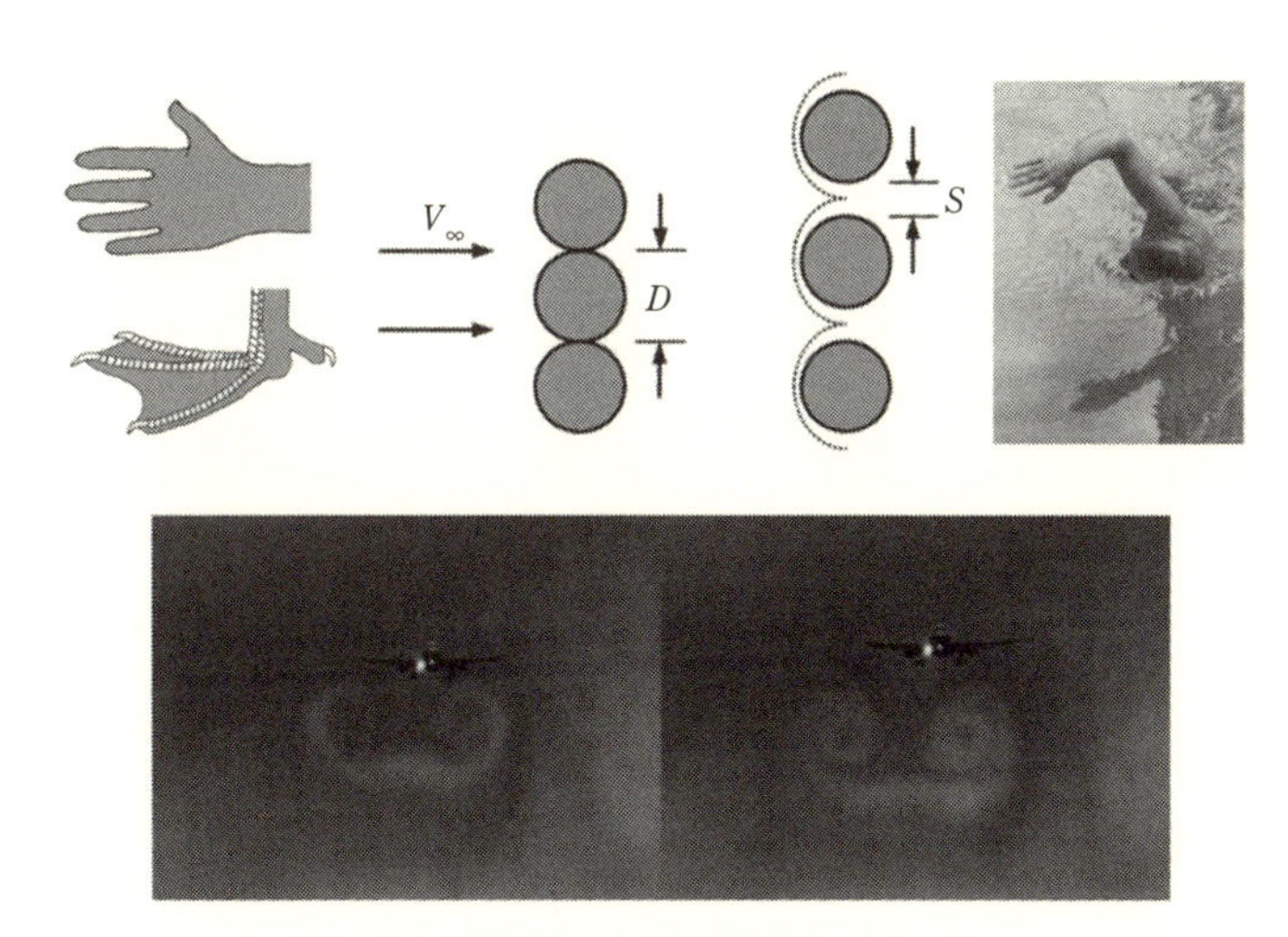

図5.3　泳ぐものも飛ぶものも流体を下向きに押す
上段——泳者はより速く泳ぐために手足の指を広げる。指の間隔が、指を覆う流体の境界層の厚さと一致すると、指と「水の手袋」でより大きな手のひらができ、より大きな力で水を押し、体を水面からより高く上げ、泳者により大きな速度をもたらす。
下段——空を飛ぶ飛行機が、飛行と水泳の物理的特性、すなわち、地面に触れることなくその上を歩くことを実演しているところ。飛行中の物体は周囲の流体を地面に向けて下に押しやり、その流体ジェットが地面を踏み締める（著作権は flugsnug.com にあり、許諾を得て転載）。

理論生物学にとっての根本的な問いは、泳いでいる体はなぜ、より大きな力を及ぼす櫂のおかげで有利になるのかというものであるべきだった。今日の運動選手は、指を少し広げて泳ぐトレーニングを受けている。競泳選手が全員このようにして泳ぐのは、この指の配置がより大きな速度を生むからだ（力ではなく速度であることに注意。このスポーツにおける進化するデザインの方向は、より大きな速度を指向しているからだ）。水面から体をより高く上げるためには（つまり、より大きな重量を持ち上げるためには）、泳者は水をより大きな力で下向きに押す必要があることが、物理の見地から新たにわかった。スポーツにおける速度はこの原理に由来し、これは他の泳ぐ動物のすべてにも当てはまる。より大きな重量を持ち上げるには、より大きな下向きの力が必要で、そのため、進化生物学ではより大きな櫂（広げた手足の指。水かきがついている場合もついていない場合もある）が一般的なデザインの特徴なのだ。

泳ぐものも飛ぶものも、流体を下向きに押す。こうして彼らは、下向きに加速された流体によって、地面に間接的に触れることで「走る」。飛行機は、水泳では目に見えない物理的特性を可視化してくれる。飛行中の物体は周りの流体を地面に向けて下に押しやり、押された流体が地面に当たる。こうして、飛行中の物体は地面に触れることなくその上を「歩く」（図5・3下段）。

球技におけるコンストラクタル法則

チームスポーツもその進化を同じ物理の原理に負っている。[16] 野球では、グラウンド上の選手は、コンストラクタル法則に従った全体の傾向のために、特定の身長の分布を見せる。その傾向とは、何があろうと、どのようにであろうと、どこであろうと、ボールをより速く投げるというものだ。現れ出てくる全体のデザインを見ると、距離が大きいほど、高速でボールを投げる必要があることがわかる。だから、優れた三塁手は優れた二塁手よりも背が高い傾向にある（図5・4）。全体の傾向のおかげで、選手はグラウンド上により良いかたちで分布し、それによって全体のプレイも向上する。

野球で最も背が高い選手は投手だ。世界中の人の平均身長は一九〇〇年から二〇〇〇年までに、およそ五センチメートル（二インチ）伸びた。最速の短距離走者と泳者の身長は、その二・五倍伸びた。野球の投手の平均身長は、短距離走者と泳者の身長と同じ割合で伸びてきた。ようするに、速度のためのデザインの進化現象は、個人競技とチームスポーツの両方における、一見すると無関係の形態や動きを統一する。

バスケットボールも、豪雨のときの河川流域と同じで、進化を続ける流動デザインだ。バス

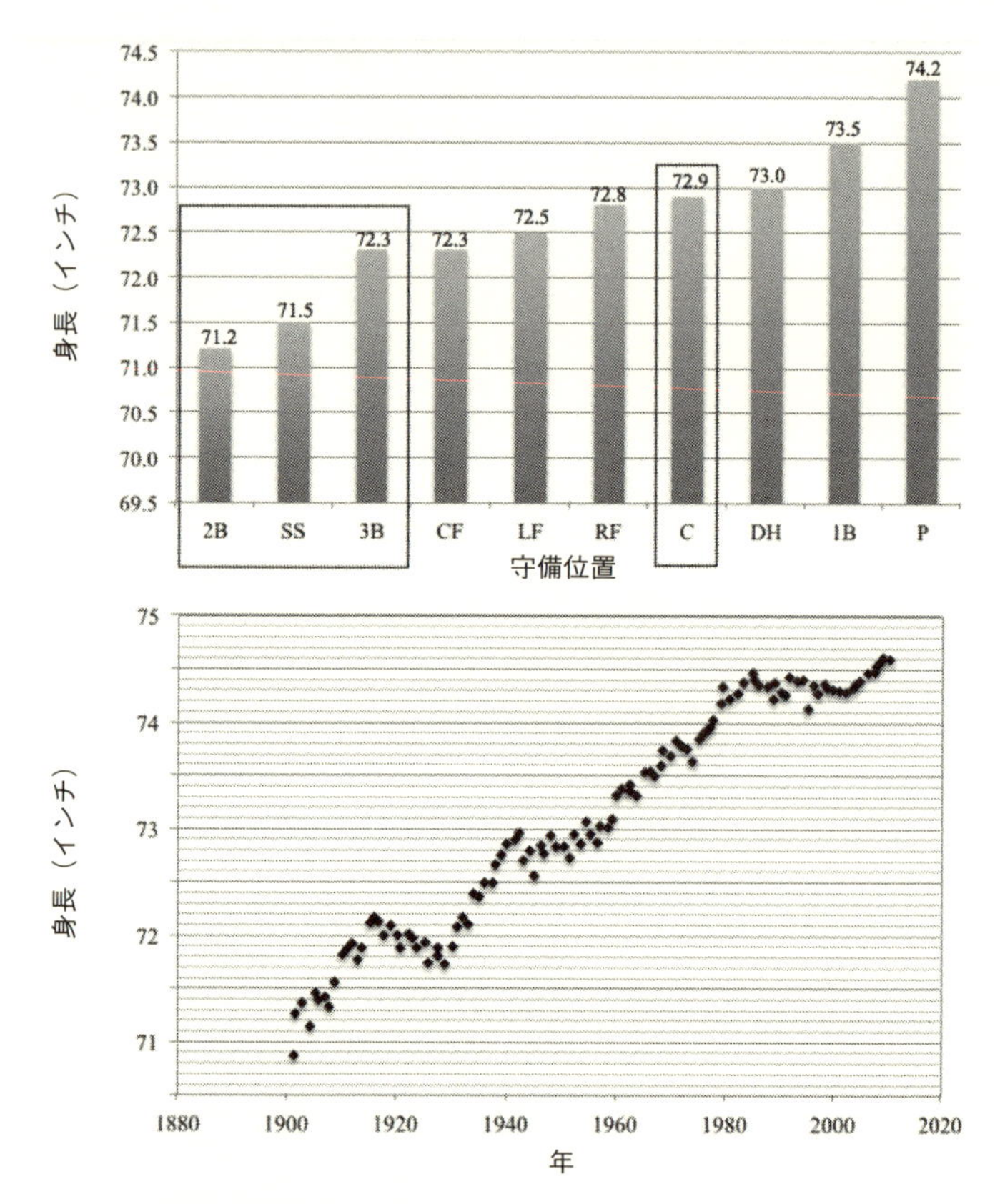

図5.4　野球選手の守備位置と身長

上段――1960年以降のプロの野球選手の平均身長と、内野で最も頻繁に送球が行なわれる範囲。［二塁手（2B）、遊撃手（SS）、三塁手（3B）、中堅手（CF）、左翼手（LF）、右翼手（RF）、捕手（C）、指名打者（DH）、一塁手（1B）、投手（P）］

下段――1901年以降の各シーズンにおける野球の投手の平均身長。

A. Bejan and S. Lorette, J. Royce, D. Faurie, T. Parran, M. Glack and B. Ash, "The Constructal Evolution of Sports with Throwing Motion: Baseball, Golf, Hockey and Boxing," *International Journal of Design & Nature and Ecodynamics* 8（2013）: 1-16.

ケットボールでは何が流れるのか。一平面領域（コート）のあらゆる地点から単一地点（バスケット）へと、ボールが流れる。ボールは平地のどの地点にも落ちうる一つの雨粒になぞらえることができる。そして、バスケットが河口にあたる。

ボールはどのように流れるのか。デザインを伴い、絶えず形を変える流路に沿って流れる。流路は選手で、彼らは走り、パスをし、シュートし、考え、良い判断も下せば、ミスもする。攻撃中の選手は新たな流路を切り拓く。守っている選手は流路を閉ざす。流路がかなり固定している河川流域とは違い、バスケットボールの流路は、ボールが通過するあいだに、動き、形を変え、開いたり閉じたりする。

バスケットボールは自由に、そして階層を伴って流れる。速い選手のほうが頻繁にボールを手にする。パスやドリブル、シュートがうまい選手の手にボールが渡ることが多い。バスケットの近くにいる長身の選手は、流量の多い流路だ。バスケットボールは自然に階層的な流動デザインに進化し、自然にそのような進化を続ける。

平等、均一性、同一のプレイ時間などは、この進化するデザインにも、進化全般にも入り込む余地はない。バスケットボールは共産主義ではないのだ。共産主義の下でさえも、バスケットボールは階層制とデザインにおける変化の自由を伴って、正しくプレイされていた。

サッカーチーム、アーセナルの有名なディフェンダー、リー・ディクソンによれば、「最初のパスが普通はいちばん良いので、それを使うにかぎる」のだという。これはチームスポーツには素晴らしい戦略だ。バスケットボールでも、反撃のためにロングパスを教えたレッド・アワーバックによって有名になった。最初の直感が正しいという説は、スポーツに限られない。謎解きでも、たいていそれが正しい答えとなる。こうして複雑な流動構造は、動力装置の込み入ったデザインのようなものも含めて、どんな構造をも向上させる。新しいデザイン変更から得られる最大の恩恵は、新しいアイデアが他の「良いアイデア」によって複雑にされず、完全に単独で最初に実行に移されたときに認識される。（ドリブルで迂回するといった）他のデザイン変更が加わると、やはり恩恵は得られるものの、その恩恵は最初のアイデアよりも小さく、改善点が多いと瑣末で、取るに足りないものとなる。これが収穫逓減（ていげん）の物理的現実であり、テクノロジーの老朽化を反映している。その場でドリブルしたり、ドリブルで横に移動したりするのは、チームが疲れている証拠だ。

直観は天賦の才能に由来するし、トレーニングにも由来する。直観とは、ゲーム（選手やボール）の流れを読み、ボールが蹴られたり投げられたりする前に、どこに飛ぶかを予想することを意味する。イギリスサッカー界の名将アーセン・ヴェンゲル（一九九五〜九六年には名古屋グランパスの監督を務めた）はこう言っている。「自分がすることを熱愛する気持ちは、何度もしたからといって必ずしも衰えるわけではない。サッカーは日々新しい。これは大きな美点だ」

スポーツの将来を予言する水晶玉

スポーツは進化を続ける流動構造で、地球を席巻する。それには知識の拡がり（二八五ページ図9・3参照）やテクノロジーと英語の拡がりと同じく、人々を結びつける建設的な効果がある。この流動構造は世界の理解を促進する。つまり、良いアイデアが、それを知っている人から、自分のデザイン変更を進歩させる方法を学ぶことで恩恵を受ける人へと、流れやすくする。

オリンピックの元フェンシング選手で、国際オリンピック委員会現会長のトーマス・バッハは、「スポーツは普遍的な法を実現した、真に唯一の人間の存在領域である」と述べている。運動競技はグローバルであり、自由に拡がってきたし、誰からも理解されている。スポーツは英語の話し言葉よりも普遍的だ。実際、スポーツはコンストラクタル法則が最も目につきやすい領域であり、それは各運動競技における動きには、（短距離走では速度、バスケットボールでは得点という具合に）単一の目的しかないからだ。人間の存在はすべて動きであり、より多くのより容易な動きへ向かって進化しており、物理法則の表れ方は、その動きを規定する目的の数だけある。このような人間の生活の全般にわたる動きは、運動競技における動きほどはっきりとは目につかないかもしれないが、それを支えているのもスポーツの場合と同じ法則であり、じつはそれは普遍的なものなのだ。

本章の内容をまとめると次のようになる。運動競技（プレイぶりとルールを合わせて）の進化は実験室であり、物理的現象としての進化とは何か、進化はどのようにして起こるか、それはどのような仕組みになっているかを、私たちの誰もがそこで目撃し、理解することができる。おおもとの部分では、短距離走の選手も水泳の選手も、自分の質量と動きを地球上に拡げるという点で、走る動物や泳ぐ動物、飛ぶ動物と同じ物理の原理を共有している。走る速度は、体の大きさとピッチの速さという二つのデザインの特徴に由来する。物理の原理を装備した読者の頭は、高く跳ぶこと、伸びをすること、脚が体に占める割合、速度の限界、チームスポーツの進化、組織化されたスポーツの将来を見通す「水晶玉」といった、人間の動きにおける進化するデザインの新たな面に触れられるようになる。それと同じ水晶玉が、次の章でも光り輝く。次章のチームはもっと大きく、競技場もずっと広い。今度のテーマは都市の流動構造の自然な進化だ。

第6章　都市の進化

都市は発展するにつれて姿を変える。大規模な「脈管生成（ヴァスキュラライゼーション）」を通して、成長現象を見せる。大通り、一方通行のループ、陸橋、地下道、地下鉄などは新しい流路であり、古い流路に加わって、増え続ける都市の人口の動きを容易にする。道は人々が自由に歩く所に出現するのであって、その逆ではない。人は、固定された道筋を意思に反してたどることを強制されても、それには従わない。

流路が自然に出現し、やがて流路の脈管構造がそれに続くというのは、目新しい現象ではない。最初は小さな村の数件の家のあいだに、農民と牛が歩く、舗装されていない小道が現れた。小道には通りや目抜き通り、大通りが加わった。かつて、農場労働者や家畜がたどった、曲がりくねった通りは、しだいに真っ直ぐになり、幅が拡がっていく。このような進化はみな、文明そのものと同じぐらい古い歴史を持つ。多くの人にマンハッタンを連想させるような都会の格子状の通り（図6・1）さえも、紀元前四〇八年にミレトスのヒッポダモスが設計した黄金時代の町、ロードスまでさかのぼる。進化においては、うまく機能するものは維持される。

それでは、何が新しいのか。まず、考え方が新しい。構成を持つ動きのこうした特徴はすべて、より動きやすくなること、周囲の地域と居住者へのより大きなアクセスを手に入れることを望む人間の衝動の物理的表れである、というのがその考え方だ。そして、そこに新しい事実も加わる。これらの特徴は物理の原理に基づいて予測可能であり、その結果、その原理は都市コミュニティのプランニングの進展を速めるのに使える、というのがその事実だ。

これは些細なことではない。都市の通りの配置にはなぜこれほどの階層制があるのか、自問するといい。なぜ大きいものは少数で、小さいものは多数なのか。なぜ大きい通りは、自らと直角方向に走るほんのひと握りの小さい通りと結びついているのか。なぜ都市交通のデザインは連続的にではなく非連続的（段階的）に変わるのか。なぜ都市の街区（ブロック）は四角形になっているのか。

都市は生きた流動系である

交通に関するこれらの疑問の答えは、今や知れ渡っており、物理に由来する。階層的な流動構造は、自然に出現せざるをえない。一領域上でのより容易な流動アクセスをそれが提供するからだ。人類の流れはすべて、一平面領域上あるいは一立体領域中に存在し、個（*M*という一地点）から多くの目的地（平面領域あるいは立体領域）へ、または、平面領域あるいは立体領域から個へと進む。建物の床面や都市、国、地表は平面領域であり、建物や地下鉄の駅、地下のショッピングセンター全体が立体領域だ。平面領域には二つの次元（縦と横）、立体領域には三つの次元（縦と横と高さ）がある。

都市は生きた流動系だ。流

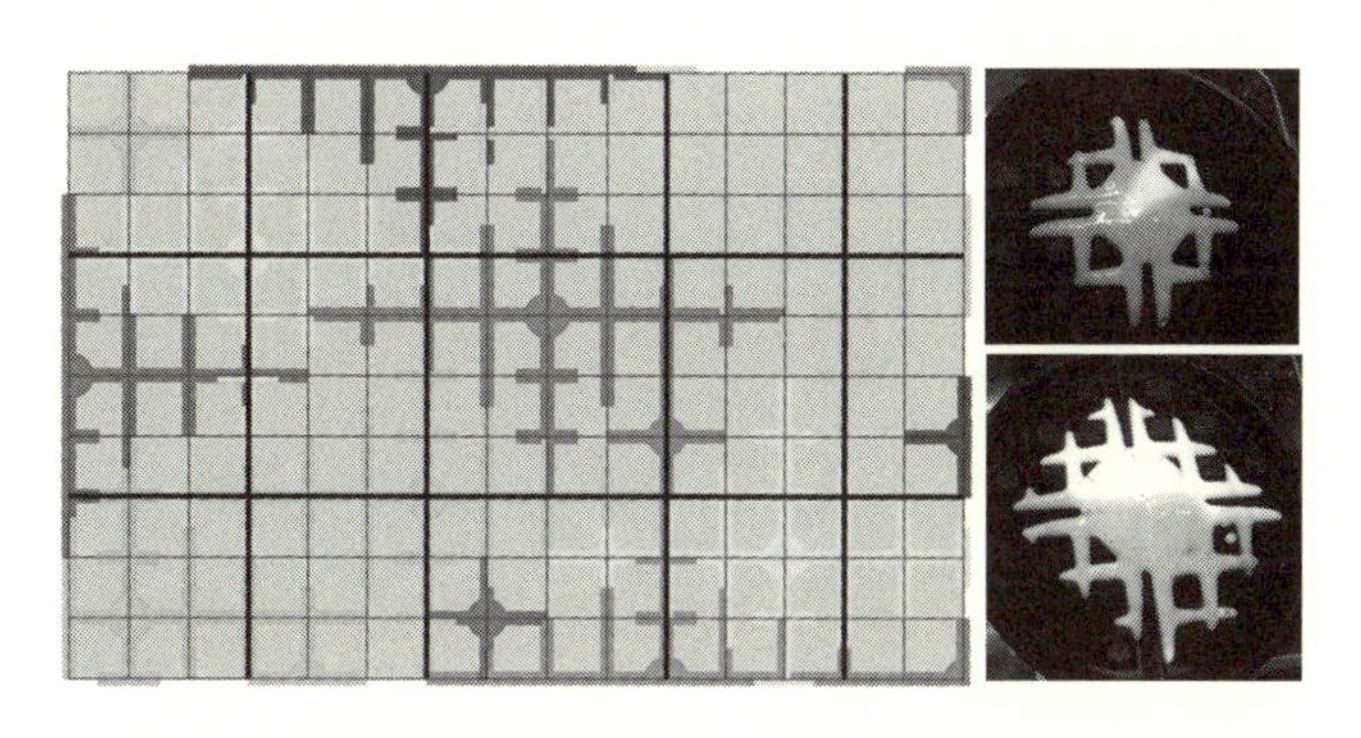

図6.1　地表での動きが複雑に見えるのは、動きが交差し、格子模様を形成する痕跡（道筋）を遺すからだ。これは、進化を続ける都市交通のデザインでとくに歴然としている。そこまで明白ではないのが、その地域の人と財の実際の流れだ。流れの1つひとつが、出発点から目的地まで、あるいは、同じ地域の別の地点から樹状になっている。この流れは、熱いワッフルの焼き型に生地を流し込んだときにも見られる。都市の格子状の通りは、流れがとりうる樹状の流路のいっさいを可能にする固定された（とはいえ、恒久的ではない）インフラだ。こうした樹状構造の大枝を重ね合わせると、大通りや幹線道路の格子ができ上がる。また、樹状構造の林冠部分を重ね合わせると、通りや路地、家の周囲の芝地、家の床面から成る格子ができ上がる。都市デザインの持つ、「少数の大きなものと多数の小さなもの」というこの一面は、樹状の流れの自然なデザインに端を発する。

れながら自由に形を変える。そうすることで都市は持続性を得る。生命を獲得する。都市の平面図上では、都市の平面領域Aは、Mを中央市場あるいは港とし、人が均一に居住している平たい土地と見なせる。この流動アクセスの問題に直面した最古の人間の定住地について考えてほしい。この問題の最も古い解決策は、最も単純なものでもあった。領域内の各地点と共通の目的地Mとを直線で結びつけるというのが、その解決策だ。そうすれば、Mへ向かう居住者が費やす時間の合計を減らせる。

人間（積み荷と牛）が一定の速度V_0での歩行という、一つの移動様式しか持たないあいだは、直線による解決策がお決まりのパターンだったことはほぼ確実だろう。農民や猟師はいつも、市場がある地点（農場、村、川）へ一直線に歩いていった。このアクセス経路の放射状パターンは、今日でも見られる。完全に平らで人口密度が低い田園地域では、とくにそうだ。やがて、動きのデザインが変化した。かつての市場は今や大きな村に発展し、周りの農民たちはそこからほぼ等距離に散在する一群の小さな村に変わった。古代には、そのような「車輪」の半径は、歩行者と牛が数時間で行ける距離で決まった（そうすれば、製粉所や市場まで行って、明るいうちに帰ってこられた）。その距離はおよそ一〇キロメートルで、今日でも歩行者用の地図ではそのぐらいの距離が基準になっている。

この放射状パターンが自然に姿を消したのは、経済が発展して大型化・高密化した定住地であり、それは誰もが一直線でアクセスできなくなったためだ。放射状パターンが「自然に」消えた理由こそが、都市が示す自然現象の核心と言える。

馬車の登場も進化上の一段階だった。今や人間は二つの移動様式を手にした。歩行と、歩行よりもかなり大きな速度を持つ馬車だ。Aという平面領域が、「低」と「高」、「遅」と「速」という二つの伝導性を持つ合成素材になったようなものだ。どの居住者にとっても、地点Mから領域A内の無数の地点へとより速く、一直線に移動できたほうが、明らかに楽だっただろう。ところが、それはあいにく不可能だった。それでは領域Aは轍(わだち)で覆い尽くされ、居住者も彼らの家も土地も行き場を失ってしまう。

というわけで、馬車や自動車、通りを、小さくて有限の大きさの居住者集団のなるべく近くまで持ってくるというのが、より現代的な問題となる。この集団は、まず通りにたどり着くために歩かなくてはならない。そのためのデザインは、この領域内の有限の区画に通じる有限の長さの通りを配置するものだ。長さの違う通りをしだいに優れたかたちでつなげ、まとめていく秘訣は、各段階で、つまり流動デザインが変化するたびに、単位距離当たりの移動にかかる時間が減るようにすることだ。

アトランタ空港で考える

あらゆる長さスケールにおいて、ゆっくり移動するのに必要な時間と、速く移動するのに必要な時間とをほぼ同じになるようにするのが、都市内の動きのデザインの秘訣なのだ。遅い移動の距離は、速い移動の距離よりも短い。この原理は、都市街区、都市全体、幹線道路網、グローバルな航空交通網におけるあらゆる移動時間に当てはまる。この自然のデザイン現象を象徴する例が、アトランタ空港だ。この空港が従う物理の原理を知れば、この空港のデザインが非常に効率的である理由も、新しい空港のデザインがアトランタのデザインを指向して進化している理由も明らかになる。

アトランタ空港は、幅L、奥行きHの長方形の領域を占めている。短くて遅い移動は、長さ$H/2$のコンコースに沿って速度V_0で歩くもの、長くて速い移動は、Lの中心線上を速度V_1で走る電動モノレールに乗るものだ。HLという平面領域は、一点と一領域を結ぶ、人と財の無数の流れで網羅される。新たな便が到着する各ゲートから、そうした流れが一本ずつ始まる。これらの流れのうちで最大のものはターミナルから始まり、全領域に入り込み、長方形の領域内すべてのゲートへのアクセスを確保している。HLという長方形の平面領域がとりうるあらゆる形状のうち、縦横比が$H/L=2V_0/V_1$のものが、移動時間（HL内で考えうる、一点と一領域を結ぶあらゆる移動の平均）が最も短くて済むことは簡単に示せる。ちなみに、この縦横比はおよそ½で、これは、現在のアトランタ空港のデザイン形状と一致する。

この特別な形状には、重大な秘密が隠されている。コンコースを歩く（短くて遅い）移動にかかる時間は、電動モノレールに乗る（長くて速い）移動にかかる時間とほぼ同じなのだ（アトランタ空港の場合には約五分）。この時間の均衡は、都市のデザインと、世界中のあらゆる動きの自然な構成法則になっている。$H/L=2V_0/V_1$という特別な形状は、都市設計の要素の進化を支配している。輸送手段の速度は、テクノロジー自体が進化するにつれて、やがて増すからだ。両側により多くの家が建ち並び、より大きい（より長く、より幅広い）道路が整備され、H/Lが小さい、より細長い都市街区の住民を、より高速の輸送手段が運ぶ。細長いというのは、縦よりも横のほうが長い二次元の配置だ。ローマのような古い都市の昔ながらの中心部には、短い通りを持つ小さな正方形の街区が並ぶ。牛が牽く荷車や、馬車といった輸送手段が使われていた古代の名残だ。古い中心部と、自動車時代に入ってから出現した新しい市街とは、好対照を成す。後者のほうがゆったりとしており、通りは長く、街区は細長く、一つの通りに建ち並ぶ家の数が多い。

都市のデザインにおける最小の尺度では、家から自動車までの歩行と、そのあと小さな（短くて遅い）通りでの走行とのあいだで時間の均衡が図られる。次の長さスケールでは、小さな通りでの走行と大通り（長くて速い）での走行とのあいだで、続いてさらに大きい長さスケールでは、大通りと幹線道路とのあいだで均衡が図られる。都市の流動デザインは、幹線道路から都市間の列車や航空交通（短距離の便と長距離の便）につながり、最終的には全地球を網羅する。

都市生活のカギを握る物理的側面は、各個人の動きが一平面領域（あるいは一立体領域）全体に及ぶという事実だ。その動きは固定された一点から別の固定された一点を結ぶだけではなく、大きい全体の一部を網羅する。アトランタ空港の形状の例で見たように、個人には最も速く、最も効率的な経路を選ぶ大きな自由がある。人が行き来する領域にとってこの形状がふさわしい理由は、一領域の片方の端からもう一方の端へより楽に移動したい、という人類共通の衝動に由来する。

芝地を渡る

楽に移動するための経路を自由に選べると、通過しなければならない領域の形状が自ずと決まることを示す、いっそう単純な例を挙げよう。ただし、通過する領域の形状は通過する人の頭にはなかった。その人にしてみれば、反対側まで行かれさえすればよかったからだ。とはいえ、形がカギだ。

領域Aという長方形（二辺の長さをaとbとする）を考えてほしい。この領域を通過するには歩くしかない。Aは家の玄関と自動車のあいだにある芝地だと思えばいい。自動車はこの芝地のどこか外側に停めてある。話を単純にするために、玄関は長方形の角の一つに、自動車はそれと向かい合う角にあるとしよう。その場合、自動車への最も容易なアクセスは、一方の角ともう一方の角を結ぶ直線になる。Aの面積が一定のとき、この道筋の長さは、芝地の形で決まる。道筋が最短になるのは、$a = b$で芝地が正方形のときだ。だから、面積が一定のある領域を通るより容易なアクセスを探すのは、その領域の形状を選ぶのと同じことになる。一定の大きさについてのこの原理は、アトランタ空港の形状にも当てはまる。

芝地の例に戻ろう。領域Aに接する二本の通りのどこかにあなたの自動車は停まっているが、家の玄関のある角は、どちらの通りにも接していないとしよう。この一般的な筋書きでは、二本の通りに接しているL字形のあらゆる地点への、玄関からの距離を計算できる。それには、L字形のあらゆる地点の候補までの道筋の距離を合計すればいい。つまり、自動車がどの地点に停められていても、玄関から自動車までの移動にかかる時間を求めて、それを合計するのだ。するとこの場合にも、芝地が$a = b$の正方形のときに、合計が最小になることがわかる。

自動車が玄関と向かい合う角に停まっているときに、持ち主に最も都合が良い芝地の形は、自動車がL字形のどの地点にも停まっている可能性がある場合に、持ち主に最も都合が良い芝地の形と同じになる。

あらゆる都市のデザインはこの秘密、つまり、何があろうとある領域を経る傾向から進化した。この秘密を示す証拠には、明白なもの（格子状の通り）も、はっきりしないもの（通りが走っている領域の形状）もある。芝地を抜けて玄関から自動車まで歩くというのは、最も遅い種類の動きの一例にすぎない。真っ直ぐな通りを自動車で進むのも、ある領域を経るアクセスの発見という点で、同じだ。通りは明白だが、通過した領域はそうではない。通りが串だとすれば、それが通っている領域は、その串に刺さっている肉のようなものだ。

輸送手段の速度が縦横どの通りでも同じならば、ローマの古代からの中心部の例で見たように、通過した領域要素は正方形になる。アトランタ空港の例では、一方向の移動速度が、それと直交する方向の道筋での移動速度よりもかなり大きい。ここでは通過する領域は長方形で、速い輸送手段で進む方向のほうが長い。速く通過する領域要素は、遅く通過する領域要素よりも大きい。遅い領域は速い領域に埋め込まれている。この構成から、少数が大きく多数が小さい通りの、目に見える「ネットワーク」が誕生し、都市の平面図上のあらゆる場所での人間による一点から一領域への動きを表す、おなじみの樹状の流動デザインが形成される。だが、複数の通過領域から成る大きな構成の中では、通過領域そのものは目立たない。

移動しやすい都市のかたち

都市生活の動きには、人や財、ゴミ、輸送手段、コミュニケーション、動物など、人間の生活のために動くもののいっさいが含まれる。都市の形態と構造は、先ほどの例のように移動時間を縮めるばかりでなく、多くのかたちでより動きやすくなるために進化する。動きが容易であれば、同じ質量をある場所から別の場所に移動させるのに使う燃料も少なくて済む。現れ出てくるデザインを予測する方法である理論的推論は、アトランタ空港の形状の予測に似ているが、それよりもかなり現実的だ。論理的推論はいわば図式であり、都市の経済性の基本構成要素だ。

それを例証するために、図6・2上段に示した$L_1 \times L_2$の長方形の領域を考えてほしい。この領域では、全質量がMの貨物を、M_1の積み荷を載せた一台の大きなトラックと、それぞれM_2の積み荷を載せた多数（n台）の小さなトラックが運ぶ。領域の広さと全質量$M = M_1 + M_2$は定数であるのに対して、領域の形状（L_1/L_2）と、トラックの相対的な大きさ（M_1/M_2）は変数だ。カギを握っているのは規模の経済という物理的現象で、大きい流動系（この例ではトラック）の

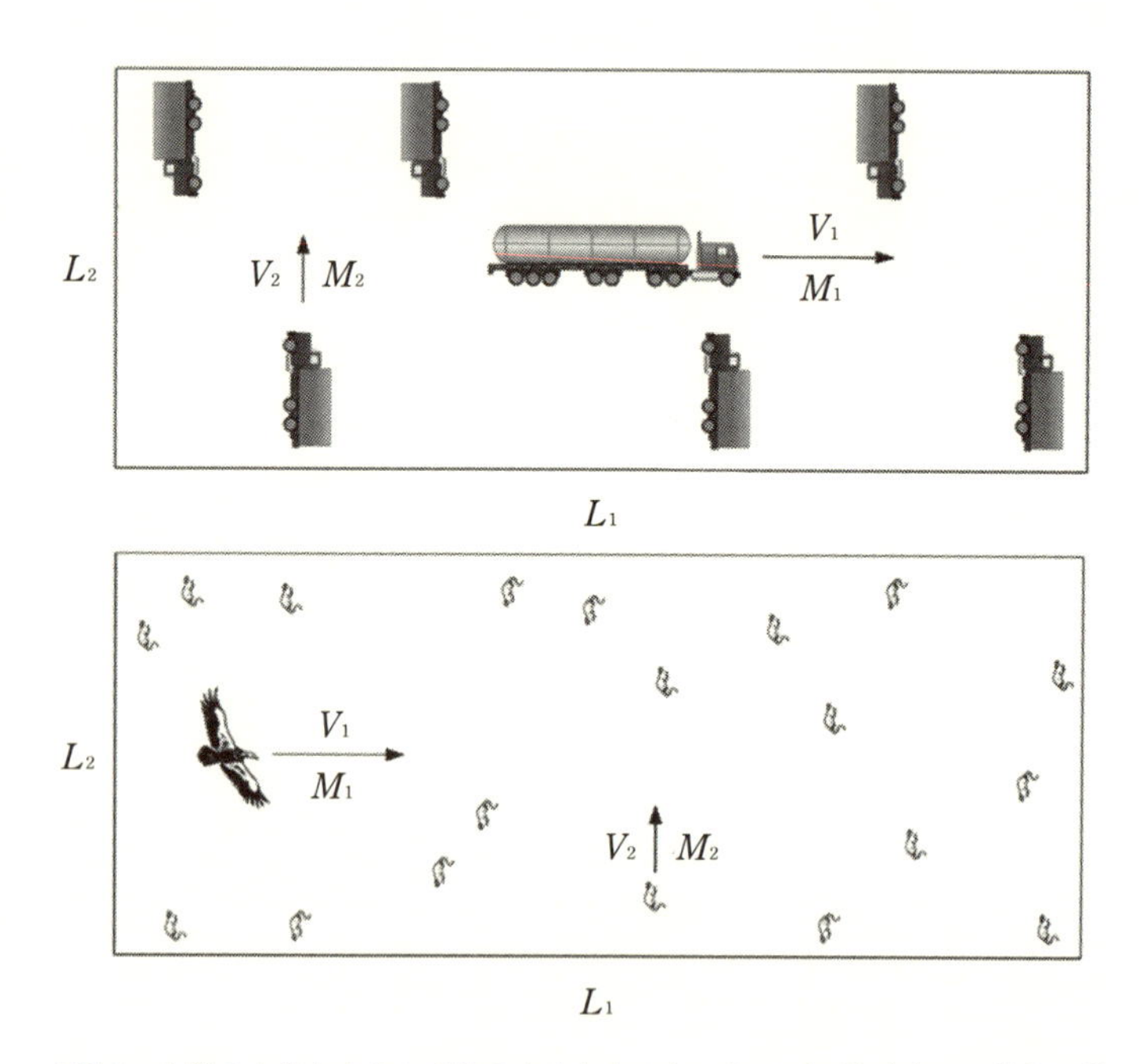

図6.2　少数の大きなものと多数の小さなものというのが、地球上での貨物の動きの階層制だ。この動きは、1台の大きなトラックに割り当てられた（そして同じ貨物を運ぶ）小さなトラックの数が適切で、両者が移動する2つの距離（L_1とL_2）が適切な比率（L_1/L_2）になったときに、最も容易になる。地上であれ、水中であれ、空中であれ、動物の質量も少数の大きなものと多数の小さなものというパターンで動く。動物の質量の流動デザインは、地球を網羅する人間と機械が一体化した種である私たち自身のデザインの先駆けだ。

ほうが運び手として効率が良いことを意味する。[*1] エンジン、機械、あるいは動物の効率は、質量のα乗（αは2⁄3から3⁄4ほどで、1に近いが1未満）に比例する。その質量をある距離にわたって運ぶために消費される燃料は、その距離と質量の$1-\alpha$乗に比例する。したがって図6・2の領域では、全質量Mを動かすのに使われる燃料は、$M_1^{1-\alpha} L_1 + nM_2^{1-\alpha} L_2$に比例する。

私たちは進化を続けるこのデザインの二つの特徴を予測できる。燃料の消費を節約したいという一般的な衝動があるからだ。まず、都市街区の形が$L_2/L_1 = (M_2/M_1)^{\alpha}$になるはずであることが予測できる。つまり、大きい車両の移動は街区の長い方向に沿ったものであるべきなのだ。次に、大きな運び手によって運ばれる質量と小さな運び手すべてによって運ばれる質量のあいだの均衡を保つためには、M_1はnM_2と等しくなるべきであることも予測できる。動物学では、この種の均衡は「食物連鎖」という呼び名でのほうがよく知られており、図6・2下段に示してある。有限の広さの土地においては、速くて遠くまで動く大きい一羽（一頭、一匹）の動物は、遅くて短距離を動く多くの小さな動物と暮らしている。この自然の階層制の中では、動物たちは「競争」しない。みんないっしょに流れる。彼らはこの土地を絶えず耕し、肥やし、そこから収穫し、再び種をまく、最善の動物の流れを構成する。

環状道路のデザイン

都市の脈管構造進化の特徴がすべて、アトランタ空港型の街区タイプであるわけではない。都市中心部の地下や、九龍半島と香港島のあいだの港の下を走るトンネルのように、葉脈に似た形になっているものもある。あるいはパリのブールヴァール・ペリフェリックやワシントンDCのベルトウェイなどの環状幹線道路という目を見張るようなデザインもある。都市の進化のこうした特徴はみな、動きやすさを求める人間の衝動があってこそのものだ。それらの登場は、アトランタ空港の形状の出現と同様、予測可能であり、同一の原理に基づいている。

都市の周りの環状道路がいつ現れるはずかを予測する方法は以下のとおりだ。まず、都市を円形の領域としてモデル化する（図6・3）。都市の成長をモデル化するために、$t=0$以降、この都市の直径は時の経過に伴い、$D=D_0(1+r_D t)$ という一定の割合で増すと仮定しよう（ただし成長率 r_D は経験的な［測定可能な］正の定数で、D_0 は$t=0$のときの都市の大きさ）。

次に、AからBまで都市を通過していくときの速度V_0は、都市の周りの環状道路を走行する速度V_bよりも小さいことに注意してほしい。歩行者専用道路や一方通行の通り、信号などを持つ現代の都市デザインが、V_0がV_bよりも小さい理由だ。その一方で、時とともにV_bが

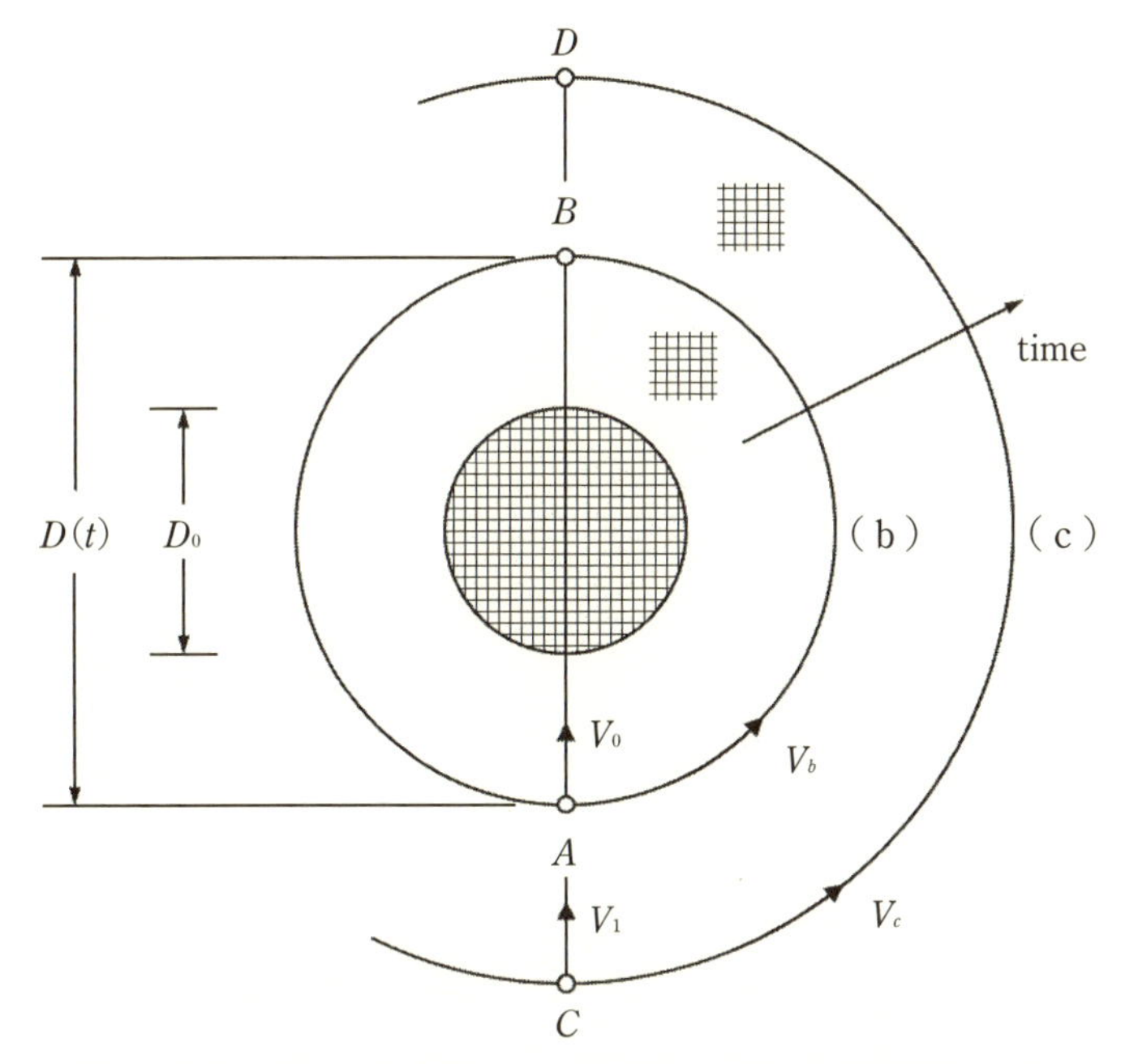

図6.3　繁栄する経済では、都市は大きさを増すが、通りの移動速度は、大通りや幹線道路で達成できる移動速度（これは時とともに増す）に後れを取る。都市がある程度の大きさに達すると、その都市の周辺で正反対の位置にある2点間のアクセスは、環状道路を通るほうが容易に（速く）なる。都市の大きさと幹線道路の速度が増し続けると、最初の環状道路よりも大きい環状道路が、なおさら優れたアクセスを提供する。成長（大きさ、速度）は漸進的だが、地域内の脈管流動の形状と構造は段階的に変化する。それが生命であり、進化なのだ。都市にまつわるこの現象は、その進化が予測可能であることを示している。

V_0に対して相対的に増えるのは、車両と幹線道路のテクノロジーが進歩しているのに加えて、法的な上限速度が引き上げられるからだ。都市交通の進化するデザインが持つこの特徴を説明するには、V_0は一定で、$V_b=V_0+(1+r_Vt)$と仮定するといい（ただしr_Vも経験的な正の定数）。(b)を経由してAからBまで移動するほうが、都市を突っ切ってAからBまで真っ直ぐ移動するよりも所用時間が短い場合に、幹線道路(b)の建設が魅力的になる。より速いアクセスのためのこの機会が生じるt_bという時点が、$t_b=0.57/r_V$のときであることは簡単に示せる。この時点で環状道路の直径は、$D_b=D_0(1+0.57r_D/r_V)$で、その環状道路上の車両の速度は$V_b=1.57/r_V$となる。

環状道路が（$t=t_b$の時点で）出現したあとも、都市は成長を続け、幹線道路での速度テクノロジーも進歩を重ねる。都市が$D_c=D_0(1+r_Dt_c)$という新しい大きさに成長し、真っ直ぐか曲がっているか、新しいか古いかにかかわらず、あらゆる幹線道路の速度の上限が$V_0(1+r_Vt_c)$に引き上げられた、t_cという時点を想像してほしい。この時点では、新しくて大きい幹線道路(c)が、最初の幹線道路よりもさらに魅力的になる。これはC(c)Dという経路にかかる時間がCA(b)BDという経路にかかる時間よりも短くなったときだ。(b)と(c)に挟まれた新しい居住区域を通過する速度V_1は都市の中心部を通過する速度V_0よりも大きい。新しい居住区域には長い街区や幅の広い通り、大きなループの「格子」があるからだ。この進化の一面は、車両のテクノロジーの変化（それはつまり速度の変化）のおかげだ。D_cとD_bを比べたり、経路C(c)Dに沿った新しい環状道路(c)が提供する移動時間と、経路CA(b)BDに沿った環状道路の移動時間を比べたりすれば、新しい環状道路の大きさと位置や、その環状道路が魅力的になる時期が特定できる。

ようするに、既存のものよりも大きい環状道路は、段階的に現れ続ける。繁栄している経済の現代都市ではそうなるものであり、しだいに大きな同心円を描く環状道路が自然に現れるのだ。

これを知っておくのはなぜ重要なのか。動きやすさを求める人間の衝動から自然に現れ出る都市の特徴を予想できれば、ただ居住者のためになるだけでなく、長い期間にわたって役立つ特徴を、確たる自信を持ってあらかじめデザインできるからだ。新しい道路を適切なときに適切な場所に建設するほうが、撤去と再建を数回余儀なくされるよりも経済的だ。立証済みの科学的原理に基づいて、将来を予測し、変更を構成するほうが、試行錯誤と下手な手直しを繰返すよりもはるかに速く、経済的だ。ここ、つまり都市の進化で、私たちは進化の科学（物理学）がどれほど有用かを見て取れる。

迅速で安全な避難のために

私は研究仲間たちと、混雑した平面領域や立体領域から人々を迅速かつ安全に避難させるのに必要なインフラ（居住空間）のデザインにコンストラクタル法則を応用し、都市のデザインの進展を速める威力を実証した。[*2] まず、歩行者の動きが人間の生活における最も基本的な物理的側面であり、歩行者の動きから、建物の構造や工学、交通に至るまで、避難計画のあらゆる面に影響するのを認めることが重要だ。このテーマに関しては、社会動学と都市計画で厖大な実証研究が行なわれてきた。歩行者の動きを促進する構造は、人間の活動のすべての領域で非常に重要だが、とくに火災や爆発、事故、将棋倒し、テロ行為、竜巻、津波といった、できるかぎり迅速に人を避難させることが最優先の緊急事態では絶対不可欠だ。

安全な避難のためのデザインは容易ではない。それはおもに、歩行者の動きの平均速度が、動く人の密度の上昇とともに急落するからだ。[*3] この要因は劇的であると同時に危険でもある。歩行者どうしの平均距離が一・五メートルを超える、密度の低い群衆の平均速度はおよそ秒速一・三メートルだが、平均距離が〇・五メートル以下になると、群衆は止まってしまう。ちなみに、〇・五メートルという重要な間隔もまた、第5章で詳しく説明した自然現象、すなわち、歩行は繰り返し前に倒れる体の動きであることを例証してくれる。この動きでは倒れかかる体の垂直方向の姿勢を立て直すためには、前に足を踏み出すことが欠かせない。人間にとって、前への一歩の幅は平均するとほぼ〇・五メートルになる。この間隔が得られないと、たとえ体どうしが触れていなくても、前へ足を踏み出すことが不可能になり、群衆は止まってしまう。

これだけでも危険だが、後ろに続く群衆（まだ密度が低く、速く歩いており、密集していない）が、動きを止めた群衆にぶつかり、踏みつけると、なおさら危険だ。これが将棋倒しという現象の物理学的特性であり、また、将棋倒しを避けるための将来のデザインを可能にする原理でもある。

現在、生活空間のための避難計画は、群衆力学による複雑で費用のかかる数値シミュレーションに基づいている。数値を扱うプログラムは、流体力学の類推から認知科学への依存までさまざまだ。はるかに直接的なアプローチは、あらゆる流動系のデザインが流れやすい配置を指向して進化するという原理に依存するものだ。居住空間からの歩行者の避難もそのような流動系であり、避難のためのますます優れた配置のデザインは、促進したり進展を速めたりしうる進化するデザインだ。

その手法は、完全な避難あるいは部分的避難に必要な時間を減らす傾向のある配置を発見することから成る。予測に基づくデザイン作業とは、生活空間の配置と避難時間の関係を発見することだ。私たちはこれを、最も単純な基本構成要素（たとえば、真っ直ぐな歩行者用通路、丸みのある曲がり角）から、より複雑な構造（分岐している一つあるいは複数の歩行者用通路）まで、デザインの特徴を順次示すことで例証した。どの場合にも、目的は、生活空間の形状と、群衆の密度と、有限の数の居住者をその空間から避難させるのに必要な時間との関係を特定することだった。最終的な目的は、地上あるいは地下の全居住空間からの避難を促進する形状を突き止めることだ。

たとえば、入場者が着席している講堂あるいは民間航空機の通路のような長方形の平面領域から歩行者を避難させるための進化するデザインの特徴を、私たちは二つ明らかにした。第一に、床面の縦横比は、避難時間が最小になるように選びうる。第二に、各通路の床面の形状は、避難時間の合計がさらに短縮できるように、出口に近づくほど幅広くできる（図6・4）。より具体的に言えば、避難時間は、講堂の縦横比が約1のときに最小値になる。より効率的な避難パターンは、通路を出口に近づくほど幅広くすることで得られる。講堂をこのようにデザインすれば、避難時間を二割削減できる。

都市のデザインは内部へ、高密度へ、という方向だけではなく、垂直方向にも拡張する。ビルや地下鉄の駅は、床面の形と縦断面の形（あるいは階数）という、二つの縦横比を持つ三次元の生活空間だ。これら二つの比は、今では避難時間の合計を最小にするように特定されてい

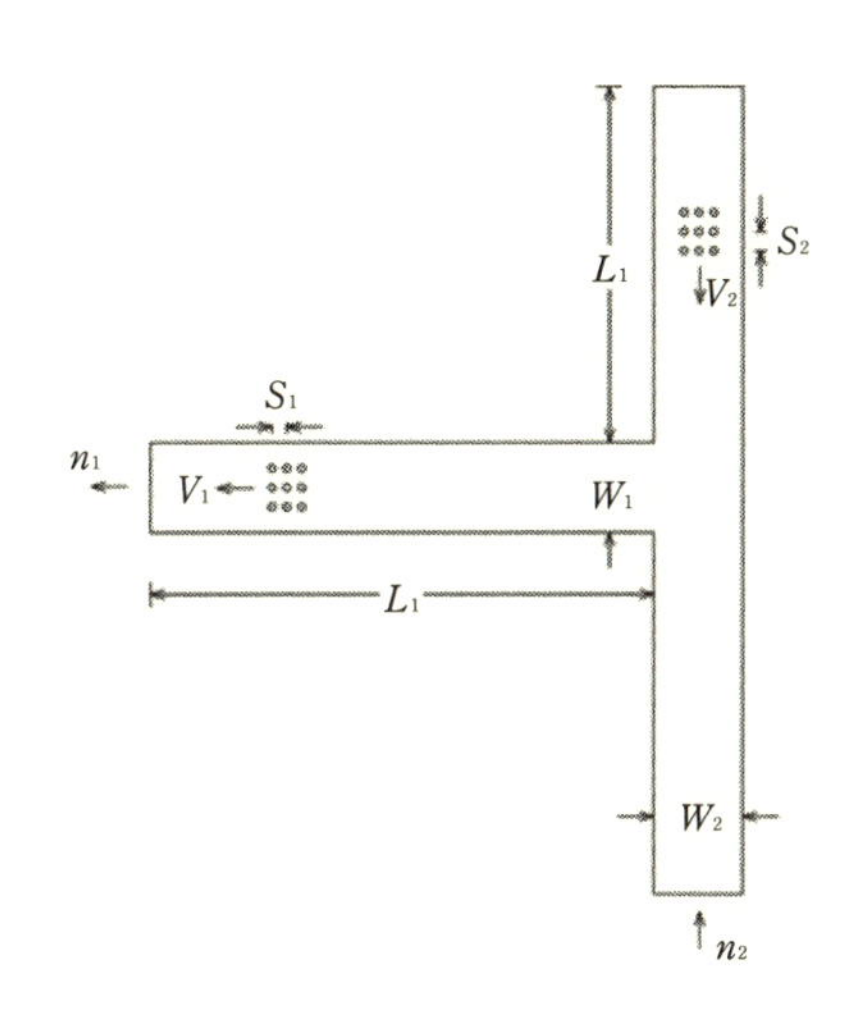

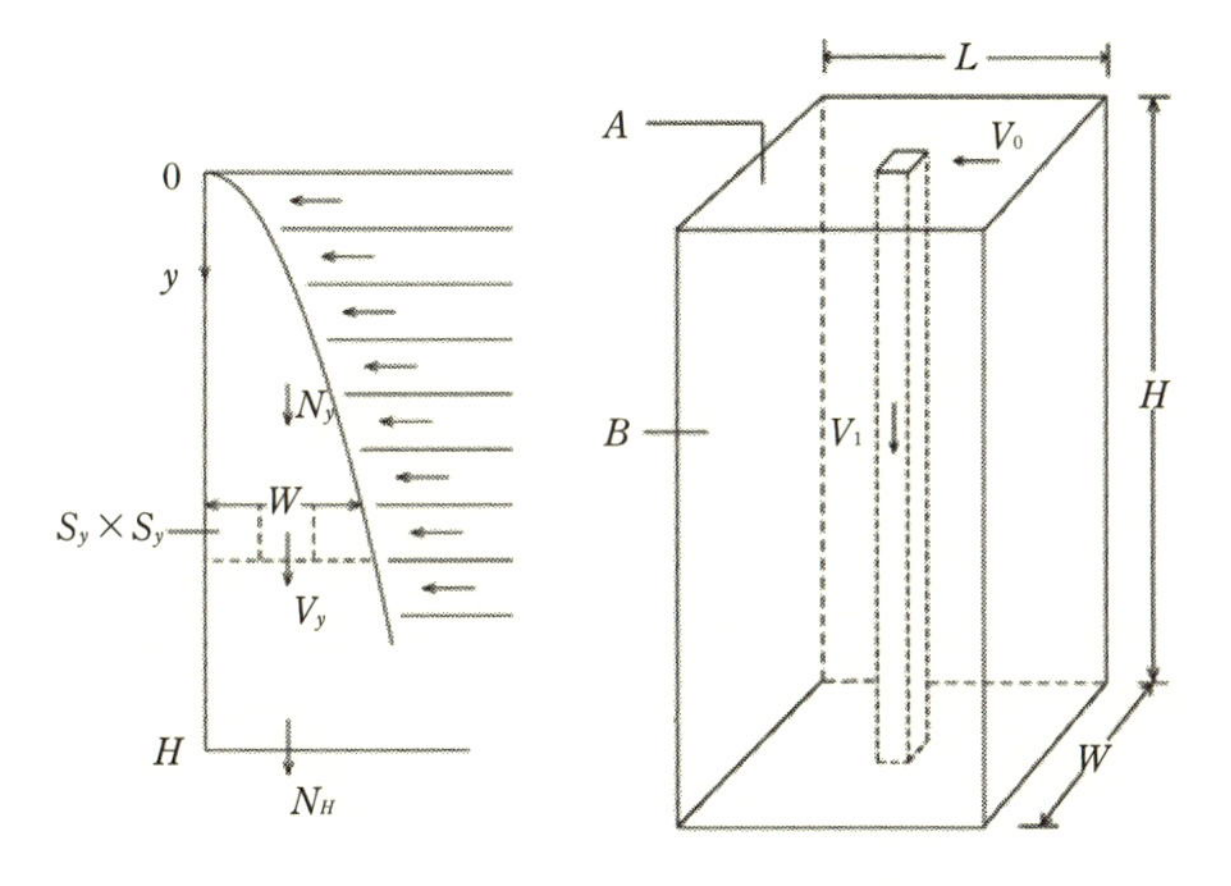

図6.4　安全な歩行者避難のための進化するデザインの特徴
上段――2つの幅、速度、群衆密度を持つT字形の歩行者用通路。
下段左――出口に近いほど幅広い通路。多くの座席の列からは、均一の流動率で歩行者が出てくる。
下段右――中央のエレベーターの周りに正方形の床面がある高層建築。

る。こうした発展の根本的な価値は、現代の都市環境における、より大きく複雑な生活空間のデザインで使える点にある。群衆の避難は、「持続可能性」のある未来の主要な関心事だ。

都市のアクセスの三次元デザインが未来の姿と言える。ウォール街占拠運動（ニューヨーク）とセントラル占拠運動（香港）を眺めていた人には、それは明白だった。ニューヨークでの不法占拠はこの都市の広範な区域を機能停止状態に陥れたため、居住者や企業の強烈な怒りを買った。交通麻痺の原因は、ニューヨークの歩行者と自動車の交通デザインにあった。この都市では、交通はおもに水平な平面上の街路レベルのもので、二次元だ。香港の占拠運動では、歩行者と自動車の交通は停止しなかった。香港のセントラルは脈管化して三次元の構造をとり、歩行者と車両のために、陸橋や地下道、ループがいたるところにあるからだ。ニューヨークとは違い、香港では居住者や企業のためのアクセスは損なわれなかった。

避難する居住者を物理的な流動系としてモデル化すると有益だ。避難中の居住者は、常に極端な競争的行動をとるわけではないからだ。そのような行動は、以下の要因が組み合わさった場合に起こる。通行空間の深刻な制約、占有者の負荷密度が高いこと、道筋や出口についての知識を多くの人が欠いていること、適切な避難計画の欠如、安全な場所へ到達しそこなうといった深刻で有害な結果を多くの人が認識していること、脱出時間がはなはだしく限られていると多くの人が認識していること、最もなじみ深い経路を使うという強い反応傾向、責任者が外側の空間を確保しておけなかったり、確保しておかなかったりすること。

緊急時（たとえば火災）の安全な避難時間は、建物の建設に先立って考慮しておかなければならない。避難時間は、緊急事態の検知時間、警告時間、移動前の時間（警告への反応時間、事態を認識する時間、避難路を見つける時間を含む）、安全な場所への移動時間を計算すれば見積もることができる。占有者の負荷密度を制限する、十分な数の出口を設ける、適切な避難手段を用意する、検知システムと警報システムを使う、方向や出口を明確に示す表示を設置する、煙を制御するシステムを導入する、防火管理計画を立てるといった、火災に備えたさまざまな安全手段をデザインに取り込む。こうした手段を管理していれば、パニックや極端なかたちの競争行動につながる要因を取り除ける。安全な避難時間の計算において考慮する必要がある事柄のうちでも重要なのが、建物の配置と形状が避難時間に及ぼす影響だ。

緊急時により速く避難ができるような建物の構造を割り出すために使われる通常の手法は、避難という共通の目的を追求してランダムに動く歩行者の、膨大な数値シミュレーションに基づいている。この探究は、グローバルな流動アクセスと構成とのあいだの根本的関係に基づいているときに、より迅速でより経済的になる。自由に形を変える配置を持つ流動系となる構造を探せばいいのだ。法則に基づくこの都市計画のアプローチの実用的な価値は、本章で説明してきた種類の根本的特徴（基本構成要素）を取り込むことで、効率的な避難のためにより複雑な配置がデザインできる点にある。

変化を続ける都市が自然に出現するおかげで、進化の物理学に私たちの目が開かれたのだから、面白い。都市は、多数の小さな通りと少数の大きな通りや、環状道路を持った、自由に構造を変える流動系であり、そこを流れるのは私たちだ。形を変え続けるデザインは、歩行者の動き、交通、貨物輸送、緊急避難など、どのレベルでも、どの流れでも、自然の階層制を私たちに突きつけてくる。なおいっそう大きな尺度では、人の一生のあいだに見られる地球上での人間の動きという、進化を続ける構造がある。次の章では、流動と変化を続ける「成長」のデザインに的(まと)を絞ることにしよう。

第7章　成長

一九六一年にビック社のボールペンが世界を席巻した。素晴らしい製品だったが、私が育っていた貧しい国では、いつまでもとっておけないという発想は酷かった。ビックのボールペンは使い捨てにするべくデザインされていたのだった。そのような概念は、私の祖国の文化では嘲りの対象だった。祖母が筆記用の石板で私に字の書き方を教えるのに使った、尖った石でさえ、捨てることは許されなかった。

ようするに、ビックのボールペンの件は流動構造の成長の現象であり、有用なものの拡がりだったが、やがて目新しさは薄れた。私の親の時代やそれ以前は、万年筆は本当に特別な存在だった。医師は技術者や会計士と見分けがついた。それは医師が持っている筆記用具のせいだった。ペンは私的な持ち物で、大切にされ、胸ポケットに入れて誇示された。

かつての貴重品も、今は形無しだ。新しい製品のほうが優れている。既存のモデル以上に力を与えてくれるからだ。古いものから新しいものへの変化のせいで、古い携帯電話は古い冷蔵庫と同様、捨てることを意図して作られたかのように見えてしまう。

専門職にしても同じで、新しいもののほうが優れており、かつて崇敬されていた職業が軽視されたり、あっさり見捨てられたりする。わずか二〇年前、大学教授と医学博士は、博士号にふさわしい高度な専門の仕事だけをやっていた。だが今日では、彼らは仕事時間の半分を事務作業に費やす。管理者というのが新たに登場した専門職で、彼らが数を増す一方、秘書は次々に姿を消している。

あらゆる成長がこのようにして起こる。二〇〇年前、「力」を持ちたいという衝動から産業革命が起こった。一〇〇年前には、産業革命に促されて電化革命が起こった。今日、電気という力は当たり前のものになっている。超小型電子技術(マイクロエレクトロニクス)から情報工学や戦争まで、新しいテクノロジーは、無数の発動機のおかげで一日じゅういつでもコンセントを通して得られる「力」抜きでは存在しえない。

第二次大戦中、いくつかの国の軍隊は石油を入手できた。石炭から合成ガソリンを作るテクノロジーを開発しなければならない国もあった。油田を持たない国は、陸上あるいは沖合に油田を見つけた。今日では、石油はいたるところで生産され、消費されている。

地上での私たち自身の動きは、燃料消費量の増加と足並みを揃えて進化してきた。かつて、航空交通は「ジェット族」と呼ばれるエリートの特権だった。今日では、猫も杓子も飛行機に乗っているように見える。それは航空交通ではなく、航空大量流動だ。エアバスの製造者が自社の飛行機を「バス」と呼んだのは正しかったわけだ。

時とともにテクノロジーが成熟するにつれ、ますます多くの新デザインが、オリンピックのメダリストさながら表彰台に上るようになっている。見た目は異なるかもしれないが（多様性に注意）、性能レベルは同じだ（構成に注意）。テクノロジーの成熟とともに、私たちは多様性と構成が分かちがたく協働しているのを目にする。どちらもより良い流れに必要とされる。あらゆる河川流域でと同じで、多様性は詳細（曲がった流路、湿った泥、倒れた木々など）に表れる。構成は全体的なデザインであり、それぞれの本流に特定の数の支流を持つ川というものだ。両方が、あるデザインが進化を重ねながら存続する期間に自然に発生する——多様性と構成の両方が。古い河川流域や動物の肺、古いテクノロジー、古い国、誕生以来一二〇年になる「近代オリンピック」に、それが見て取れる。

成熟したテクノロジーによって可能になった流れは、より完全に近いかたちで、より速く、より遠くまで成長する。競合するデザイン（みな、互いに匹敵する最高性能を持つ）の数が増すにつれ、流れの拡がりを促進する複数のデザインを伴って成長する。ビックのボールペンから最新の自動車まで、私たちが考えうるすべてのテクノロジーで、そのような成長が起こった。

新しいアイデアあるいはテクノロジーは、いったん応用されると、私たちは良い変化、つまり動きとその持久力を促進するのに役立つデザイン変更を起こせるようになる。より動きやすいほうへと向かう自然の傾向があるからこそ、新しい知識（デザイン変更を生み出す能力）が増し、必要とする人に採用され、拡がっていく。

アイデアであれテクノロジーであれ、どのイノベーションの拡がりも、驚くほど「類型的な」来歴を持っており、それはウイルスの伝播や癌性腫瘍の増殖と類似している（ただし必ずしも否定的な意味ではない）（図7・1）。最初、限られた数の人にしか知られていな

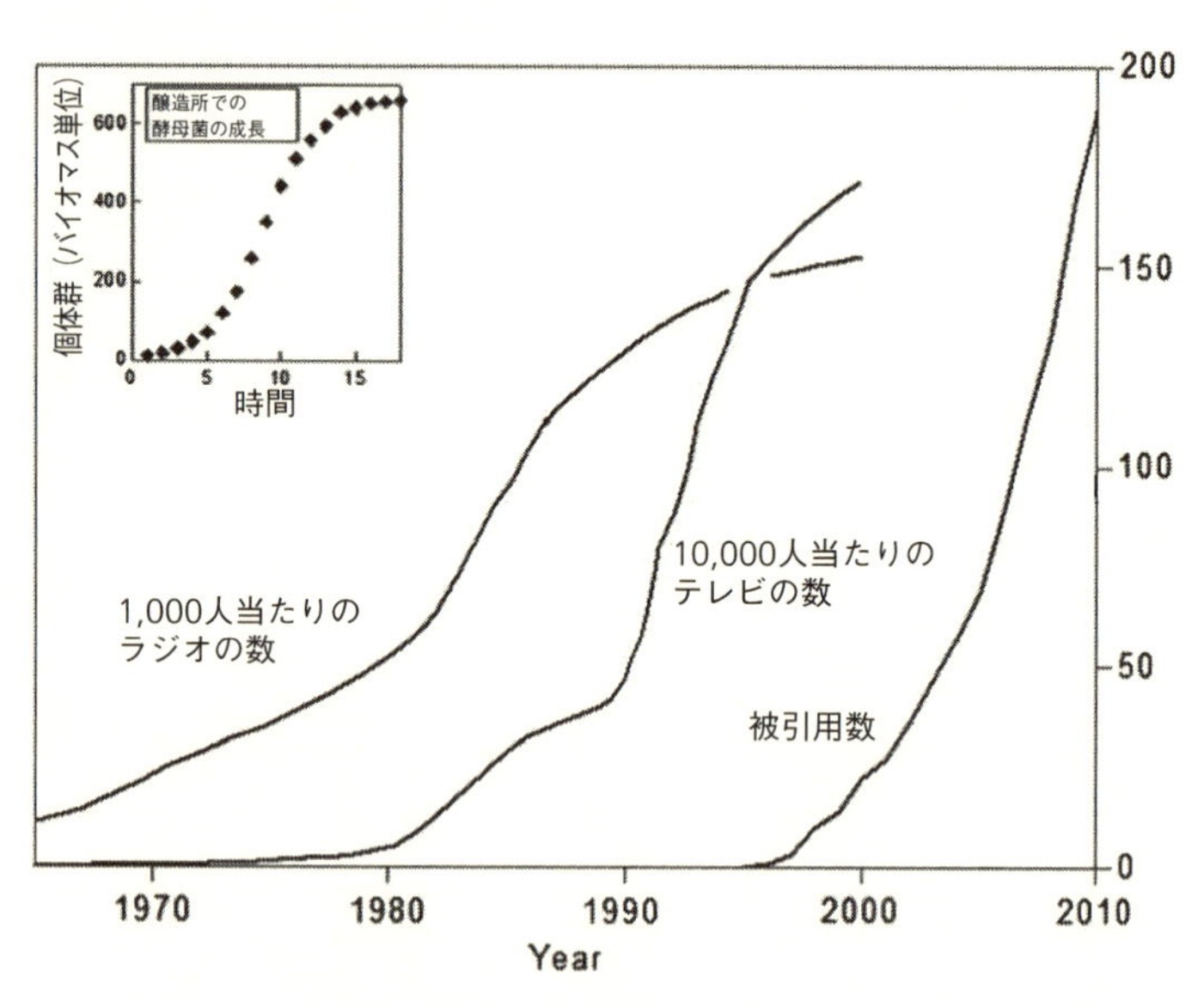

図7.1　S字カーブ現象は、醸造所での酵母菌の成長、ラジオとテレビの普及、1つの科学刊行物の読者数の増加、採取の流れ（採鉱、石油の採取）など、いたるところで見られる。

いときには、選ばれた、好位置にある階層だけに受け容れられていく。やがてそのイノベーションが急激に拡がり、新たに採用する人の割合が増す。その増加曲線が急で長いときには、伝染病のように広まったと言う。採用者の数が頭打ちになると、拡がる割合が徐々に落ちる。この過剰な露出を圧縮して表現したのが、聖書の「預言者は、自分の故郷では歓迎されないものだ」（「ルカによる福音書」第4章24節）という聖書の言葉だ〔日本聖書協会『聖書』聖書協会共同訳、たとえ偉大な預言者であっても、昔の幼いころの姿を知っている人にとっては普通の人間に見えてしまい、特別な人間として受け容れてもらいにくいという意味の聖書の言葉。著者は故郷における預言者の知られ具合を、「過剰な露出」になぞらえている〕。

成長はS字カーブを描く

二〇一〇年一一月のある朝、私とコーヒーを飲んでいた学部の新任責任者のトム・カツォリアスは、科学の分野でコンストラクタル法則の利用が驚くべき勢いで増加していることに触れた。私は笑って、これほど勢いがつくまでにずいぶん長くかかったものだと言った。すると彼は、新しいアイデアはみな、S字を描くように利用者が増えていくものだと応じた。

それを聞いた私の頭は、新しいアイデアが地表で広まり、行く先々で居住者に到達して力を与えるという、想像上の映画の中に迷い込んだ。そして、この流れを源泉から絶頂まで眺め、それが時とともに形を変え、一つの平面領域に入り込んで一面に拡がるのを目にした。上流のアンゴラの雨季から何か月もたったあと、オカヴァンゴ・デルタが成長し、ボツワナの砂漠で「壁に突き当たる」のを目にした。この「遅」「速」「遅」という拡がりの来歴が、地表の尺度で自然のデザインの核心にあり、人間の生活がそれを刻んでいることに思い当たった。つまるところオカヴァンゴ・デルタは、知識の拡がり、つまり知識を役立てる人々によって運ばれる、デザイン変更の拡がりとは違い、無生物の世界の一部だからだ。

なぜ私はそれほど確信が持てたのか。カツォリアスとコーヒーを飲む数か月前、シルヴィ・ロレンテ教授と私は、コンストラクタル法則を持ち出してこの現象を予測していたからだ。[*1] その方法を話しても、冗談だと思われるかもしれない。私たちのアイデアはそれほど魅力的には見えないからだ。物理学者や生物学者についての新聞の大見出しと比べると、工学はどうも地味に見えるらしい。だから、先を見通し、予測する力が工学に由来する事実を、多くの人が見逃してきた。だが、熱機関や熱力学の法則と同じで、コンストラクタル法則は、すべて工学に由来する。

成長する流れに接して進化を続ける平面領域あるいは立体領域は、グラフに描けば、時とともにS字カーブをたどって増加するはずだ。このS字形は次のようにして予測できる。暑い季節にヒートポンプで住宅を冷房するとき、ポンプは熱流の何倍かを環境に排出する。人間の定住地がまばらであれば、このような熱の排出はデザイン上の重要な問題ではない。大気圏（空にある巨大な下水道）が処理してくれる。環境は、寒い季節には熱源の役割を果たしてくれる。ヒートポンプは今度は環境から熱を採取し、（何倍かにして）家の中へ注入しなければならない。夏には下水だったものが、冬には天からの恵みとなる。

この熱の排出と採取は、人間の定住地の密度が上がると問題になる。他人の排気の中で暮らしたい人などいない。進化のこの方向性（ちなみにそれは、あらゆる都市生活の未来だ）においては、環境は住宅が建っている土地に劣らず貴重になる。未来のヒートポンプは、地面へと熱を排出し、地面から熱を吸い取らなくてはならない。

河口（ヒートポンプ）から有限の大きさの三角州（住宅の周りの地面）へと熱を発散させる方法は、流動デザインの問題であり、私たちはそれを解決した。まず、地下のパイプを通る流体の流れによって熱を領域全体に送り込まなければならない。この最初の「侵入」段階では、パイプの周りの熱せられた立体領域は小さいが、しだいに大きな割合で拡がっていく（図7・2）。

次に、熱い流体が領域内のすべての流路に侵入したあと、熱は流路から近隣の土壌へと横向きに伝わる。これが「浸透」段階で、熱は隣り合う流路どうしの隙間を満たしていく。

熱せられた地面の立体領域の推移と時間との関係をグラフにすると、完全に予測可能で必然的に規定されるS字カーブになることが判明した。このS字カーブについては、すべてがわかっている。侵入期と収束期（浸透段階）の両方の段階と、その結合部分（S字の変曲点〔関数曲線で、曲がる方向が変わる点〕）がわかっているからだ。私たちはコンストラクタル法則に基づいて、侵入する流路が一本の針のようになるのではなく（図7・2）、樹状になるはずであることも予測した（図7・3）。一点から一立体領域（あるいは一平面領域）への流れは、そのほうが速く容易に、急なS字カーブに沿って出現する。侵入する樹状の流路が、より多くの分岐レベルでより多くの支流を持っていれば、S字カーブはなおさら急になる。[*2]

形を変える自由が大きければ、侵入する流れは侵入領域にいっそう速く行き渡ることができる。これは現代の戦争でも歴然としている。もし、本流と支流の成す角度が（九〇度で固定されている図7・3とは違って）自由に変化できれば、角度を微調整して、一点から一立体領域への流れのS字カーブ全体が最も急になるようにできる。角度が自由に調節できるときには、どの分岐レベルでも約一〇〇度になるはずであることを私たちは発見した。この角度で分岐した支流はやや本流寄りの方向に向かって、前方に進む。自由に調節された角度を持つ木々は自然に見える。細流や丘の斜面、針葉樹の最小の枝、雪の結晶に生える樹枝状の針などの杉綾模様のデザインと同じだ。雪の結晶の構造をどう予測するかという話には、この章の終わりに立ち戻ることにする。

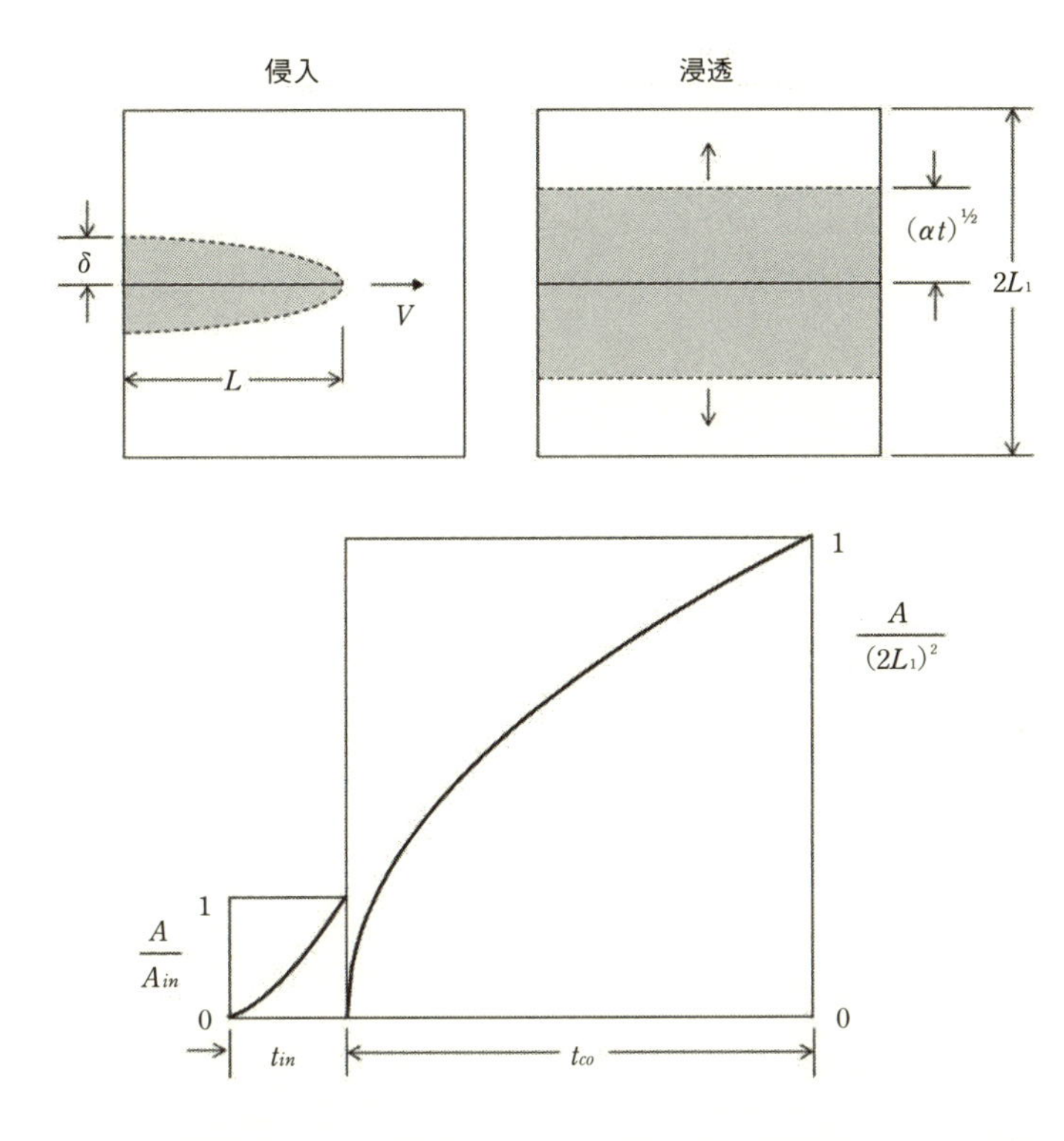

図7.2　S字カーブはJ字形にΓ（ガンマ）形が続くような形状をしている。線状の侵入（Jの段階）に、それとは直角方向に拡がる浸透（Γの段階）が続く。熱が発散する平面領域 A の推移を予測するとS字形のカーブになる。それは、デザイン（パターン、配置）の進化のせいだ。実際の流れはどちらの方向にも進みうる。1点から1平面領域あるいは1立体領域へ（拡がる流れ、たとえば図7.1）の流れもあれば、逆に1立体領域から1点へ（採取の流れ、採鉱、収穫）の流れもあるのだ。S字カーブの最も急な部分は、侵入から浸透への移行期 t_{in} に見られる。

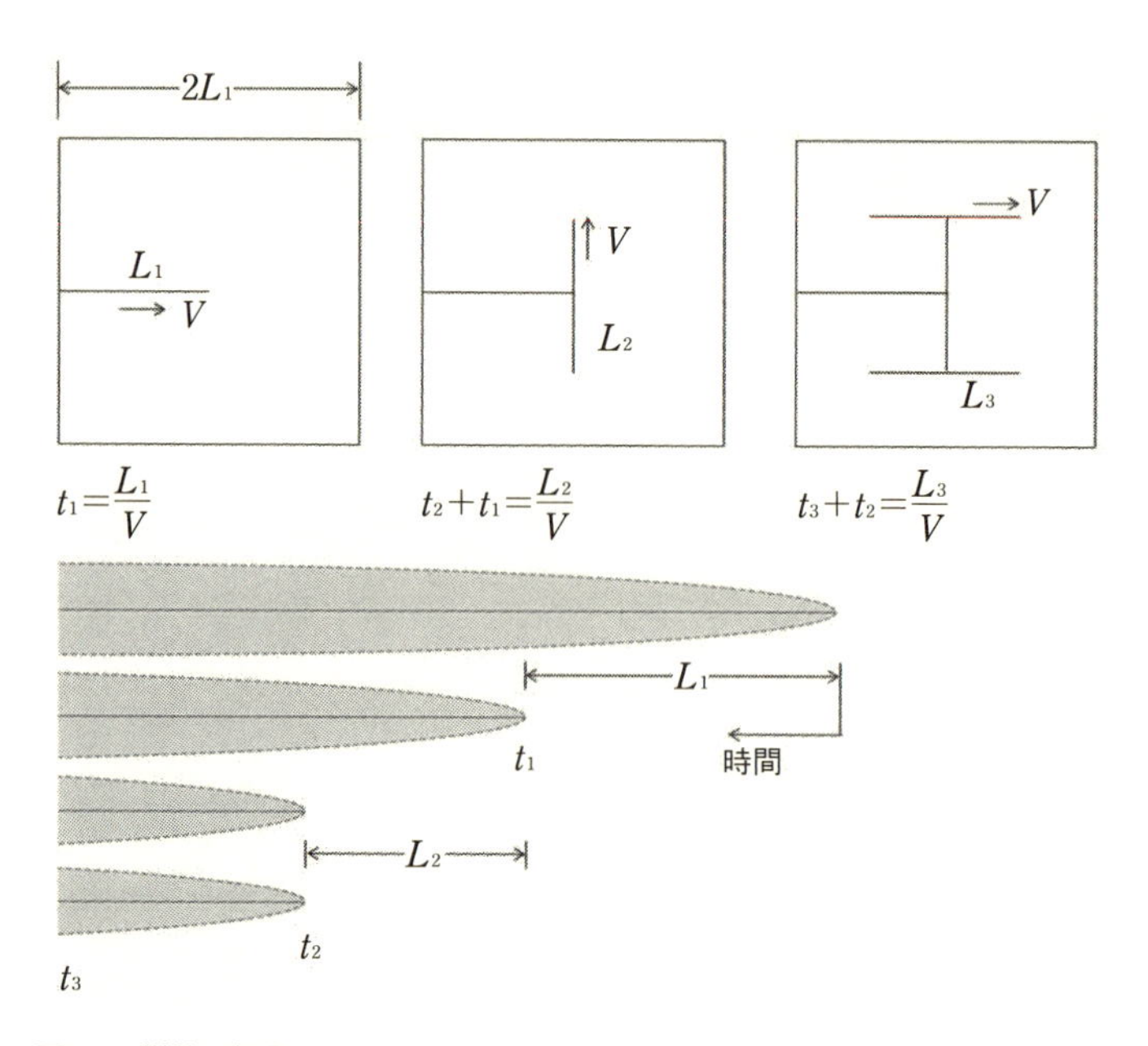

図7.3　樹状の侵入
侵入線の近辺における拡散が及ぶ指形の領域を示している。最も長い指は、幹として始まった侵入経路を取り巻くもので、長さ L_1 に達し、先端から枝 L_2 が伸び、その先端がさらに別の枝 L_3 が生える。2番目に長い指は L_2 として始まって L_3 につながる枝に相当する。最も短い2本の指は、長さ L_3 の枝として始まった。拡がりあるいは採集の流れの侵入・浸透パターンのそれぞれは、独自のS字形の来歴カーブを持っている。自然界で最も一般的なのは樹状パターンで、それは1点から1立体領域への流れと1立体領域から1点への流れを促進するからであり、その結果このパターンは、自然現象のS字カーブが最も急であるという事実の原因になっている。

自然界のS字カーブは、平面領域や立体領域における樹状の成長の来歴記録であり、これらの領域は浸透段階に横方向への拡散によって最終的に網羅される。拡散は、流れを動かす局地的な勾配（傾斜）に流れが比例している流動現象を言う。侵入線のすぐ隣ではもっと遠い場所と比べて、傾斜と流れが大きい。

何かが領域に拡がるときには、拡がった領域の大きさと時間の関係はS字形をとらざるをえない。当初は成長が遅く、やがてはるかに急速な成長が続き、最後に再び遅い成長になる。拡がるペースと時間の関係は釣鐘形のカーブを描く。この現象は一般的なので、互いに無関係に思えるような研究領域がまるごといくつも生まれた。生物学的集団、動物の体、庭の樹木の量、雪の結晶の氷の体積、癌性腫瘍、化学反応、汚染物質、言語、ニュース、情報、イノベーション、テクノロジー、科学的発見、インフラ、経済活動などの成長や発展だ。この現象は、生物を無生物と、社会的なものをテクノロジーと、それぞれ結びつける。次の章で見るように、S字カーブ現象は、あらゆる刊行物の被引用歴にも見られるし、あらゆる著者の*h*指数の、時間に伴う増加の原因にもなっている[*3]（科学論文と著者の業績の関係について、詳しくは二三七〜二四六ページを参照）。

S字形をたどる推移は自然現象であり、普遍的に見られる。それは特定のS字カーブが数学的に現れたわけではない。事実、私たちは侵入・浸透の流れを発見したとき、S字形の数学的カーブは唯一無二ではないことを証明した。唯一無二なのは普遍的傾向、すなわち、著しく多様な流動系で、流れが及ぶ領域が、S字に似た曲線に沿って時間とともに増える傾向だ。

自然界におけるS字カーブ現象の普遍性は、樹状の流れの普遍性に匹敵する。後者も、生物の領域と、無生物の領域と、人間の領域を結びつける。これは偶然ではない。これら二つの現象はともに、進化し続けるデザインを生み出す自然の傾向の表れであり、そのデザインは絶えず形を変え、流れるもののためにより大きなアクセスを提供する。

このような予測は、（流域として知られる）平面領域あるいは立体領域から流れを引き出して別個の地点へと運ぶ、採取の流れの振る舞いにも、同じように当てはまる。流域はS字カーブに沿って推移しながら成長する。採取の流れにとって、S字カーブの変曲点が、この上なく重要なピーク生産量の状態を示している。この時点は、石油採取では「ハバートのピーク」という名称で知られている。過去一世紀のあいだに、石油採取テクノロジーの流動構造が単一の油井（真っ直ぐな垂直坑）から、有用で生産的な方向のすべてに向かう樹枝状の油井に進化したのは、偶然ではない。単井は一本線の侵入のためのデザインであるのに対して、今日の樹状の油井は、樹状の侵入のためのデザインだ。このデザインは今や、石炭、ガス、金属、鉱物のために世界中で出現している、ありとあらゆる採鉱の象徴となっている。

成長の限界

S字カーブの成長現象は、拡がる流れを採取の流れと、生物の流れを無生物の流れと、それぞれ結びつける。人間の領域では、都市のインフラのデザインを地下の採鉱用の坑道と結びつける。鉱坑の外に積み上げられた採取鉱物の山の体積も、S字カーブに沿って推移しながら成長する。このように、普遍的なS字カーブ現象は、「成長の限界」の物理的基盤を明らかにし、人口とテクノロジーがいつ拡がるのをやめることが見込まれるかを教えてくれる。この物理的現象は、呼吸（吸気と呼気）や薬物送達、排泄、雨水（河川流域から三角州へ）、血液循環といった、周期的な拡がりと採取の現象の基盤にもなっている。

昨今、世界は「爆発」期にあるとか、「指数関数的成長」カーブ上にあるとかいった、この世の終わりを予想する言葉がしきりに世間の口に上っている。S字カーブ現象の、原理に基づく物理的特性を考えると、そのような噂は、よくても、S字カーブ現象の前半についてのものでしかない。今日爆発のように見えるものも、明日は壁に突き当たりそうに見える。

「指数関数的成長」は数学的に不可能であることに注意してほしい。指数関数のカーブは$t=-\infty$の時点でゼロの上方へ向かい始める。この時点は、ビッグバンより前ならどの時点であってもかまわない。だが、本物のS字カーブは$t=0$の時点で始まり、その時点では流動する領域の面積$A=0$だ。S字カーブのどの部分をとっても、指数関数にはなっていない。S字カーブは、流れが侵入した空間、あるいは枯渇させた空間の大きさAと時間tの関係を示す歴史だ。Aとtの関係を表すカーブは、冪乗則（$A \sim t^k$の類（たぐい））に従っており、指数kは時とともに小さくなる。たとえば図7・5では、kは3/2から始まり、やがて1/2に減少する。

新しい装置や車両などは、侵入・浸透の筋書きに沿って自然に広まるのであって、それは業界や政府の指導者たちが命じたからではない。自動車は、何十年も前にはほんの数か国でしか製造されていなかったが、今ではどこでも造られているように見える。ただし、技術が進歩した企業のほうが、進歩したデザイン、手法、固有のテクノロジーでうまく製造する。それぞれのデザインが、独自の成長のS字カーブを生じさせる。暗黒時代にヨーロッパに侵入して略奪を働いたアジアの遊牧民から、南北アメリカ大陸とアフリカ大陸を植民地化したヨーロッパ人まで、人間の移住の歴史を見てほしい（二八五ページ図9・3参照）。移住は自然であり、一方向だ。無駄でもなければ周期的でもない。人は二度と故郷には戻れない。

これらの現象はみな、コンストラクタル法則によるS字カーブの予測によって、それぞれ独自の言語で記述されている。S字カーブを正しく翻訳すれば、いわゆる「指数関数的成長」がいつ終わって「壁に突き当たる」羽目にならざるをえないかがそこから明らかになる。ほとんどの人がこの現象について耳にしたことがないのは、「S字カーブ」という言葉が科学の専門用語だからだ。だが、巷の言葉を聞けば、私たちの誰もがそれを知っていることがわかる。以下にそれを示すことわざをいくつか挙げておく。

形あるものは必ず壊れる。

永遠に拡がり続けるものはない（たとえば帝国）。

井戸は涸れる。

古い知らせは伝わらない。

「アンコール」に何をやれるというのか？

成長という自然現象にはS字カーブ以上のものがある。アクセスされた領域と時間の関係を示すグラフがS字カーブを描くことから、アクセスされた領域の時間微分と時間の関係を示すグラフは釣鐘形のカーブを描くことがわかる。これは予測可能なカーブで、中央の時間帯が山になっており、そこはS字カーブが最も急になっている箇所と合致する。釣鐘形のカーブは必ずしもガウス曲線（正規曲線）と同じではないが、それでもおなじみの形状で、一方の端が薄く、中央が厚く盛り上がり、もう一方の端も薄い、ブロントサウルスのような形をしている。

S字カーブの特性に対する批判と応答

S字カーブの物理的特性の発見に対して、私のもとには多くの意見が寄せられた。ある読者は、S字カーブの時間導関数は正規分布関数のガウス曲線の形状にほかならないと考えていた。これは間違っている。その読者の静的な説明と、S字カーブ現象の根底にある流動構成の、自然に形を変える傾向とのあいだには、まったくつながりがないからだ。S字カーブは確率の分布曲線ではない。物理的な（マクロ的で目に見え、測定可能な）領域に形を変える流れが接している物理的流動系（あるいは、その領域に行き渡る流動量の釣鐘形のカーブ）の時間的歴史だ。それは、流動構成がその存続期間を通じて成長していく様子を示している。

ハバートのピークは、私たちの社会が資源（エネルギー、水、鉱物など）を使うたびに現れてくる現象だ。最も頻繁に語られるのが石油生産のピークだろう。石油の年間生産量は、時の経過に伴って釣鐘形のカーブを示すことが見込まれる。初期の段階には生産量は増し、探査と採取の試みが際限なく進められるように見える。そのような成長の限界は現実のもので、利用可能な石油の埋蔵量（たとえば、サウジアラビアの石油）が有限なら、カーブの下側の面積は定まっていて変えられないからだ。その結果、生産量はピークに達し、減少期には単調な右肩下がりになる。すると社会は、他の資源を見つける必要に迫られる。そして、天然ガスの生産や、シェールオイルの採取など、新たな釣鐘形の筋書きが出現する。

石油の採取量の増加に見られるものは、オーストラリアとチリの銅など、他の鉱物の生産にも存在し、見て取れる。今日のテクノロジーと購買力で手の届く鉱物の量には限りがある。そのため、前半は上昇、後半は下降という釣鐘形が現れる。ここでは、ハバートのピーク現象の局在的特質を心に留めておくことが重要だ。その現象は空間（サウジアラビアやオーストラリア）においても、時間においても局在的なのだ。その時代のテクノロジー、経済、安定性と、その地域の政治が相まって、利用できる資源の量がどれほど多く、どれだけ固定され、知られることになるかを決める。ハバートのピークの筋書きが展開するあいだにテクノロジーが進歩すれば、当初は手の届かなかった資源の源泉にアクセスできるようになり、カーブの下側に収まっている面積が時とともに増加し続ける。これは、ピークの到来を遅らせる効果を持っており、生産量の増加には限度がないかのような印象も与える。

資源の源泉の有限性は、生み出された流れ（燃料、鉱物）が引き出される領域の有限性とも結びついている。一つの例が、世界中での水力発電だ。水力発電の量は二〇世紀にピークを過ぎた。大きな滝のある大きな河川の数は限られていた。今日、水力発電の分野は、採掘を終えた金山を思わせる。

成長の向きは一方向で、さらなる成長を指向している。だが、増加率は確実に下がる定めにある。拡がる動きはみな、S字形の来歴を持っているからだ。収穫逓減現象は、物理に根差している。新しい流動構造はどれも、進化を続けながら拡がる、デザイン変更の河川流域だ。鉄道を考えてほしい。鉄道はS字カーブを描いて世界中に拡がったし、厖大な数の列車を動かすために消費される燃料も同様だった。今日、この成長は古くなった。穏やかに壁に突き当たったが、まだその脈管構造が拡がっていない場所では、依然として建設されている。

鉄道のS字カーブには、幹線道路の拡張と、より最近ではグローバルな航空交通システムが加わった（鉄道に取って代わったわけではない）。新しいテクノロジーはどれも、より多くの流れを促進し、その流れを既存の流れに重ね合わせる。増大した流れを地球全体で動かし、必然的により多くの燃料を消費する。燃料を多く使うからといって、気候変動が制御不能になっているわけではない。人類は、存続し、流れ続けるため、つまり生きるためには適応する。どんな動物もそうするし、あらゆる河道も同じことをする。踏み切りでの事故のように、新しいテクノロジーのせいで死者が出る傾向があったら、人々は点滅する警報器を発明したり、陸橋を建設したりして、動き続ける。

炭素の排出と気候変動は、S字カーブ現象の結果だ。S字カーブの来歴を持つのは、力の生成、居住者、自動車、航空交通など、流れているもの、拡がっているものだ。拡がる流れのそれぞれがS字カーブをたどるかたちで推移するので、そのどれ一つとして永遠に成長し続けたり、破局を招いて終わったりしないことが予測される。みな、目に見えない壁に人知れずぶつかる。

同様に、人口の増加も、中国のような発展中の経済の拡張も壁にぶつかる。その直接の結果として、気候変動が緩やかになるだろう。四〇年前には、気候変動ではなく人口爆発が声高に叫ばれていた。私がマサチューセッツ工科大学（MIT）の学生だった一九六〇年代後期から七〇年代前期には、「指数関数的成長」「人口爆発」「成長の限界」のせいで世界は終焉を迎えると予測して脚光を浴びた人々もいた。だが、そんなことは何一つ起こらなかった。

今日の人口増加のS字カーブを見てほしい。先進地域は成熟したS字カーブを見せており、安定期に入っている。アメリカの燃料消費は、S字カーブの上部まで来ており、地上におけるその影響も同様だ（図7・4の、毎年車両が走行する合計距離を参照）。発展途上の地域のS字カーブはまだ若いが、いずれ成熟したS字カーブになる。それは予測どおりの結果だ。S字カーブ現象が合わさって地球に与える影響は、人口増加の歴史のS字カーブとして表れる。世界人口は二〇五〇年ごろに横這い状態になると予想されており、それはアメリカなどの先進国が安定状態に達してから三〇年後だ。図7・4に示した、最初の二つのS字カーブ（燃料の使用量と車両の走行距離）と、世界人口とのあいだに時間のずれがあるのは、世界人口のS字カーブには大きな開発途上国の、依然として若いS字カーブが含まれているからだ。

間違っていた過去の予測を覚えている人がほとんどいないという

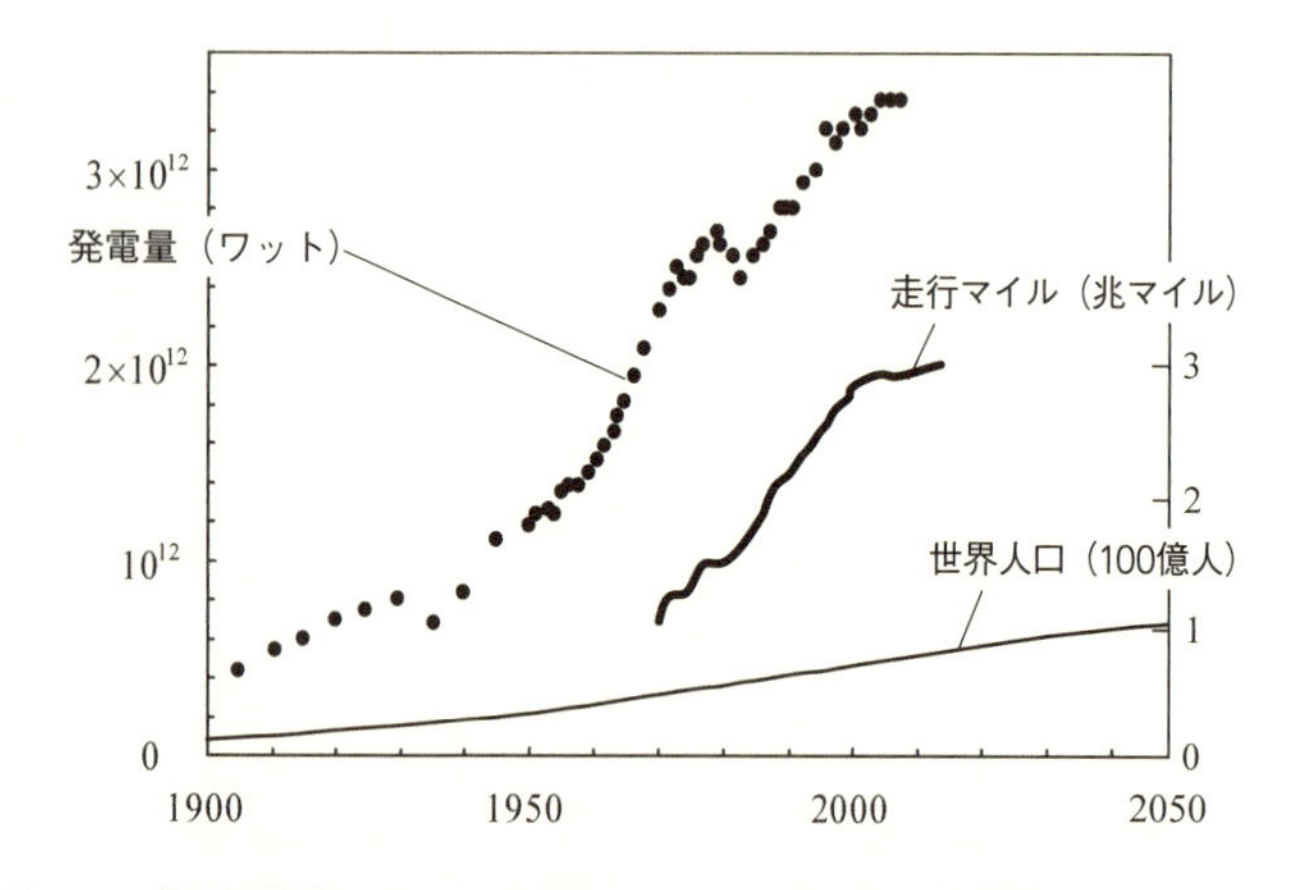

図7.4　S字形の推移を見せる20世紀のアメリカにおける発電量

U.S. Department of Energy, Energy Information Administration, EIA/AER, *Annual Energy Review 2003*（2004）: DOE/EIA-0384. アメリカ国内で毎年車両が走行する総距離（走行マイルデータ）は、Jeffrey Winters, "By the Numbers: Fewer Miles for American Cars," *Mechanical Engineering*（February 2015）: 30-31 より〔1マイルは約1.6キロメートル〕。世界人口のデータは、Philippe Rekacewicz, UNEP/GRID-Arendal より。

事実でさえ、やはりS字カーブ現象を反映している。人々はうまく機能するものを覚えていて、子供たちに教え、自らの社会集団全体に教育として広め、一方、隣人たちはそれを真似たり、買ったり、盗んだりする。うまく機能するものは自然に広まり、うまく機能しないものは忘れ去られる。これは誰にとっても朗報だ。それはまた、手相読みがけっして失業しない理由でもある。外れた占いは忘れられ、当たった占いだけが記憶に残るのだから。

雪の結晶は一つひとつ違うのか

砂漠の三角州、地表での動物の動き、科学のアイデア（刊行物、被引用数）[*4]もS字カーブを描いて推移する。この現象について私たちが行なった最新の予測は、雪の結晶の成長（物理学では「樹枝状凝固（dendritic solidification）」として知られている）を示すS字形の推移だ[*5]（図7・5）。とはいえ、雪の切片は、単なる樹枝状凝固にとどまらない。それは生命を象徴する例だ。結晶は生まれ、周りの空気が0℃を超えるまで温まって熱が流れなくなると（つまり、氷が形成されなくなると）、死ぬ。

雪の結晶は一つひとつ違うと、人は好んで言う。だが、それは正しくない。雪の結晶は一種類の構造（魚の骨状のものが六本、中央から生えている平たい星）を持っており、以下の二つを認

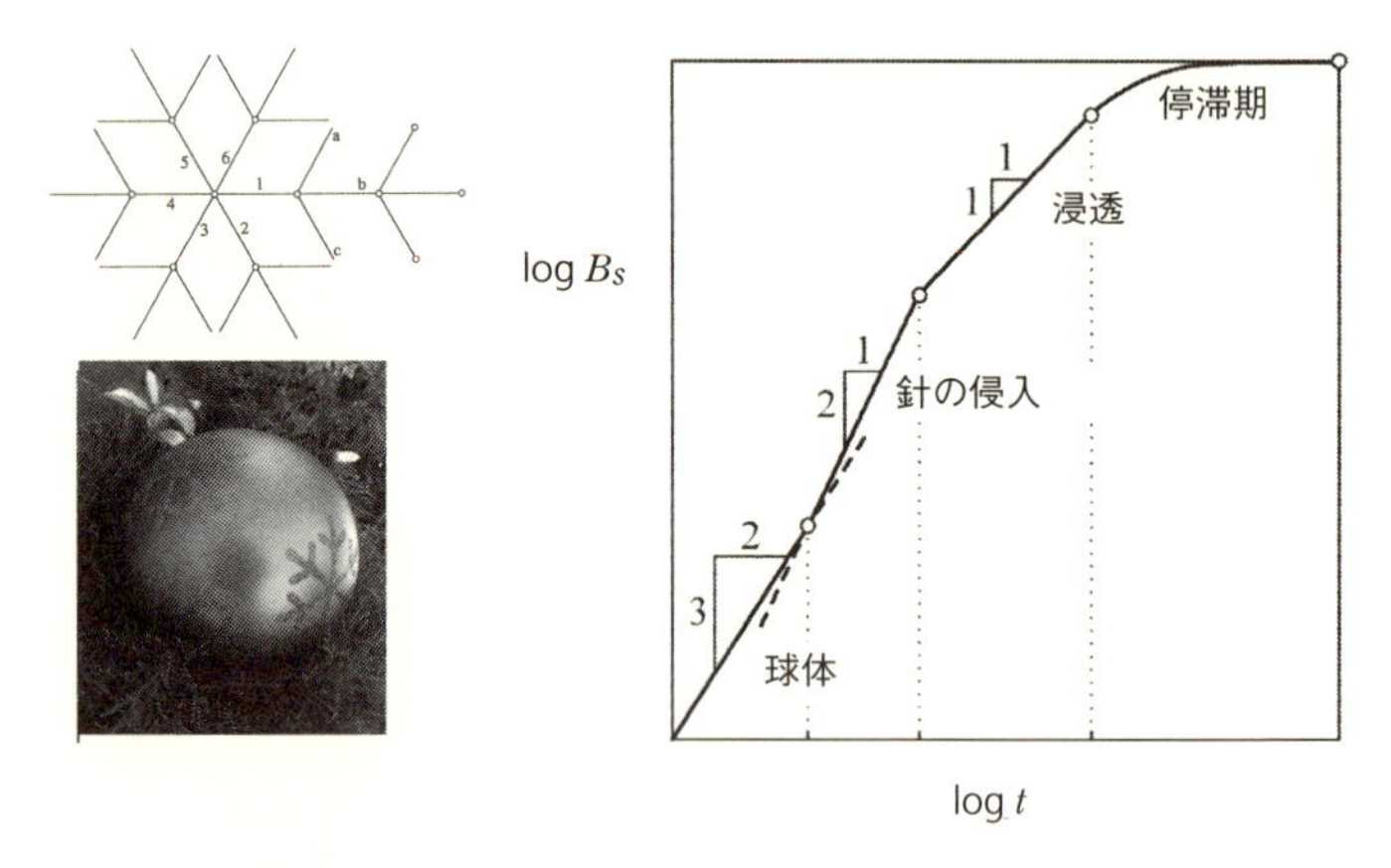

図7.5　雪の結晶の氷の体積はS字カーブを描いて増える。その構造は、固体から周囲の冷たい空気への熱流をより容易にする方向で段階的に形を変える。その順番は予測可能で、以下のとおり。球体、6本の腕を持つ平たい星形、前向きの枝のように見える第2世代の腕を持つ腕。グラフには、樹状凝固の完全なS字カーブが現れる。より迅速な凝固を追求し、初期に球形の配置と針状の配置とのあいだで競争が起こることに注意。その後の3段階（侵入、浸透、停滞期）は、固体の体積B_Sの増加と時間tの関係がS字カーブを描いて推移する様子を、両対数グラフに表したもの。S字カーブは、log B_Sとlog tで記されているため、傾きk=3/2, 2/1, 1/1, 1未満の部分から成るように見える。実際のS字カーブは、$B_S \sim t^k$という冪乗則に従う（ただし指数kは時とともに変化する）。この固体は、その推移のどの時点においても、指数関数的な成長は見せていない。

A. Bejan, S. Lorente, B.S. Yilbas and A. Z. Sabin, "Why Solidification Has an S-Shaped History," *Nature Scientific Reports* 3 (2013); A. Bejan, *Advanced Engineering Thermodynamics*, 2nd Ed. (New York: Wiley, 1997).

めれば予測できる。すなわち、何が流れるか（熱流）、そして、あらゆる流れは、より容易なアクセスを提供する構造になるように自らを配置し、その後も再配置を繰り返す傾向だ。

雪の結晶の形状と構造は次のように予測できる。まず、0℃未満の冷たく湿った空気がある。そのうち突然、微小な塵の周りに氷が張り、球形をとりながら大きくなる。直観に反するが、この氷の球体は周囲のいっさいのものよりも温度が高いので、この球体から熱があらゆる方向に流れていく。この熱は、水蒸気が球体の表面で固体になるときに発生する凝固熱だ。

やがて、迅速な凝固のためには球体がもはや効率的な構造ではなくなる重大な転機が訪れる。そして、物理の法則によって、より迅速な凝固に向かうデザインの変更が求められる。すると、氷の成長は、球状ではなく、球体から遠ざかるように一平面上に生える針へと、唐突に形を変える。水分子の配置のせいで、針は六方向へ伸びる。平たい星形は、同じ直径の球体よりも速く周囲へ熱を発散する。雪の結晶はなぜ、一平面上で平たい星形として成長するのか。氷の体積は、針が一平面上で伸びるときのほうが、あらゆる方向へ伸びるときよりも、成長が速いからだ。

次の重大な転機が訪れるのは、それぞれの針の先端が、もともとの球体と同じ唐突な変化を経る必要に迫られたときだ。各先端から六本の新しい針が生えるが、前へ向いた三本だけしか成長できない。後ろ向きの一本は成長できない（母体となる針がその場所を占めているからだ）し、斜め後ろ向きの二本は、隙間（母体となる二本の針のあいだ）の空気が、もう冷たくないために伸びられない。

この段階的な成長は、それによって発散する熱を吸収する冷たい空気を、新しい前向きの針が見つけられるかぎり続く。雪の結晶は一つひとつ違うという見方にも、それなりの根拠がある。実際の配置は、多くの二次的な要因に左右され、そうした要因はランダムな由来を持つからだ。空気が非常に冷たいと、鋭くとがった針が急速に伸びる（軽いふわふわした雪になる）。空気がそれより暖かく、0℃をわずかに下回るだけなら、太い針ができ、それぞれの雪の結晶が木の葉のように落ち、周りの結晶とぶつかり合ってくっつく。また、空気の乱流のせいで、風にランダムなかたちで傷めつけられる。

今度、誰かが雪の結晶は一つひとつ違うと言うのを聞いたら、この物理の原理を思い出し、雪の結晶には明らかな多様性があるにもかかわらず、人間の頭が記憶にとどめる雪のデザインは、コンストラクタル法則から予測する単純なデザインと同じであることに気づいてほしい。クリスマスツリーの飾りと、予測された雪の結晶は同じデザインをしている。飾りを作ったアーティストたちは、話し合いながらデザイン画を描いていたわけではない。自然界の構成とはそういうものであり、人間の頭の性質とはそういうものなのだ。

真珠も雪の結晶と同じ起源（刺激性の微小な塵）を持つ。腎臓結石も同じだ。真珠は滑らかな球体として誕生し、その形状を保つ。真珠貝の中は狭く、周囲の流れが不足しているからだ。腎臓結石は雪の結晶と同じで、球体から樹枝状構造へと進化する。真珠の場合よりも大きな空間があり、周囲の流れも強いためだ。

雪の結晶の話に匹敵するものは、自然界のいたるところで、生物・無生物の両方で多く見られる。河川流域は、それぞれが唯一無二ではない。河川流域には一つの構成法則と、一つの原理があるからだ。[*6] 短距離走者は、それぞれが唯一無二ではない。速く走るためには、一つの構成法則と、一つの原理があるからだ（第5章参照）。犬は、それぞれが唯一無二ではないが、それでも犬であることに変わりはない。[*7]

S字カーブが表すもの

未来に目を向けると、S字カーブの概念を株式市場に応用することが可能だ。売上の増加も同じパターンをたどる。ビジネスではすべてが、形を変える構造を持った、一点から一平面領域へ、あるいは一点から一立体領域への流れであり、その領域（収益）の推移は、S字形にならざるをえず、それは予測できる。より多くのお金を動かしたり、ウェブ上で移動する情報量を増やしたり、より多くの自動車をショールームから送り出したりするのは、一点から一平面領域への流れだ。ある会社は、古いものや新しいもの、小さいものや大きいものなど、多くの流れを持っているかもしれない。それぞれの流れは独自のS字形を描いて推移するが、企業収益はそうしたS字カーブの合計を反映し、変曲点をいくつも持つS字のように見える（図7・6）。

新しいデザインはそれぞれ、地球上での流れがどう成長するかに関して独自のS字カーブをたどり始める。飛行機の場合も同じだが、浸透段階はまだ明白な形になってはいない。一方、農業ははるかに古い例だ。農業はメソポタミアからヨーロッパや東方に広まり、続いて浸透した。今ではどの文化も、何かを植え、収穫している。

このような物理的特性はみな、知り、予測し、活用することが重要だ。その重要性の理由を十分理解するには、それが以下の疑問にどのように答えてくれるかを考えればいい。

アイデアはなぜ広まるのか。

アイデアはなぜ集まってブラックホールの中に消えてしまわないのか。

なぜ秘密は知られるようになるのか。

なぜ犬は骨をくわえて走るのか。

成長は進化ではない。両者はともに、時とともに変わる流動構造を持っているとはいえ、二つの完全に異なる自然の現象だ。成長は、ある流動構造の存続期間中に起こる一連の変化であり、流れも大きさも持たない段階（誕生）から、成熟した大きさを持ちつつ流れが止まる段階（死）へと続くS字カーブだ。それは、有限の空間（平面領域や立体領域）全体での拡がりと採取における、S字カーブをたどる増加として記述すれば十分であり、正しい。一方、進化は、十分育った動物や運動選手、完全に拡がった河川流域のように、同じ種類で同じ成熟度の流動系の構造が見せる、時間的方向性を持った変化の連続だ。進化は、個々の流動構造の成長（誕生から成熟まで）よりもはるかに大きい時間スケールで起こる。

進化と成長を混同する理由は明らかだ。成長も進化も「形」、つまり配置（構成、デザイン）にまつわるものだからだ。この混乱を募らせたのが、ダーシー・トムソンの古典的著作、『生物のかたち』（柳田友道・遠藤勲・古沢健彦・松山久義・高木隆司訳、東京大学出版会、一九八六年）だと思う。この題名〔原書の題名 *On Growth and Form* を直訳すると『成長と形について』となる〕は、「形」と「成長」を言語的に結びつけたが、実際には、この本の大半は進化に関するものだ。成長と進化を根本的に区別することは不可欠であり、それはこの二つの概念が科学の論説でしきりに融合され、混同されているからだ。

ようするに、拡がりと採取の流れはみな、単一の自然現象であり、それはその流れが占める平面領域あるいは立体領域の、S字形の来歴に見て取れる。S字カーブ現象は、成長する三角州や雪の結晶から、成長する子供や脳、油田、銅山まで、生物の成長と無生物の成長を結びつける。S字カーブの構造は、二つの別個の段階で成長する。加速する侵入段階に、減速する浸透段階が続くのだ。新しいアイデアの拡がりや、学究の世界における新しい業績測定基準といった、思いもよらぬものや意外なものも、この新しい水晶玉の中に見て取れる。次の章では、社会全般におけ

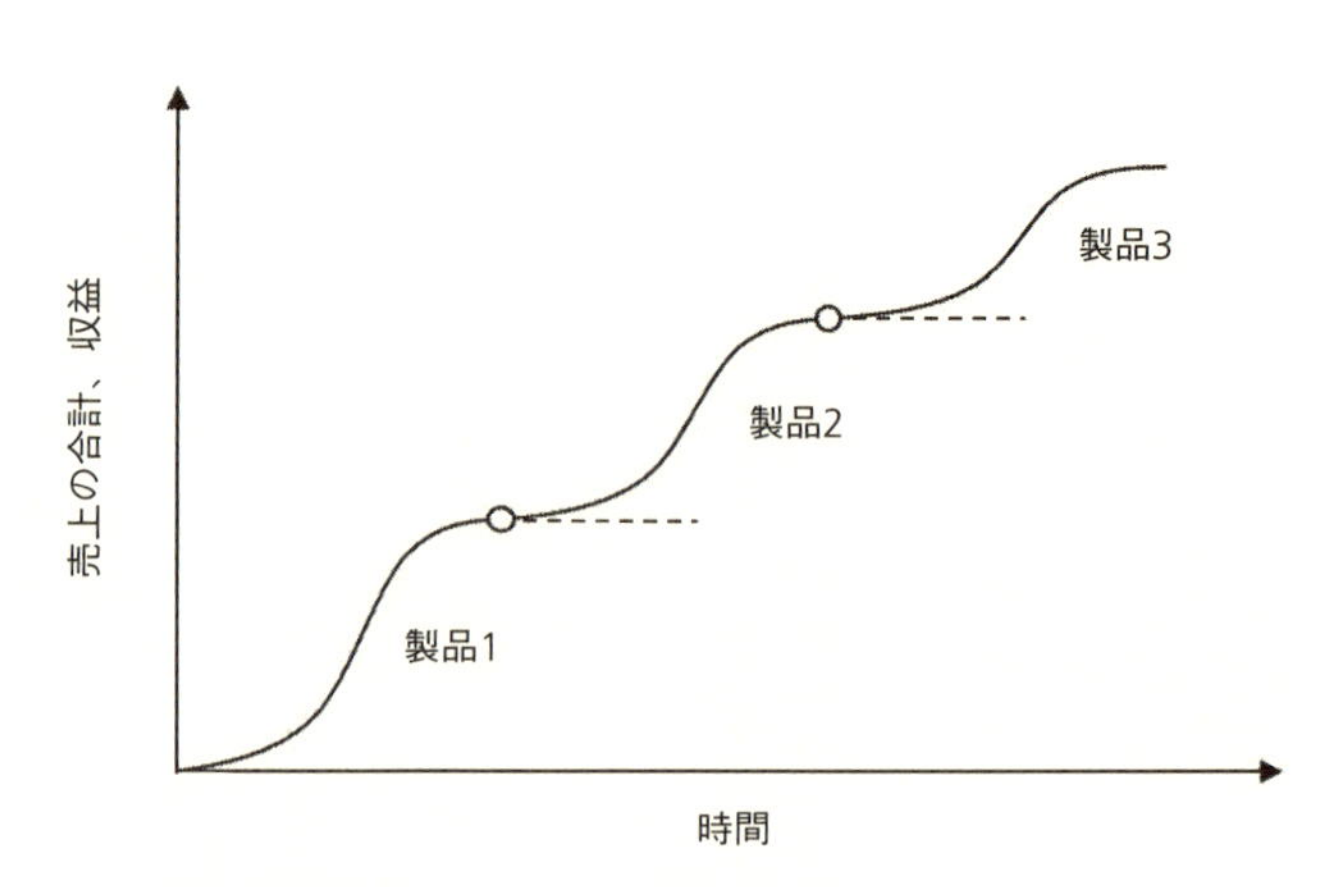

図7.6　新製品を周期的に発売するビジネスの複合S字カーブ
それぞれの製品が独自のS字カーブを持ち、それが合わさって全体のカーブになっている。

る、政治と科学というかたちでのより良い流動デザインの拡がりを、引き続きこの視点から眺めてみる。

第8章 政治、科学、デザイン変更

S字カーブ現象は、政治家の人気の浮き沈みの謎にも光を投げかける。新たなアイデアは伝播し、優れたアイデアは伝わり続ける。これが政治にまつわるアイデアの物理的特性だ。そうしたアイデアは、組織や法規、統治機関の変え方についての知識を広める流動系として機能するのだ。

河川流域から動物の移動に至るまで、あらゆる流動系には、流れを良くするために、その流れの配置を変える（すなわち進化する）という自然の傾向がある。そうした変化が起こるのは、配置を自由に変えられるからだ。人間の流れにも同様の傾向があり、流路の変化や進化は、ほかならぬ政治のプロセスを通して起こる。より良い政治制度は、流路をより自由に変えられる制度だ。政治制度における流路とは、法規であり、インフラであり、社会制度であり、統治機関だ。この物理的な流れについては、二八五ページの図9・3で再び取り上げることにする。

では、どの流路を変えるべきかは誰が決めるのか。市民は誰しも、自分が決めたいという衝動を感じている。誰もが何かを変えたいと思ってはいるが、その「何か」（すなわち、デザイン変更）は、誰にとっても同じではない。

このデザイン変更に関する知識を、全米から首都ワシントンDCのような意思決定地点に伝えるのは誰だろう。その役割を担うのが公選の議員で、彼ら自身は選挙のプロセスを通じて有権者に知識を授けられ、地元から意思決定地点に送られる。

政治にまつわる知識（一般の意見）の一平面領域から一点へのこの流れもまた、河川流域の流動デザインに似ている。大きな流路は、大勢を束ねる意見（有権者の要望、デザインの変え方）を動かしており、これが本流を構成する。政治家として成功するのは、本流がどこにあるのかを察知して、そこに飛び込んでいける人物だ。このような適応をするために、政治家は自らの考えを改め、方針転換をする必要に迫られる場合が多々ある。[*1] それはちょうど、乱気流をできるだけ避けてなるべく速く飛べるように、ジェット気流に近づこうと、旅客機のパイロットが機体の航路を絶えず調整しているのと同じだ。

賢明な政治家とは、デザイン変更の知識を考え出して伝える人物だ。彼らは、自分の知識を常に見直し続け、うまく機能しないところは切り捨て、より良い知識を先へ伝える。

政治の流れとかたち

選挙の立候補者は、全国を流れるさまざまなアイデアのパッケージと言える。そうしたアイデアは一点（立候補者）から広い領域（選挙民）へ、またその反対方向へと行き交う。この流れは、絶えず形を変え続ける樹状構造をとる。流路と隙間を持つこの樹状構造は、地表に浸透するのに最も効率的だ。絶え間ない変形は、自然のデザインに不可欠の要素であり、（独裁政治によってときおり短期間中断されることはあったものの）自由選挙が力を持ち続けたり、周囲の状況を察知して自らの見方を改めるだけの分別を持ち合わせた政治家が生き残ったりするのは、まさにこのおかげだ。

国政は、国中を席巻している流れが織り成すタペストリーのようなものだ。この流れには、ワシントンDCの意思決定地点へ向かうものもあれば、そこから湧き出すものもある。ミシシッピ川の流域とちょうど同じように、政治の流れも樹状の配置をとる。国全体が樹冠にあたり、その幹は首都に根ざす。一点から一領域へと拡がるものはどれも、その拡大範囲は時の経過に対してS字形の来歴を持つ。最初のうちは、それが潤す領域は狭く、拡がり方もゆっくりだが、やがて速度を増す。流れが及ぶ地域は、当初は流れの速い流路沿いの狭い範囲に限られる。こうした流路を通じて、拡がる流れは平面領域へ侵入していくのだ。この侵入はS字カーブの始めの部分、つまり「J」の部分にあたる。侵入を担う流路となるのが、政治家のメッセージを伝える役割を果たす人やもので、筆の立つライターや、政治家の見解を伝えたり説いて回ったりする支持者たち、広報担当者、有力紙やテレビ局、インターネットがこれにあたる。

速い流路を通って流れが拡がったあとは、領域への拡がりは隙間への拡散によって、もっと緩やかに進む。この領域への拡がりは、周囲の人々を取り込む（引き入れる）ことによってなされる。これは浸透の段階で、拡がりは続くものの、その成長率は徐々に低下する。浸透の流れは口伝（くちづ）てで、職場での昼食時や家族との夕食のテーブルで交わされる会話や、噂話などによる。図8・1で一点から一平面領域への拡がりの来歴を示しているS字形のグラフでは、浸透の段階はS字の「Γ」（ガンマ）形の部分にあたる。

テクノロジーや刊行物は、ある領域にいったん拡がると、もう利用されなくなってもその場に存続する。このような拡がりの来歴は、S字カーブによって余すところなく表される。ローマ街道から鉄道まで、歴史の中で地表に侵入してきた数多くのテクノロジーの地図を見れば、それがよくわかる。

人口や三角州は、ある重要な点でテクノロジーや刊行物とは異なる。というのも、人口や三角州の領域がS字カーブをたどって増大し続けるのは、流れが持続しているあいだ、つまり、流れざるをえないあいだに限られているからだ。これは、カラハリ砂漠のオカヴァンゴ・デルタで毎年生じる進化を見ればよくわかる。三角州の湿潤な領域は、雨季に続く数か月間はS字カーブをたどって拡がるが、やがて拡大は止んで、縮小する。

政治家の人気は、有権者の地表に拡がることによって高まるが、それはアイデアのパッケージ（すなわち政治家）に目新しさが認められているあいだに限られる。新しいアイデアに期待を寄せて見守るのは、選挙権を持つ人かどうかにかかわらず、誰でも限られた期間だけだ。その期間が過ぎると、アイデアは古臭く陳腐で退屈なものとして、忘れ去られる。政治家も、自らのアイデアのパッケージを一新して、新たなS字カーブを描き始められなければ、同じ運命をたどることになる。

ヴィクトル・ユゴーの賢き者への助言が要（かなめ）となる理由も、ここにある。ユゴーは、「意見は変えようとも、信念は保ちなさい。枝葉は変えようとも、根幹はそのまま保ちなさい」と記した。この見識をはるか昔に言い当てていたのが、ソポクレスによる以下の言葉だ。「自分一人のみが正しい、あるいは、自分の述べることまたは自分自身が唯一無二であるなどと考えているような人は、正体が明らかになってみると、中身はまるで空（から）であるものです。たとえ賢者であっても、人間にとって学ぶのは恥ずべきことではありません——多くのことを学び、持論に固執し過ぎぬのは。ご存じでしょうが、冬場の川端では、風に逆らわぬ木は枝を傷つけられて失うこともありませんが、抗う木は根こそぎにされてしまいます」[*2]

図8・1は、領域（有権者である支持者グループ）が時とともにどのように増減するかを示している。グラフはS字をたどって上昇したあと、忘れ去られる段階を迎えて、急激に下降する。S字カーブと忘却の段階を示すカーブが合わさると、ギリシア文字のλ（ラムダ）のような形のカーブになり、時間の経過とともにゼロに近づく尾を引く。実際には、λ形カーブの頂点は、図に示されているほど尖ってはいない。というのも、あるアイデアに新鮮味を感じる期間t_cは、有権者の誰もが同じとはかぎらないからだ。各人のt_cの値は、t_cの平均値の上下にばらついている。t_cの値は全人口に対して釣鐘形の分布をとるために、λ形カーブの頂点は丸みを帯びる。

以上を要約してみよう。各政治家は、一点と一領域を結ぶ流れによって拡がるいくつものアイデアを詰め込んだパッケージだ。そのアイデアに魅力を感じる有権者数の推移は、λ形になる。ここで、同等のアイデアを持つAとBという二人の政治家がいて、異なる時点に登場したとすると、それぞれを支持する有権者集団は、図8・1の下段のグラフに示したような数の変化を見せる。Bの人気はt_c以降のある時点で、Aの人気を上回る。これは、t_cより十分にあとの時点でAとBが争う選挙が行なわれた場合、勝者はBとなることを意味する。

Aが勝利するためには、新たにアイデアをまとめて、それを基に政治家として自らを一新す

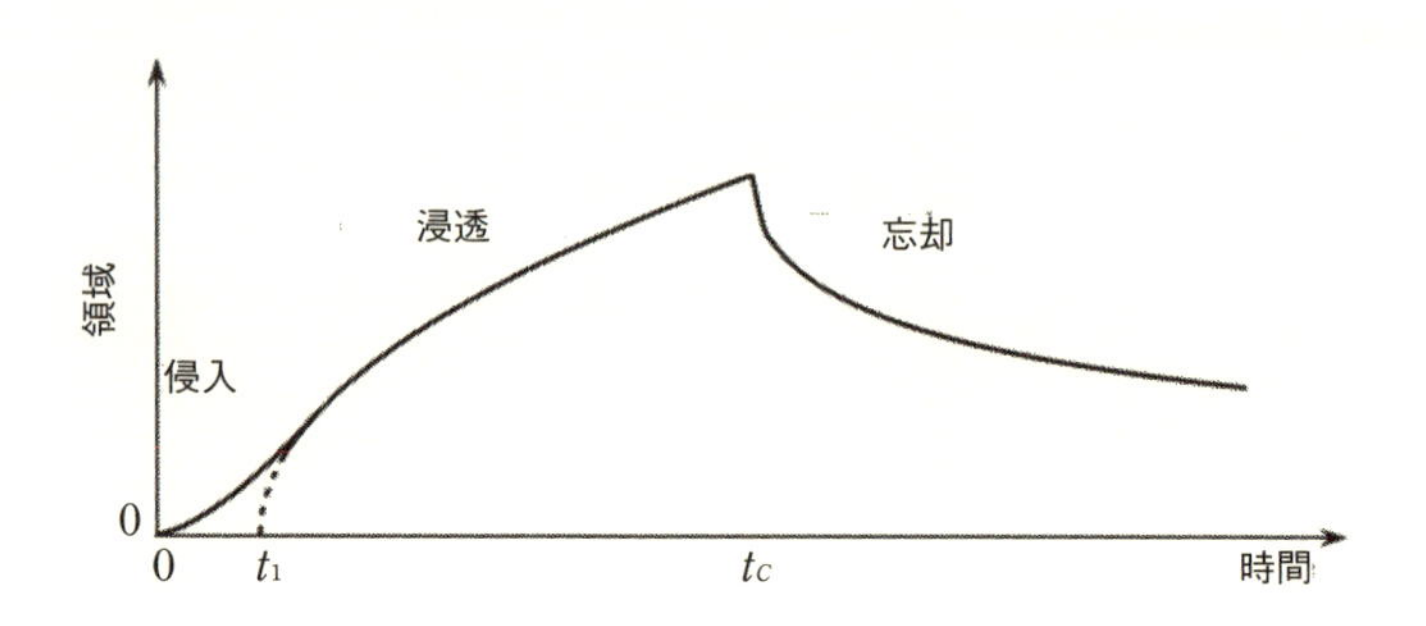

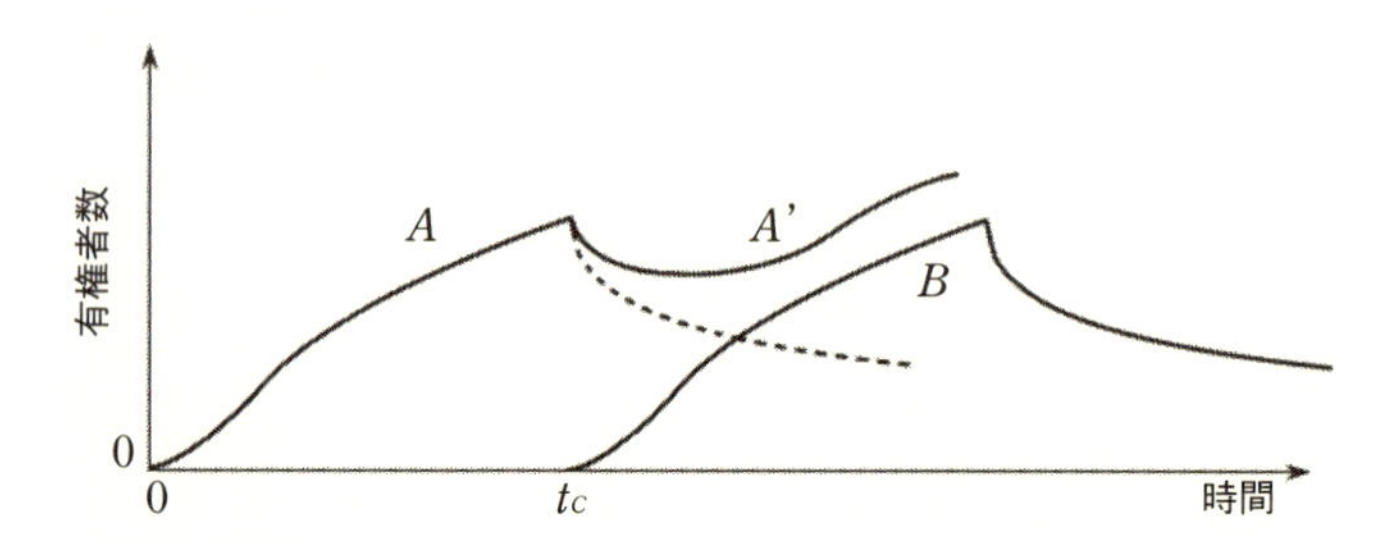

図8.1　ある政治家のデザイン変更のアイデアが及ぶ領域の推移
特徴的な時点 t_c を境に、第2の領域拡大の段階が始まる。すなわち、第1段階で拡がった内容に対する興味を失った人々の領域拡大だ。t_c は、忘却段階の始まりを示す。S字カーブ（侵入と浸透）と忘却による急激な下降が組み合わさって、政治家の人気はλ形のカーブを描く。
下段――異なる時期に登場した2人の競合する政治家（A と B）は、その人気の推移に関して、同じようなλ形のカーブを持つ。t_c（A が忘れ去られ始める時点）よりも十分にあとの時点で選挙が行なわれた場合、勝者は B となる。だが、政治家 A が t_c 以後に、新たなアイデアの源 A' として自らを再定義すると、A と A' を加算したλ形カーブは B のλ形カーブを上回る。これは、勝者が A' となることを示している。

るしか手はない。これによりAは、Bが参戦する時点で、新たな政治家A'として名を広めることができる。有権者票の獲得競争では、A'はBに対して優位に立つ。というのも、A'の支持者集団は、旧来のAのλ形カーブの値に新たなA'のλ形カーブの値を加算したものとなるからだ。つまり、新たな比較はBと$A+A'$のあいだでなされ、勝者はA'となる。この例から得られる教訓は、最初の時点でのものとまったく同じで、自らの考えを改めるだけの分別を持ち合わせた候補者が勝つということだ。

科学論文競争の物理学

さて、みなさんがどう思っているかはわかっている。物理学者風情が政治や優れた政策やその広まり方に関する理論を立てるなど馬鹿げている、よくてもせいぜい、こじつけにすぎない、といったところだろう。だが、考え直してほしい。なぜなら、図8・1で私が説明したようなことは、どの研究者が公表したどのアイデアに対しても日常的に起こっているからだ。不朽の名声を得た理論は数多ある。そうしたアイデアの発案者の名声とそれが持続する期間は、優れた政治家の持続的な成功や遺産と同じ起源（同じ性質）を持つのだ。

科学論文の公刊は、競争の激しい活動だ。独創的な人々は思考し、研究し、執筆して、知的な楽しみを得ている。その過程で、自分の研究分野に影響を与えたり、自分自身や社会に恩恵をもたらしたりする（図9・3参照）。ある一篇の論文を利用する人の数は、S字カーブの算出法に類似した関数に従って時とともに増加する。この利用者数の拡がりは、一人の著者のあらゆる論文が生前及び死後に引用された件数によって示される。このグラフがS字をたどるはずである理由については、第7章で述べたとおりだ。

科学論文を統括する組織はこれまでに、論文執筆者が科学にどれほど貢献しているかを測定する指標をいくつか考案してきた。二〇年ほど前まで明確な指標とされていたのは、分量だった。一年間あるいは生涯に公刊した論文の数やその被引用数だ。こうした数字は当然ながら、執筆者が長年研究を重ね、世間に認められていくにつれて大きくなる。その結果、キャリアは浅いながら大きな影響力を持つ研究者の存在を霞ませてしまいがちだ。このような研究年月によるバイアスを回避するために、科学論文に関しては、「h指数」と「m指数」という二つの新しい指標が好まれるようになっている。[*3] この二つの指数は、研究者に終身在職権や昇進を認めるかどうかの決定から、学会による表彰者の選定まで、幅広い目的で利用されている。

h指数の値は、図8・2に示した方法で算出される。この図では、ある著者やグループ、または組織が公刊した論文の被引用数を多い順に並べたときの順位が横軸、各論文の被引用数が縦軸となる。どの著者、グループ、組織の場合も、論文は右下がりのカーブを描いて並ぶ。創

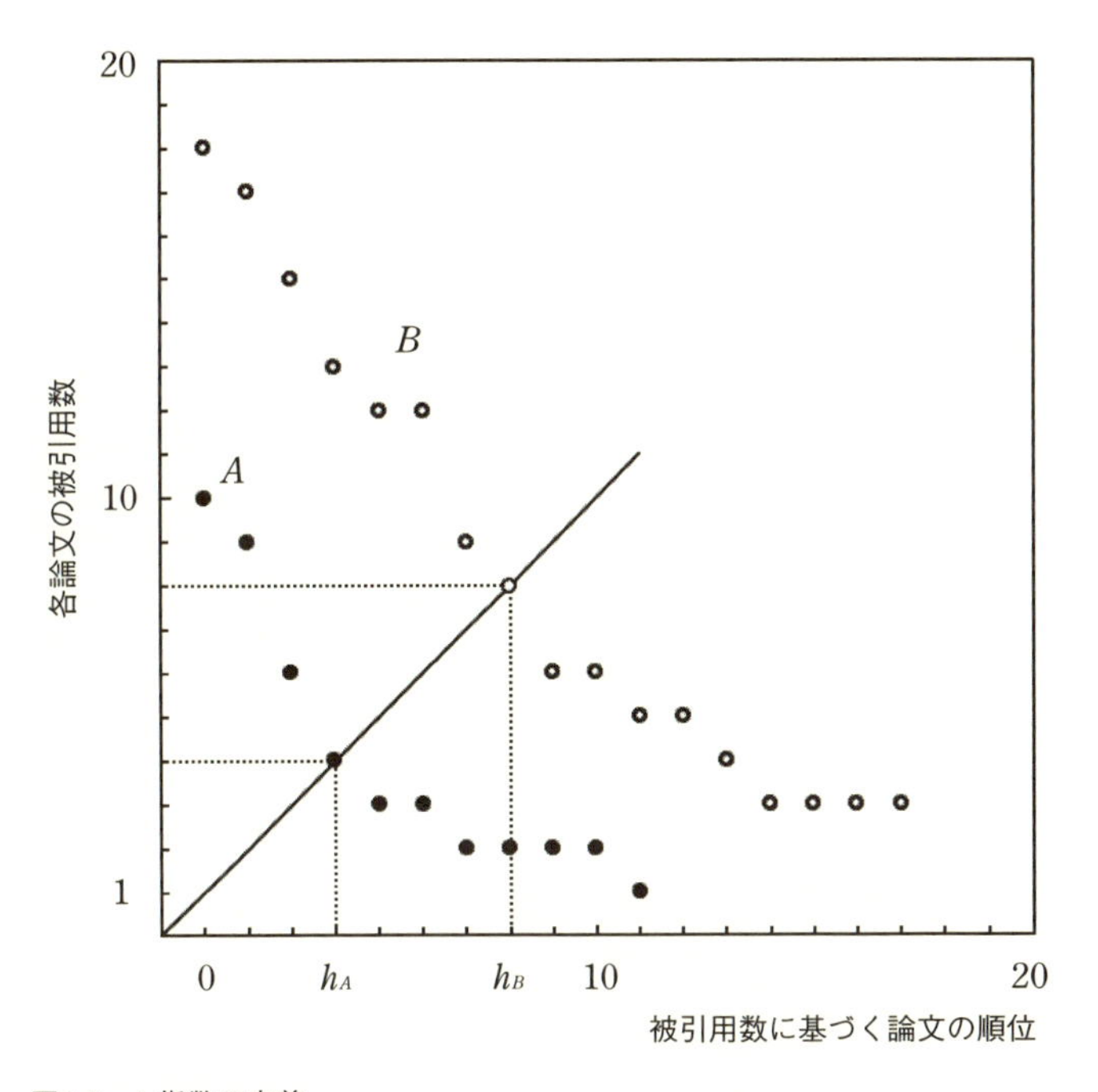

図8.2　h 指数の定義
2人の執筆者、あるいは2つのグループまたは組織が公刊したアイデアのランキング。
A. Bejan and S. Lorente, “The Physics of Spreading Ideas,” *International Journal of Heat and Mass Transfer* 55 (2012): 802-807.

造性に富んだ執筆者Bのカーブのほうが、創造性で劣る執筆者Aのカーブよりも原点から離れた位置に来る。執筆者Aと執筆者Bの違いを量的に示すのがh指数で、この指数はそれぞれのカーブと、両軸の成す角の二等分線とが交差する点として求められる。h指数は、当該論文の順位と被引用数が一致した、あるいは順位が被引用数を下回った時点での値となる。m指数は、このh指数を論文執筆者の研究年数で割った値だ。

h指数もm指数もともに固定値ではなく、時とともに変化する。h指数は研究年数とともに増大し、m指数はキャリアの大半を通じて減少する。h指数はベテラン研究者のほうが高く、m指数はキャリアの浅い研究者のほうが高い。この指標を知っておくことは、競争の激しい学術界においてはとりわけ役立つ。だが、それよりもはるかに重要なのが、研究年数がh指数とm指数の双方を左右する物理の原理だ。

研究年数による影響は、一篇の論文、一人の執筆者、あるいは一つのグループや組織の被引用数の推移がS字カーブを見せることから生じる。このS字形の推移は予測できる。というのもそれは、あるアイデアがそれを利用しそうな人々の居住領域に広まるときに見られる、自然のデザインの表れだからだ。ある一人の執筆者のアイデアが広まる過程を定性的に示したのが図8・3だ。ある執筆者が全盛期に、ある特定のペースで新たな論文を公刊するとしよう。どの論文も何度も引用され、被引用数は時間に対してS字カーブをたどって増加する。論文のなかには、他よりも優れたものもあり、そうした論文の生涯被引用数には、他を上回る位置で横這いになる傾向がある。被引用数のS字カーブをすべて重ね合わせると、被引用数の合計を示すこの曲線も、時間に対してS字形を成し、その累積数もやがて横這いに向かう傾向を持つ。

これが実際にはどういうことなのかを理解するために、執筆者の公刊歴は、一定間隔で発表されてどれも同じS字カーブをたどる論文から成るものとする。図8・3の下段に描かれているように、一年にn篇の論文を公刊するということだ。これは一人の執筆者の公刊歴を簡略化したモデルではあるが、このモデルから導かれる結果は、生涯を通して見れば、実際の論文刊行歴から得られる結果と同じものになる。すなわち、執筆者のキャリアの全盛期に、最も急速に上昇するS字カーブだ。

単純なモデルを使う利点は、図8・4を見ればわかる。すべてのカーブの始点を原点（$x=0$）に置くと、それぞれのS字カーブは一本のS字カーブの上に重なる。横軸は、最も古い論文によって示されるある時点t_1から現在までの研究期間に書かれた論文数を表す。この最も古い論文は、最も多く引用され、最も高い順位（一位）にある。ある論文x_1の横軸上の位置は、その論文公刊からの年月t_1に比例し、一定の速度、$x=Vt$（ただし$V=n$篇／年）で右へ移動する（図8・3下段参照）。図8・4のカーブがたどるS字が$y(x)$という関数で表されるならば、h指数は$y(x-h)=h$となる座標と定義できる。hの増加率は、時間に関してhを微分すること

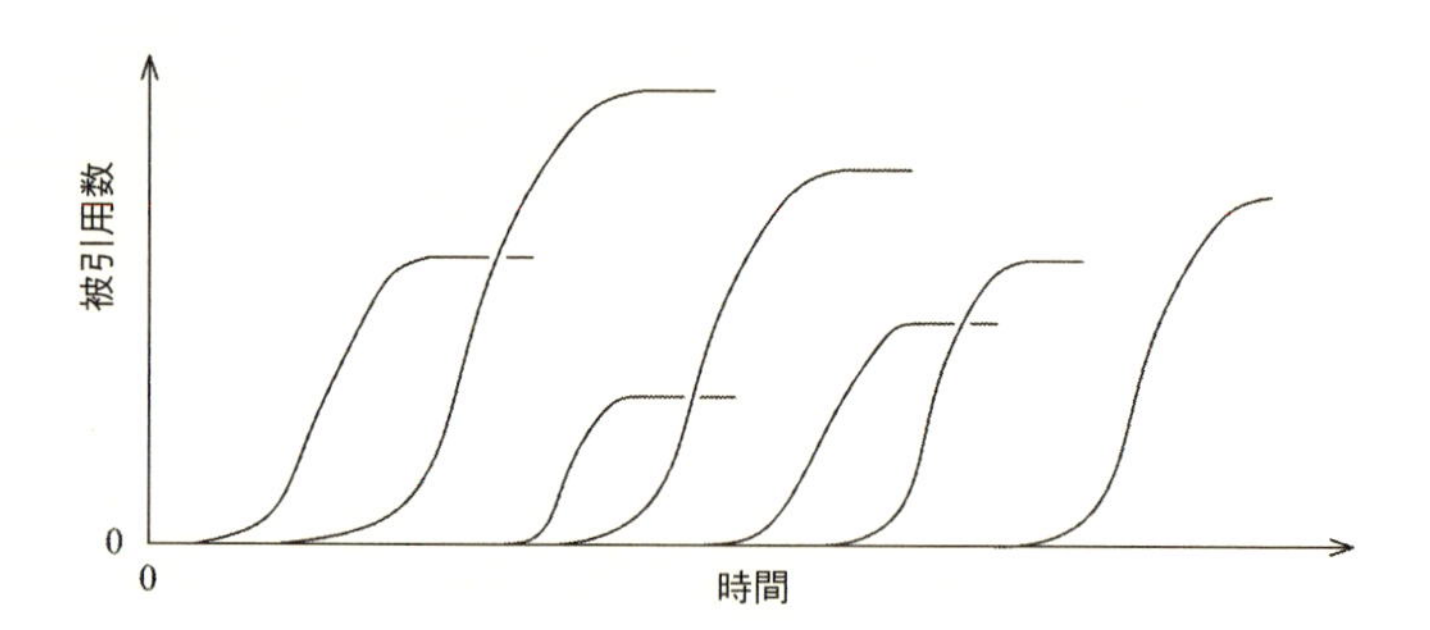

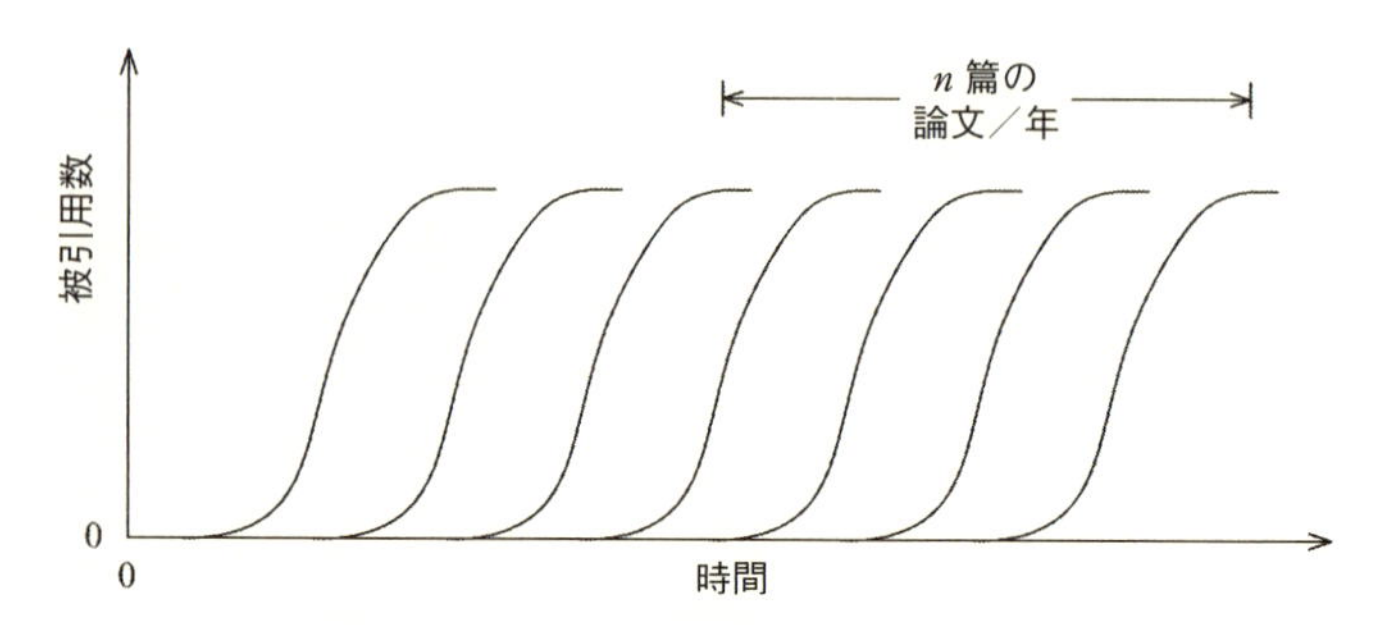

図8.3　ある1人の執筆者のアイデアが広まる過程
上段──1人の執筆者の論文公刊と被引用数のパターン。
下段──1人の執筆者による論文公刊パターンを単純化したモデル。

で求められる。hの増加率（つまり$\frac{dh}{dt}$）は、執筆者の論文数の増加率Vを下回ることが見て取れる。h指数は、図8・5aにあるとおり、S字形をとる$h(t)$のカーブに沿って、時とともに単調増加する。この$h(t)$がたどるカーブは、図8・4で示した$y(x)$のS字カーブによく似ている。

キャリアが終わりに近づくにつれて、高ランクの論文の描くS字カーブの大半は横這いになり、$\frac{dh}{dt}$の傾きはVに比べて小さくなる。これは言い換えれば、キャリアの終盤を迎えてから精力的に繰り返し論文を発表しても、執筆者のh指数にはほとんど影響がないということだ。

h指数は、論文公刊歴 x が長くなるにつれて増大するので、その値はベテラン執筆者

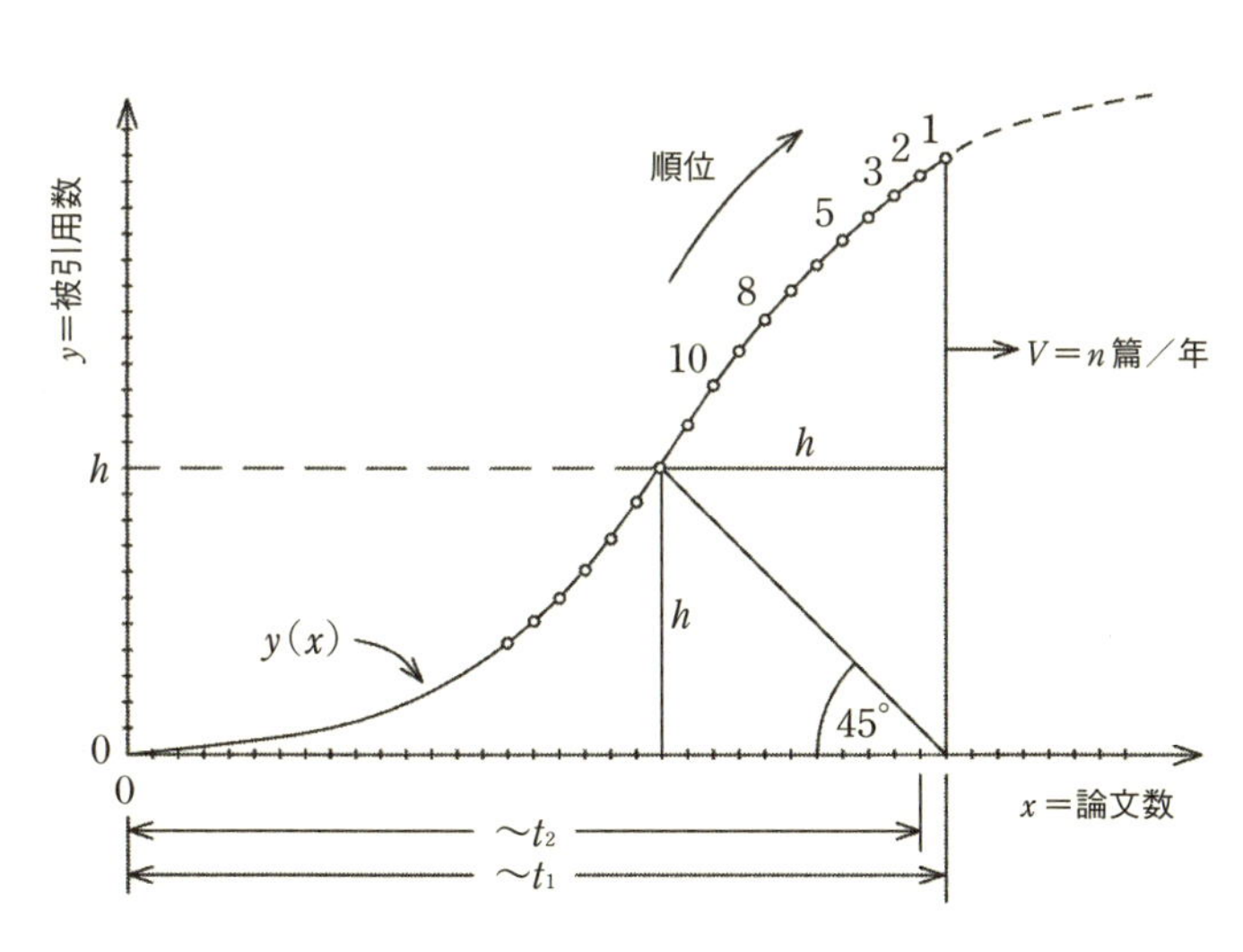

図8.4　図8.3下段のS字カーブを重ね合わせたもの

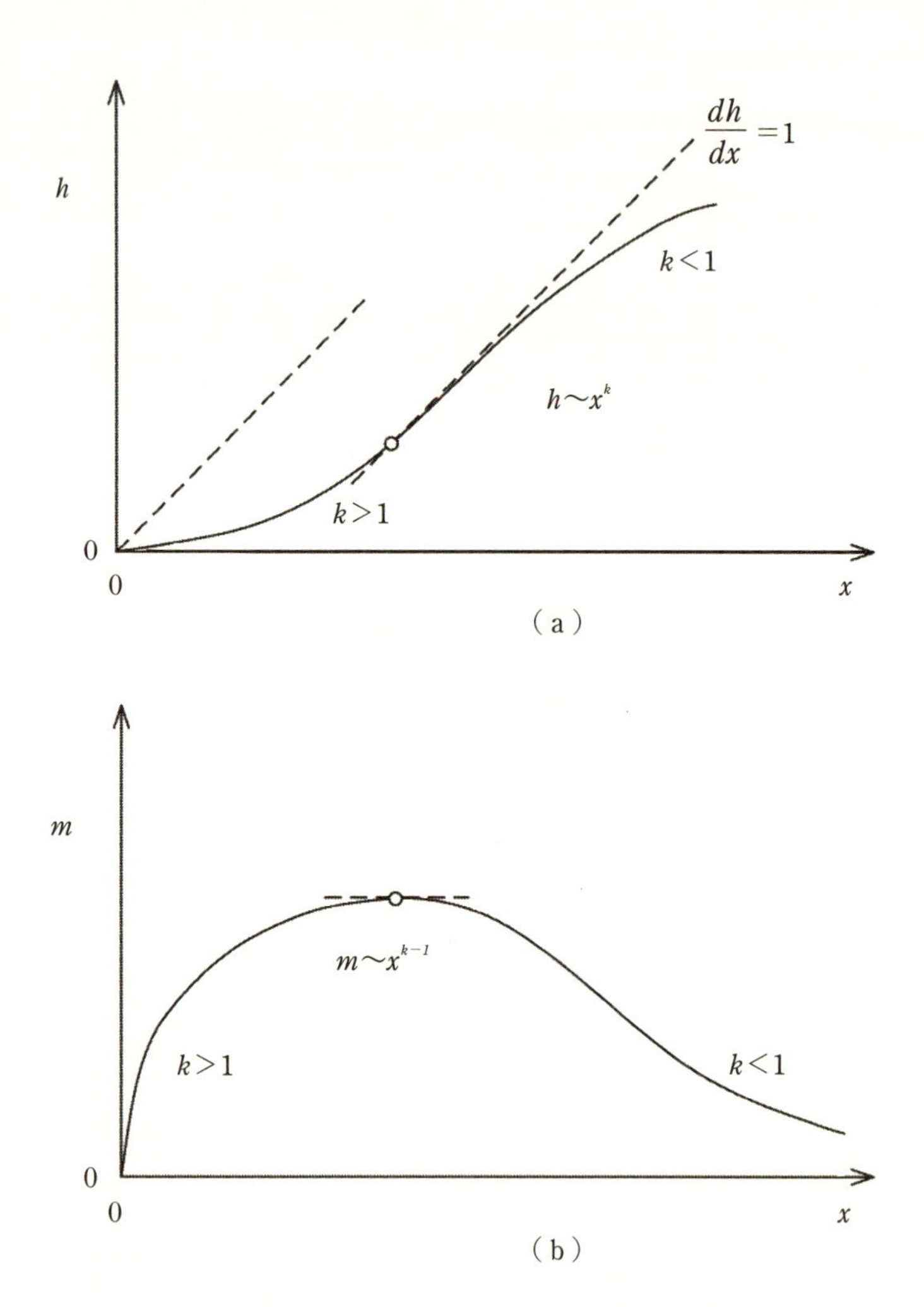

図8.5　h 指数のS字形の推移と、それに伴う m 指数の初期の隆起。h 指数が減少することはありえない。ある執筆者の論文は、当人の死後もさらに読まれる。

に有利となる。このバイアスを抑制するために、年功の違う科学者を比較する際の物差しとして、m指数、すなわち$m=h/t$（年）$=h/(x/V)$を併せて使う大学の教授もいる。S字カーブをたどる現象の常として、m指数もまた比較の物差しとしての役目は果たせない。その理由は図8・5bを見るとわかる。この図では、hはx^kとして増加するが、指数kは時とともに減少する。$k>1$となる$h(x)$のグラフの初期部分では、x^{k-1}であるmの値は急激に増大する。$k<1$となる$h(x)$のグラフの終わりに近い部分では、x^{k-1}であるmの値は減少する。

m指数はこのような仕組みになっているので、その値は執筆者のキャリアの生産的な期間の大半で減少することになる。h指数がキャリアの長い者にとって有利であるのに対して、m指数は若手に有利な指標となる。

本章で最も訴えたいのは、（政治的なものであれ、科学的なものであれ）アイデアが広まる際のおもな特徴は予測できるという点だ。新しいアイデアは、流動の二つのメカニズムに基づいて人々（領域）に広まる。一つは（侵入、流路、輸送手段といった）遠距離で高速のメカニズムであり、もう一つは（浸透や拡散といった）近距離で低速のメカニズムだ。科学に関する予測可能な特徴とは、被引用数のS字形の推移や、時間の経過に伴うh指数の増大、論文を公刊し始めて間もない時期を過ぎたあとのm指数の減少などだ。こうした特徴のすべてに、出版や通信のテクノロジーの進化を受けて、既存のもの（確立された流路）の複雑さや速度、距離が増すという現象が付随する。

この観念的な考察が、学究の世界に当てはまるのは明らかだ。この考察によって、あるアイデアや、ある個人、あるいは大学の学科や研究機関、大学、さらには国家のような執筆者グループの被引用数の推移も説明がつく。それらはどれも、より大きな領域に、より大きな時間スケールでアイデアを広める流れだ。以下の手掛かりが、多くを物語っている。

良いアイデアのほうが、急勾配で高さのあるS字カーブをたどる。

古いアイデアは、すでに完全なS字カーブを見せている。

新鮮で魅力的なアイデアは、S字カーブの立ち上がり部分をたどっており、急勾配のJのような形状をとる。

死んだアイデアのS字カーブは、上部が横這いとなり、「のような形状をとる。

誰もがより良い社会を望んでいる

統治機関を改善するというのも、優れたアイデアの一つだ。より良い統治機関を指向して進化するデザインの傾向は、物理的現象にほかならない。それは自然の一部であり、今ではその原理もわかっている。流れ、動くものはみな、進化する構成を伴ってそうしている。すなわち、時間とともに自由に形を変える流動の配置や流路やリズムを変化させて、流れへのアクセスを増大させ、流れをしだいに良くしていくのだ。一体化した人間と機械が示すアイデアや動きは、グローバルな自然の流れの中で、動脈や静脈の役割を果たす。

法規や統治機関は脈管構造であり、私たちの動きの流路であり、構成を持っている。都市の交通信号は、その一例にすぎない。それらはどれも自然に発生するし、時とともに流れが良くなる進化も同じように自然に起こる。これが時間の矢であり、私たちの文明の歴史だ。優れた科学は、将来のより良い動き（生活）のデザインを促進する。つまり富（GDP）や平均余命、幸福や自由の増大を促す（第3章参照）。より良い統治機関の登場をただじっと待ち望むのではなく、私たちはこの原理を活用して、より良い統治機関に向かう進化のテープを早送りすることができる。

それには、どうすればいいのか。私たち自身、そして私たちの所有物や仲間たちが世界中を動けるような流路を切り拓けばいい。これはつまり、あらゆる流路を短く、真っ直ぐで滑らかにし、障害物や流れの滞る狭い箇所や検問所をなくすことを意味する。こうした障害は流れを妨げて停滞を引き起こすので、誰もが日々苛立ちを感じている。そのような停滞を最小化するのだ。私たちは、すべての人々の本当の姿を認める必要がある。私たちは、もっと楽に、もっと自由に動きたいと望んでいる、質量の運び手が形成する河川流域なのだ。動きやすさは、多くのことを意味する。動きが良くなれば、効率が上がり、より賢明で豊かになり、一人ひとりの経済的な感覚が研ぎ澄まされる。

流動デザインが変わるためには、そのデザインは自由に変化し、形を変え、進化できなくてはならない。砂泥に日々刻まれる河川の三角州には自由があり、そのおかげで三角州はその日の最善の流れのデザインをとることができる。それは、前日の樹形よりも優れた樹形だ。自由は、あらゆる流れのデザインに二つのものを与える。それは、効率性と持久力だ（九三ページ図3・3参照）。これこそ、自由に変化できる社会制度に、富と長寿という二つの特質が備わっている理由だ。これとは正反対に、硬直した制度は貧しさと破壊的な変化という特質を持つ。自由なくしては、デザインの流れの変更やそれに続く進化は起こりえない。

より開かれた形態に向かう統治機関の進化は、自由や富、長寿、法規に向かう進化であり、それはまた汚職の減少をも意味する。汚職の少ない国家は、より進んだ国家でもある。これは偶然ではない。人の流れ（生活）を向上させる構成を生み出す法規は、より良い生活と密接に関連している。汚職の世界地図は、経済成長の世界地図の明暗を反転させた図となる。

テクノロジーや科学、情報、教育（ひと言で言えば文化）は、私たち全員が知らず知らずのうちに流路を切り拓き、流れを自由にする手段だ。第4章冒頭で引用したピーター・ヴァダースの所見は、ここで再度紹介する価値がある。「いかなる社会であれ、利用可能なテクノロジーが提供し維持できるだけの自由しか持ちえない」。だからこそ、進化の物理学はきわめて重要で有益なのであり、コンストラクタル法則は開かれた統治機関のデザインを急速に推し進める方法を私たちに示すことができるのだ。

統治機関の物理学

私たちはみな、統治機関が機能する仕組みを理解し、その仕組みを改善するために統治機関がどう変化するかや、改善の実現に向けた変化を速めるために統治機関をどうデザインしうるかを知っておく必要がある。それを記述するためには、使用する単語を明確に理解しておかねばならない。できるかぎり多くの読み手が納得できる筋立てが必要だ。コンストラクタル法則は、こうした単語を定義するための物理的な基盤を提供する。この法則は、統治機関や自由、ビジネス、富、データ、知識、情報、知能といった多くの無形のものに、わかりやすい物理学の用語をあてる。

統治機関とは、人や財の動きを導き、促進する規則や流路の複合体だ。この規則と流路を構築・維持・変更するために、統治機関は多くの人を雇用している。彼らが雇用されているのは、人間の流動系全体に彼らが物理的に関与している（その系の一部である）からだ。このかかわりは、被雇用者自身の動きを推進するものであり、彼ら自身が流動デザインの改善に利害関係を持っていたり、流れに乗って動いたりする理由でもある。人間の流動系にはそもそも、こうした流動構造の生成や維持、進化に関与する能力が備わっている。

これを物理学の観点から捉えるべく、都市計画と都市交通の進化について考えてみる。古い電話帳を調べ、あなたの町の過去数十年間の地図を見比べてほしい。それぞれの時点の町のデザインは、あらゆる居住者の衝動に従って「たまたまそうなった」のだ。神の賜物ではないし、ある一人の人間の希望に沿ったわけでもない。町のデザインは永遠に未完成で、流れを妨げる流路には変化を促すが、難なく流れる流路を変えることはない。「壊れてもいないものを修理するな」という格言のとおりだ。アリ塚と同じく、町のデザインも時とともに特定の方向に自然に進化する。なぜなら、町のデザインは居住者一人ひとりに力を与えるものだからだ。それは、「大衆の知恵」や「アリの集合知」といった無形のものの物理的バージョンと言える。

地球はその全体が、生産拠点と分配経路から成るタペストリーだ。生産拠点は数が少なく規模が大きいが、消費者と接する販売店は数が多く小規模だ。このタペストリーは必然的に、全体の大きさによって決まる脈管構造のデザインに従って編まれることになる。その構造は、全体の特質の一つだ。どの大きさも、それぞれ特有の構造を持つ。大国の構成は、小国の構成の拡大版ではない。

一例を挙げると、正方形の領域に均一に分布するN人の利用者に、中央の給湯装置から湯を分配する場合、その流動構造はさまざまなかたちをとりうる。たとえば、放射状（r）や二又（2）、あるいは四又（4）などだ（図8・6）。図の下段は、利用者一人当たりの総熱損失量（中央と分配ラインで失われる熱損失量）が、地表（N）が拡大するにつれて減少することを示している。この減少傾向が、規模の経済という現象の物理学的基盤となっている。社会は時とともに、居住者（N）が増加する方向へ進化する。効率性を追求する（利用者一人当たりに必要な燃料を減らす）ために、流動構造は、（r）から（2）へ、そして（2）から（4）へと「段階的に」変化せざるをえない。脈管構造の進化におけるこの唐突な変化は、あらゆるスケールで生じ、そこには地球上の居住地の水やエネルギーの流れも含まれる。現れ出てくる構成には階層があるが、この傾向もまた自然なものだ。

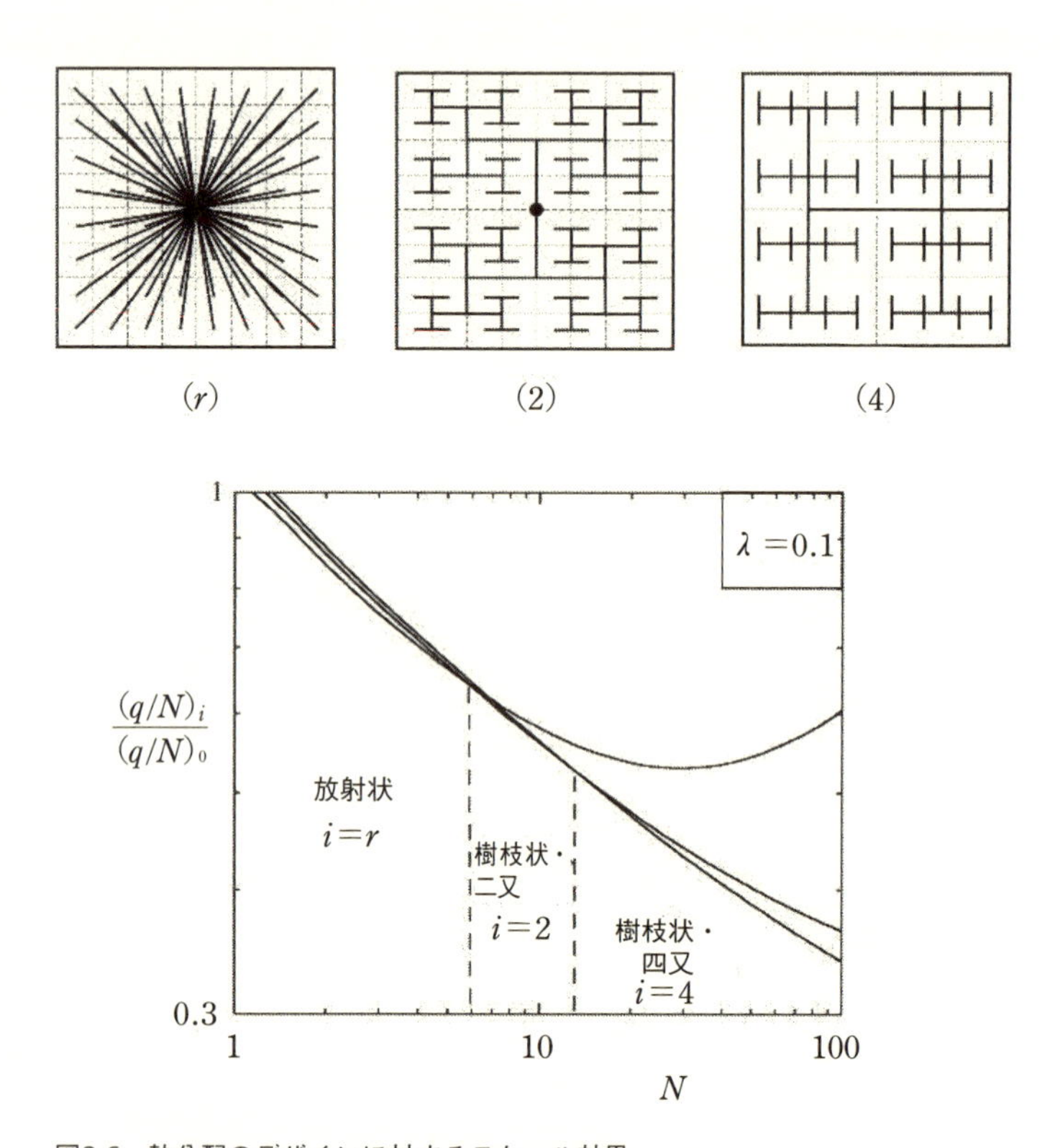

図8.6　熱分配のデザインに対するスケール効果
利用者1人当たりの総熱損失量は、居住領域が増大するにつれて減少する。利用者数 N が増加するにつれて、分配構造が放射状から樹枝状へ段階的に進化すると、利用者1人当たりの熱損失量は減少する。
L. A. O. Rocha, S. Lorente and A. Bejan, "Distributed Energy Tapestry for Heating the Landscape," *Journal of Applied Physics* 108 (2010): 124904.

流動性を備えた社会のほうが豊かであり、時とともに構成を変えて流れを増し、さらに豊かになる傾向が強い。このように進化を続けるデザインには終わりはない。進化を実現する変化の時間的方向性と、そうした変化が起こるペースがあるだけだ。

望ましいのは、移動や参加やアクセスのしやすさ、健康の向上、平均余命の伸長などを含め、社会全体の動きや勢力範囲や持久力を促進したり拡張したりする統治機関だ。流路を切り拓いて、その道筋を短く真っ直ぐにし、障害を取り除き、待ち時間を減少させることで、統治機関は改善される。

人間の流れを導く複雑系は統治機関だけではないが、統治機関は期せずして最大のものであり、町でも都市でも、国家でも、国家同盟でも、世界でも、最大のスケールで進化している。流路の形を変えながら私たちの動きを促進している複合体には、他にもビジネス（企業）や教育（各種の学校や大学）や科学がある。科学を実践すればテクノロジーとなる。科学とテクノロジーは一体であり、あらゆる科学は役に立つ。

「人間とその運命に対する懸念こそ、常にあらゆる技術開発の最大の関心事とならねばならない。図表や方程式のただ中にあっても、けっしてこれを忘れてはならない」

アルベルト・アインシュタイン

統治機関も、ビジネスも、テクノロジーも、自然に発生する。何もないところから出現して、全体、すなわち私たち生きとし生けるものの流れを促進するべく進化する。だからこそ、それらは善なのだ。それらは、社会全体の流れが良くなるように、互いに調和して流れる流動構造だ。すべてが結びついて、動物の体内の流れを維持し、彼らが地表を動き回れるようなデザインを保っている、循環器系や呼吸器系、神経系のようなものなのだ。

マルクスの失敗

統治機関とビジネスとテクノロジーのあいだに、対立関係はまったくない。それどころか、これらのデザインは一体となって、私たち一人ひとりの動きや活動域、寿命が増大するように進化している。それらの進化は、自由でありたい、自分で選択したい、より良い人生を送るために変化を起こしたいという各人の衝動が大規模に表れたものだ。統治機関とビジネスのあいだにあるように見受けられる対立は、絶えず調整を続けながら、同じ進化の方向を指して同じ目的を共有しつつ同じ地表を潤している、二つの流動デザインのあいだで自然に起こるやりとりのせいだ。統治機関の開放度が増せば、ビジネスの流れの改善に役立つし、その逆もまたしかり、だ。効率性の向上したビジネスの流動構造は、絶えず調整を続ける統治機関や法規の流動構造を機能させ、支える。

集中型の系と非集中型（分散型）の系は、別個のデザインではなく一つのデザインだ。図8・6の例を見てほしい。この単一のデザインは、階層的な流れを持つ脈管組織で、少数の大きな流路が多数の小さな流路と連携して流れている。非集中型とは、画一的、あるいは汎用的という意味ではない。それは個別に割り振られることを意味し、たとえば、ある特定の大きさの流路（流れ）が同等の大きさの領域（人口）に割り振られるといった具合だ。さまざまなスケールの領域に流路を割り振っていくと、階層的な脈管構造となり、領域全体により効率的に流れを行き渡らせて、居住者全員に力を与えることができる。

結びつきたいという思いは、人間一人ひとりから湧き上がる、自然で抗いがたい衝動であるのを知っておくことが重要だ。スケールが格段に大きくなると、その影響は何か別物として目に映るとしても、だ。ある帝国（あるいは欧州連合であってもかまわない）の恩恵は、周辺地域よりも中心地で大きいという話を耳にするようなときには、このことをぜひ心得ておいてほしい。そのような話は正しくない。というのも、時とともに進化する自然の生物においては、最も生存に適した生物を形成するために、小さなものも大きなものといっしょに、あらゆる器官が順調に成長するからだ。

その一方で、手指のあいだの空間のように、主流を外れた集団が中心と直結している集団に対抗するために結束することはできないとも言われる。団結など、どうしてできようか。帝国内の周辺的な集団や領域は丘陵の斜面のようなものだ。斜面は、谷間を縫うように、斜面に沿って、斜面のおかげで流れる細流に水を供給している。丘陵の斜面を下りながら染み出す水が、丘の頂上を流れ越して、隣り合う斜面を下る水と合流することはできない。これこそ、「万国のプロレタリアよ、団結せよ！」というマルクスの呼びかけが失敗に終わった物理的根拠だ。

グローバルとローカルという対比も一つのデザインであって、両者は別物ではない。流路の大きさと数も、特定の大きさと数を持つ領域への流路の配置も、コンストラクタル法則に従う階層的な流動デザインだ。この理論さえあれば、私たちが小さな規模で理解しているデザインをスケールアップできるようになる。ここでもまた、デザインをスケールアップするためには、そのデザインの基礎を成す物理の原理を持っていなくてはならない。大型の飛行機は、小型飛行機の拡大版ではない。大型獣も、小動物を拡大したものでもなければ、小動物をいくつも集めて組み立てたものでもない。

ペンは剣よりも強し

データは知識ではない。データは知能とも混同してはならず、「公開されているデータ」を

「開かれた統治機関」と同一視してもならない。データ（data）は*datum*（「与えられたもの」が原意）の複数形で、これはすなわち、「手中にある」、知っている、あるいは保有しているもの、誰もが当てにすることができる事実を意味する。データとは、私たちが観察や測定、監視に基づいて蓄積した事実だ。データを利用できるようになっても、物事を理解し、整理し、動かすための原理を欠いていては意味がない。

今日では、データは私たちの周りにあふれており、それがあまりに厖大なため、保存しきれなくなっている。この事態を受けて、テクノロジーはより高密度であると同時に容量も大きなコンピューターメモリーを目指して進化している。だが、この動向は目新しいものではない。データ収集テクノロジーは、これまでも常にデータの流れを増大させる方向に進化してきた。望遠鏡や顕微鏡から、上空の偵察衛星や、街路や建築物に設置された監視カメラまで、それは変わらない。科学はその歴史を通じて、公開のデータを生み出し続けてきた。その一方で、データの「開示」も促進してきた。それはより優れた文字や数字、書物、図表、行列、定期刊行物、図書館をはじめ、今日情報の保存に役立っているあらゆる物理的構造を通して成し遂げられる。

知識（ラテン語では*scientia*）は科学であり、科学とは観察し、予測し、教授し、実践することだ。これらはみな、科学の実用的な応用だ。観察とは、観察結果の流れを頭の中で凝縮して簡略化することを指す。凝縮して得られたものが原理であり、そのうちで最も統合的なのが第一原理、すなわち物理の諸法則だ。

知識とは、自分たちに役立つようなデザイン変更を引き起こす人間の能力だ。そして知能とは、言葉で表現されたり、検証されたり、構築されたりする前に、より良いデザインを「見通す」力だ。知識は、デザインを生成し、広め、進化させるという物理現象の進展を速める原動力なのだ。

より優れた科学や統治機関へと続く道は、適切な問題提起――拳（こぶし）ではなく問い――の上に敷設される。ことわざにもあるとおり、ペンは剣よりも強し、だ。「言葉は去りゆくが、書かれたものは残る（*Verba volant, scripta manent*）」。問いを立てる方法を知ることは、熱力学から政治学に至るまで、科学のあらゆる領域においてきわめて大きな重要性を持つが、物を問うには（目的、明確性、規則、見込みといった）規律と学問分野が必要になる。明確性と客観性を持って権威を問いただす力を伸ばす手助けとなるような指針を、以下にいくつか記す。

1. 問うべき対象、すなわち「系（システム）」を定義すること。その系は何か。その系はどのような境界によって規定されるか。
2. 問いの中で使用する用語（具体的な言葉）を定義すること。一般的な単語を用い、専門

3. 用語は避ける。曖昧な点を残さずに、右記1、2の定義を行なうこと。内容のない言葉や二重の意味を持つ言葉は避ける。使用する単語数はできるだけ抑える。あなたのアイデアがどれほど素晴らしくても、また、それがいかに明白であっても、そのアイデアをどう伝えるかが肝心だ。

4. あなたが問題提起をする目的を明確に述べること。新しい試みがなぜ重要なのか。すでに定着している系を変更するのはなぜか。新たな試みに、何が期待できるのか。

5. 変化を実現する能力を制約する要因を特定すること。誰も耳を貸さなくなるのではないか、議論に負けるのではないか、「否」と拒絶されるのではないかなどと恐れることなく、その制約について伝えよう。提案したデザイン変更を促進しうる（時間や空間、資金をはじめとする）手段がどれほど限られているのか。恥ずかしがることはない。手段が限られているというのは現実の一部であり、それを白日の下にさらさなくてはならない。

では、たびたび問いが立てられ、問題提起がなされるのはなぜだろう。右記1～5の図式が再三にわたって繰り返されるのはなぜか。一つの問いに対する答えが、新たな問いを生むのはなぜか。この問題提起と回答の果てしないサイクルは、アクセスと自由度と動きと富の増大を伴って、ますます楽に動こうとする普遍的傾向の表れにほかならない。

言葉をうまく使えば、動きやすくなる。言葉がうまく使えなければ、私たちの動きは鈍る。うまくコミュニケーションができれば、私たちはよりよく理解してもらえ、喜びを感じ、より幸せになる。英語とインターネットは世界中に自然に拡がり続けており、それは、一体化を目指すこの普遍的傾向のさらなる事例と言える。

新たな科学やテクノロジーは例外なく、恩恵に与る新たな機会を一人ひとりに提供する。より大きな恩恵に至るより迅速な道筋は、流れに構成を持たせることによって見出されるはずだ。だからこそ、同じ展望に魅せられた人々は団結し、さまざまな問い（説得力のある問い）を立て、変化を実現するのだ。

ある問題提起の有効性は、物理学の場合と同じく、量的に測定しうる。文明と科学の歴史を振り返れば、問題提起の質が高いほど、社会のより大きな動きを促進するデザイン変更につながることがわかる。富は動きである（第3章参照）ため、問題を提起し、その解決策を見出し、その策を実行に移したことに起因する動きの増大は、その問題提起の質を測る物理的な物差しとなる。

世に問い質すこと

問題提起を奨励する文化は栄える。問題提起を妨げる文化は、そうはいかない。韓国と北朝鮮を比較してみるといい。停滞した社会は、より良い生活を送る隣国の人々をフェンス越しに覗き見ることによって、問題提起の重要性に気づくのだ。

問題提起は文化的特性だ。権力の座にある者が命じたところで、一夜にして行なわれるようになったりはしない。優れた問いを発するというのは、しだいに身につける技能であり、その道のりは長く多難だ。文化は運動選手の肉体と精神のようなもので、独自の成り立ちと記憶を持つ。すでに行なわれたトレーニングを消し去ることはできない。だが、培ってきた体系に付け加えることはできる。これは吉報だ。

問題提起を促すのは、口で言うほどたやすくない。社会組織のいたるところに文化的障壁が存在するからだ。それらは、「体制」や「自社開発主義」症候群（自社で開発した技術・製品以外は認めようとせず、採用しない傾向。NIH症候群とも）、「女王蜂症候群」（男性優位の職場で成功した女性にときに見られる、同僚女性の活躍を妬む傾向）などとして知られている。もちろん、先見の明がある個人や組織は、報酬や表彰によってこうした障壁に対抗する。そこには、有力な人物が問題提起に耳を傾けていることを本人たちに伝える、信頼保障の制度も含まれる。問題提起を奨励したいと思っている有力者のみなさんに向けた私の助言は、人々に権威を問いただすように勧めたリストよりもはるかに短い。

何でもありという態度を奨励すること。

素人や名もない人を歓迎すること。

自分が間違っているのが証明される覚悟をしておくこと。

率直に認めよう。私たちは誰もが不満を抱いている。他の人よりも不満が大きい人もいれば、あまり変化を期待していない人もいる。既存の科学的説明あるいは既存の統治機関に満足できず、より良いものを望む人たちもいる。自由な発想の持ち主は、そのどちらにも満足できない。もっと優れたアイデアを求める衝動も、同じ性質を持つ。その衝動も、同じ物理の原理に支配されており、究極的には、より良い法律や統治機関を持ちたいという衝動と同じ物理的効果がある。改善し、組織化し、参加し、他者を説得し、変化を引き起こしたいという衝動は、私たちみんなが共有する特性だ。これこそ、人間と機械が一体化した種がより大きく、容易で、効率的で、広範で、長続きする動きを指向して進化する理由だ。

より良いものを求める衝動は普遍的だが、それは一撃で勝敗の決するボクシングの試合ではなく、絶え間ない闘争につながる。なぜだろう。変化のあとにより良い選択肢を見出せるようになることが「快感」だからだ。それはあまりに心地良いため、病みつきになる。私たちは生きることと進化することに中毒しているのだ。映画『支配階級（*The Ruling Class*）』（英・一九七二）でピーター・オトゥールが演じた男の次の台詞は、これらを余さず要約している。「自分が神だと気づいたのはいつかだと？　ああ、それは祈りを捧げていたときに突然、自分自身に話しかけていることに気づいたんだ」

不満を抱えたソクラテスたれ

不満を抱いていることは善だ。貪欲であること、より良いものを求めることは望ましい。ジョン・スチュアート・ミルも、『功利主義』（所収『功利主義論集』川名雄一郎・山本圭一郎訳、京都大学学術出版会、二〇一〇年）にこう記している。「満ち足りたブタであるよりも不満を抱えた人間であるほうがましで、満ち足りた愚か者であるよりも不満を抱えたソクラテスであるほうが優る。愚か者やブタが異なる見解を持つとすれば、それは愚か者やブタがこの問題に関して自分たちの側のことしか知らないからである。これに対して比較の相手方は、どちらの側についても知っている」

「ウォール街を占拠せよ」という抗議運動のスローガンが意味するところは明確だった。[*4] 参加者は自分たちの展望を語る際に、「分権化」や「非階層的」といった単語をたびたび口にした。彼らの言葉は、階層制が不平等と抑圧を意味するという通念、端的に言えば、少数による多数の支配という考え方を示している。

だが、この認識は間違っている。歴史を読み違えているだけでなく、物理学をも誤解している。階層制はじつのところ、自発的に生じる構成形態なのだ（図8・7）。というのも、流れるものにはみな、動きをより容易にする構成を生み出す傾向が備わっているからだ。いたるところで階層制が出現するのは、それが流動の効率性を高め、すべての人間とあらゆるものに恩恵をもたらすからだ。

現代のスーパーの商品陳列棚も、同じように流動している。最も頻繁に選ばれる商品は、棚の手前の端、通路に面した場所に並び、最も早く棚が空になる。すると、棚の奥の商品が空になった端へと「拡散」する。拡散では、流れる流動量（流れ）が最も大きいのが表面からで、物体の中心からの流れが最も遅くなる。棚上の商品の流れは、通路を歩く顧客の動きと直角を

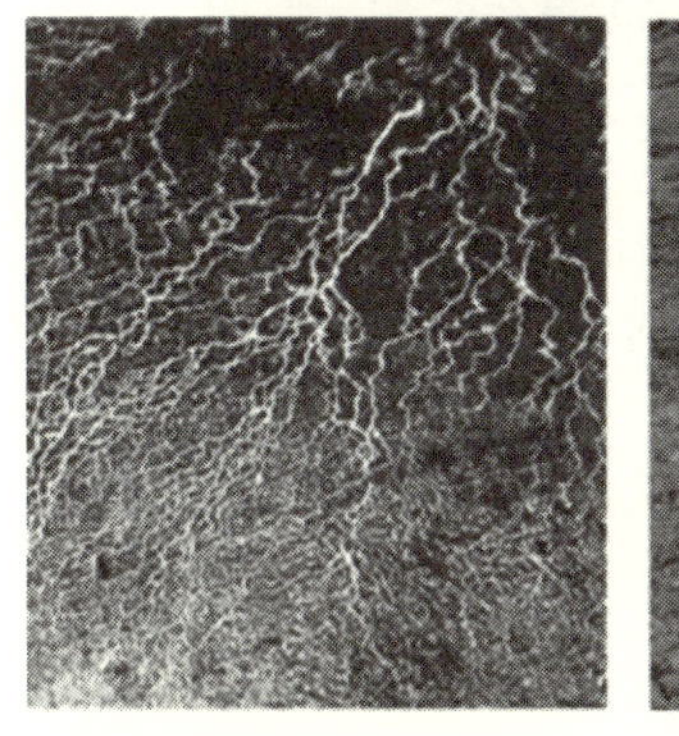

図8.7　階層制は自然に生じる
少数の大きな流路と多数の小さな流路の例。
上段――スーパーマーケットにおける、陳列棚から店舗出入口までの商品の動き（写真は著者による撮影）。
下段左――排水中にプールの底に藻が描いた模様（写真はリー・ファーバー提供）。
下段右――突然の降雨に見舞われた建設現場で生じた細流と斜面（写真はモハンマド・アラライミ提供）。

成す。

「妬み（ねた）の政治」の実践者たちは、富裕層と貧困層の格差が拡がっていると、ことさらに言う。だが彼らは、（燃料消費や富の）自然な階層制を不平等や不公平であると事実を歪曲して伝えている。そして自然な階層制ではなく均一性を擁護して、それを平等や公正と称している。物理の観点に立つと、そのような主張は、能力の劣る者たちがもっと仕事を担えるように、有能な者たちは手を抜くべきだという意味になる。

しかしこれでは、優秀な人ほど割りを食ってしまう。妬みの政治は、歴史上これまで一貫して大失敗に終わってきたという事実は別にしても、間違っている。自然の（自由な）流動構成の中では、あらゆる個人と集団が他の全員といっしょに動くからだ。地球上のある場所で新たなテクノロジーが考案されると、流れが速い人も遅い人も、金持ちも貧乏人も含め、世界各地のすべての住民の動きと富が増進される。

さらなる自由がもたらす良い流れ

新たなテクノロジーはどれも、グローバルな流れを解放に向かわせる唐突な変化だ。これはつまり、多数の小さな流れも少数の大きな流れも、どんな流路の流れも一斉に増すことを意味する。たしかに、この変化のあいだに、最大の流路の流量と最小の流路の流量の差は拡大するが、大きな流路は小さな流路を「犠牲にして」流量を増しているわけではない。すべての流れが増大し、動くものすべてが豊かになっているのだ。

流動デザインの自由度を増す変化が流動構造のあらゆる器官に力を与えることを示す具体例を、二つ紹介しよう。一つ目は無生物界の例だ。ミシシッピ川のような大河の流域全体を思い浮かべてほしい。河口近くでその大河の幅が自然の状態よりも人工的に狭められ、両岸に大都市が建設されたとする。市庁によって維持される直線的な岸（堤防）は、犬の首に巻きつけられた鎖であり、犬は自由になりたいという衝動を抑えられない。

自然に激変が生じて堤防が決壊すると、川の水をより速く放出することを可能にするような変化（すなわち自由度の増大）を流域全体が感じ取る。上流か下流か、あるいは流路の大小、数の多寡にかかわらず、すべての流路で流動量が増す。流動量が最大の増加を記録するのは、最も大きな流路であり、それがもたらす影響は壊滅的なものとなる。すなわち洪水だ。洪水もまた流域全体にとって、流動デザインの自由度を増す変化だ。そう、洪水は自由を促すのだ。旧東ドイツの旅行客がハンガリーとオーストリアのあいだの鉄のカーテンを抜けて西側へ拡がったときのように。ミシシッピ川下流の流量の増加は、もっと標高の高い場所から下ってくる上流の流れを犠牲にして起こっているわけではない。あらゆる流れがデザイン変更の恩恵に与るのだ。
二つ目の例は生物界から引こう。二五ページの図1・2で両軸の成す角の二等分線に沿って上昇移動するかたちで描かれた丸印が、一定の速度で坂道を登っている自転車選手だと考えてほしい。これは、図中の丸印の集団を静的なものと捉え、各選手は前後の選手と同じ位置関係を維持し続けると見なすことに該当する。ところがそのあと突然、峠を越え、選手の大集団（プロトン）は速度を上げて軽快に下り始める。これは、流動系全体を自由にするデザイン変更にあたる。では、続いて何が起こるのか。全選手の速度が上がり、各選手間の差は開く。プロトンは次第にばらけていくことになる。

先頭の選手たちと後方の選手たちの差が拡がるのは確かだが、リードする選手たちは後れをとった選手たちを「犠牲にして」差を拡げたわけではない。むしろ、真実はその逆だ。集団後方で事故が起こった場合に、車を停めてけが人の救護にあたるのは先頭の選手のサポートカーであることが多い。というのも、先頭に立つ選手は自力で素晴らしい走りを見せているからだ。先進諸国はこれまで常に、良き隣人であろうとする利他的な衝動を示してきた。それは、津波や地震に見舞われた人々の救済から、アフリカにおけるＨＩＶやエボラ出血熱との闘いまで幅広い。先進国以外に、誰にそのようなことができるだろう。

寄付や慈善活動を行なうのは誰か。富裕層だ。美術館は、科学の図書館であり博物館だ。それらの施設はより良い生活のためにある。そうした資源を利用できる人々は、力を与えられる。得られた力はその後、力を与えられた人々から無力な人々へ階層的に流れていく。そして誰もがその力に牽引されて、より大きく、より遠くへ、より容易に動けるようになる。博物館と図書館はその牽引力を提供しているのだ。

遍在する階層制

階層制とは、ともに機能・流動する少数の大きなものと多数の小さなものを特徴としたデザインを一語で言い尽くす言葉だ。階層制は自然界のいたるところで見受けられる。よく知られた例の一つが樹状の河川流域で、厖大な歳月にわたって進化を続け、今では地球全体に及んでいる。どの河川流域も（ミシシッピ川やドナウ川のような）一筋の本流と、少数の大きな流れと数多くの支流や小川や細流を持つ。

私たち人間は、階層的なデザインを自然に生み出し、それを意識することさえない。航空輸送システムは、少数の大きな流路（拠点空港（ハブ））と多数のより小さな流路（放射状路線（スポーク））を特徴とし、そのおかげで私たちは目的地までたどり着ける。仕事や買い物に自動車で出かけるとき、大半の人は何本もの狭い道路と、それよりは数の少ない大通りを走る。そしてそのような道は、最も数が少なくて広い流路である州間幹線道路(インターステイト・ハイウェイ)へと注ぎ込んでいる。

以上のような階層制のデザインが出現し、進化するのは、それが双方向の動きの流れを促進するからだ。大きな流路は、より多くの流れをより効率的に動かす。これに対して小さな流路は、大きな流路が届かない広範な領域に流れを行き渡らせる。少数の大きな流路と多数の小さな流路の両方が必要とされる理由はここにある。

同じデザインは、科学、政治、経済、統治機関、企業、大学、チームスポーツをはじめとするさまざまな形態の社会組織で、同じ理由から自然に出現する。階層制はあらゆるものに共通の構造なのだ。

階層制が自然に発生するということには、見過ごしてはならない意味合いが二つある。第一に、大きいものと小さいものは敵対関係にないという点だ。両者は一体となって流動する。ミシシッピ川は、支流がなければ干上がり、河床をさらす羽目になるだろうし、小さな流れは、大きな流れに効率良く水を放出できなければ、澱(よど)んでどこにもたどり着けないだろう。

第二に、組織化したいという衝動は利己的である点だ。(雨滴から人間まで)あらゆるものが一体化するのは、動くものはすべて、いっしょに動いたほうが動きやすくなるからで、階層的なデザインを生み出すのは、それが流れを促進するからだ。だがこの自然の傾向は、階層的なデザインがすべて理想的であることを意味しない。それどころか、あらゆるデザインは不完全であり、だからこそ進化する定めにあるのだ。

「ウォール街を占拠せよ」のような抗議運動は、不満を抱いた人々がいかに問題を提起し、意見を共有して、より優れたデザインを実現しようとするかを示す一つの例だ。だが、誤解してはならない。既存の階層制を首尾良く打破した取り組みは、新たな階層制にあとを譲る運命にあり、その新たな階層制が人や財、知識の動きをいっそう高めることになる。

本章で取り扱ったさまざまな考えを振り返ると、政治とは、社会の成員が暮らす流域にデザイン変更を広める営みであることがわかる。この拡がりは侵入に始まり、それに浸透が続く。そのアイデア(デザイン変更)が優れたものであるほど、また、侵入の道筋が太く、優れていて、流れが速いほど、この拡がりも速く、広範に及ぶ。科学は進化するデザインである点で、政治や都市と似ている。科学は人間があとから付加したもので、使用されることで変化し続け、より有益になる。都市と同じく、段階的に進化し、突如として新しいパラダイムが出現する。ちょうど、繁栄している巨大都市の周囲に新たな環状道路が姿を現すように。自然界で進化を担うデザイン変更はどれも、同じ時間的方向性を持つ。次章では、これ、すなわち時間の矢を取り上げることにする。

第9章　時間の矢

なぜ未来は過去とは違うのか。なぜそうならざるをえないのか。

科学の見解によれば、自然界の時間の矢は、一方向の（不可逆的な）現象として刻みつけられているという。あらゆる流れは、放置されれば「高」から「低」へと進むのだ。たとえば、完全に孤立し（何もそれに触れない）、内部に「高」と「低」（不均一性）がある箱は、内なる流れを見せ、その流れは最終的には遅くなって均一性に至り、止まる。つまり、死ぬ。

時間の矢は、別の自然の傾向に、はるかに明白に表れる。生物・無生物両方の流動構成の出現と進化（変化）だ。こちらの時間の矢は、知識や知能やロボットの性質といった、これまで漠然としていた概念を理解するカギを握っている。この傾向は、勾配（不均一性）が消えつつあるところが見られると多くの科学者が考える、先ほどの孤立した箱の中でさえ見て取れる。もしその箱に、最初、高圧の領域と低圧の領域があって、その違いが十分大きければ、箱の中の流体は均一性ではなく、流れや渦、乱流といった進化するデザインを持つ傾向を示す。この現象は流動構造や流路であり、速いものと遅いものの新しい差異（勾配）だ。孤立した箱の中では、やがて勾配が消し去られるばかりではない。まず勾配が生み出される。これが孤立した箱の完全な物理的現象だ。

不可逆性（流れの一方向性）という現象の時間の矢はよく知られている。熱は高温から低温へと流れ、その逆には流れない。「覆水盆に返らず」というわけだ。この自然の傾向は、熱力学の第二法則で説明がつく。図9・1aを見てほしい。この系は実線で囲まれており、熱流 Q_H は高温 T_H から低温 T_L へ流れる。

進化現象の時間の矢は、自然界のいたるところでデザインに起こる変化の方向を示す。[*1] 物理学における進化とは、時間の中で特定の方向で流動構成（デザイン）における変化が起こることを意味する。生命は動きであり、変化する自由、目的を持って組織化される自由だ。生きているとは活発であることを意味し、より活発になるとは生きていることを意味する。この現象は、本書で多くの例によって説明されている。熱力学の世界は、「マクスウェルの魔物」と呼ばれるこの現象の一例には早々と遭遇したにもかかわらず、生命や進化、時間の矢との結びつきに気づく人がいなかったのは興味深い。

マクスウェルの魔物

歴史好きの人々のために、ここでマクスウェルの魔物とはどういうものかを紹介しておこう。[*2] マクスウェルは、孤立系が平衡状態（均一な温度）へと進化する、熱力学の第二法則の傾向について意見を述べているときに、孤立系の中では温度は均一ではあるものの分子の速度は違うことを指摘した。彼はこう書いている。「さて、そのような容器が、*A*と*B*という二つの部分に仕切られているとする。仕切り壁には小さな穴が一つ空いていて、一つひとつの分子が見える生き物がその穴を開閉し、速度の大きい分子だけが*A*から*B*に入るのを許し、速度の小さい分子だけが*B*から*A*に入るのを許すとしよう。彼はそうすることによって、まったく仕事量を費やさずに、*B*の温度を上げ、*A*の温度を下げられる」

魔物の話は、マクロの視点で平明な言葉で語れば、ずっと理解しやすくなる。図9・1bのように、ある「生き物」がいて、熱の流れを追い、その一部の進路を変えて、機械的あるいは電気的な力を生み出すある装置（デザインあるいは機械）を通すことができるとしよう。これは、熱機関としての全地球から、あなたや私を含むあらゆる動物（独自のエンジンを備えた輸送手段）（図9・1c。図2・4も参照）や、マクロ的な魔物の影響の熱力学的分析まで、自然界のいたる

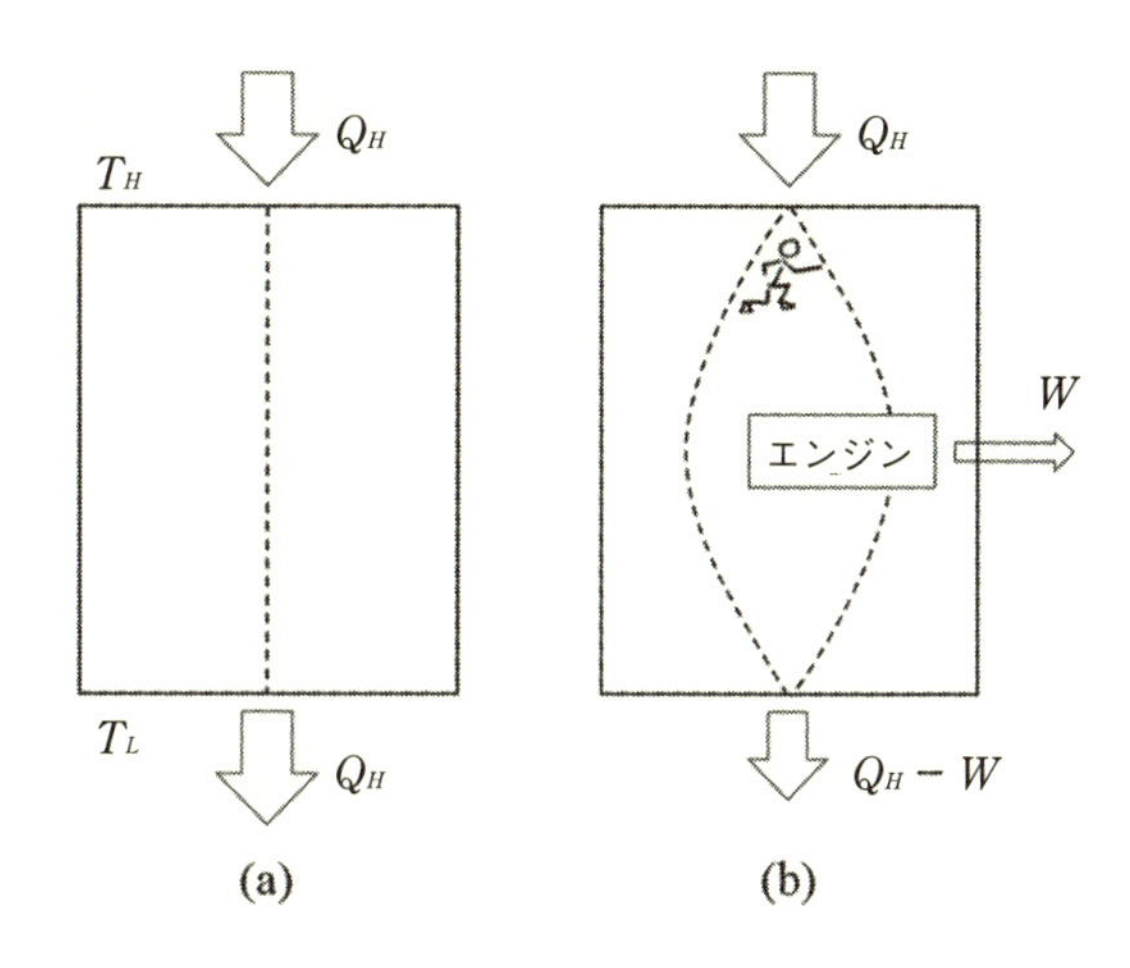

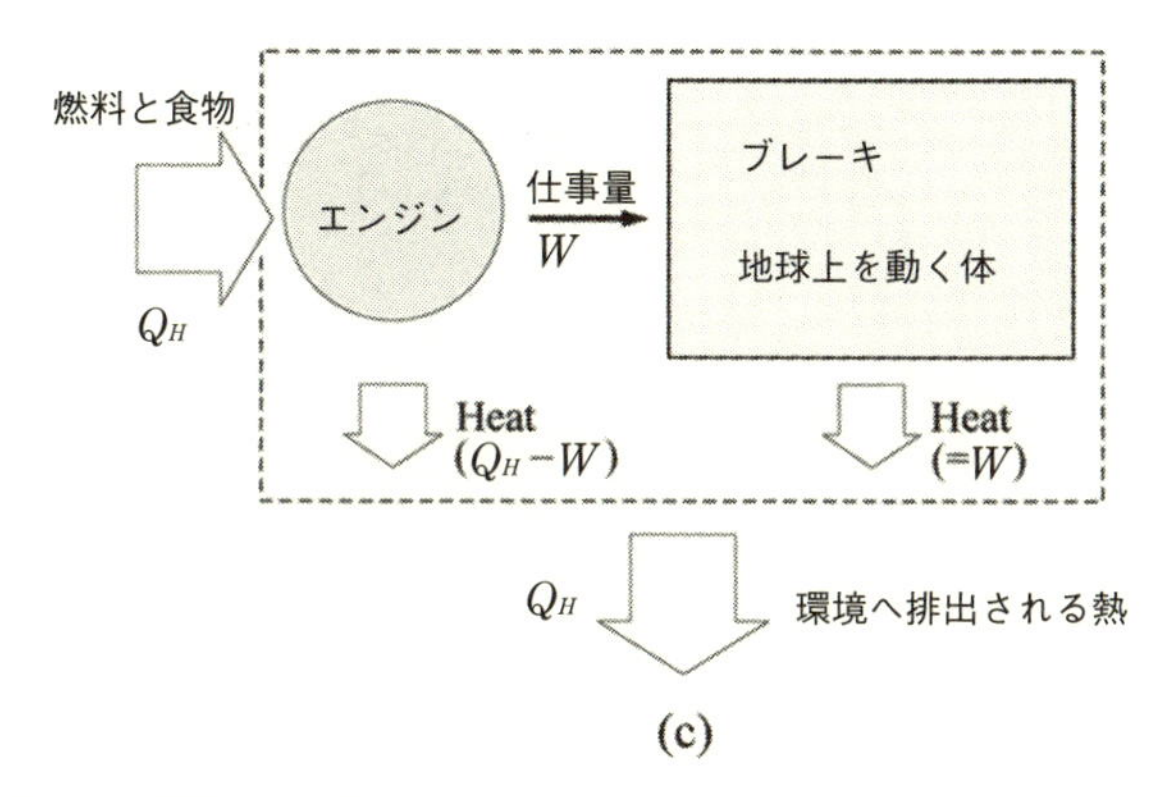

図9.1　定常状態にある閉鎖系
熱が流れ込み、流れ出ている。(a) 流動構成（デザイン）のないもの。(b) 流動構成のあるもの。(c) 生物であろうが無生物であろうが、動くものはどれも、動いているあいだにブレーキの中へと力をすべて散逸させるエンジンとして機能する。進化するデザインの自然の傾向は、より多くの力へ向かう傾向（動物のものであれ機械のものであれ、エンジンのデザイン）や、より多くの散逸へ向かう傾向（動かされるものを環境と混ぜ合わせる）と同じだ。

ところで起こっている。

この分析は、図9・2aで始まる。この箱は均一な温度T_1と圧力P_1の気体で満たされている。この気体は運動エネルギーKE_1で箱の中を動いている。熱力学の言葉では、この記述は状態1を意味する。次に、この箱をAとBに仕切ったところを想像してほしい。この仕切りは熱の伝導性が非常に高い。聡明なデザイナーがこの仕切りの一箇所に、仕切りの両面の圧力を測定する敏感な計器を設置した。そのようなデザインを造り上げて作動させることは可能で、仕切りを通しての流れを記録し、記述することもできる。

時の経過とともに、さまざまな圧力の違いが仕切りのあらゆる場所の両側で起こる。ジェットや渦が仕切りに当たると澱み、圧力が上がるからだ。これは「澱み点圧力」として知られている。計器は仕切りのAB両側の圧力を測定する。A側よりもB側のほうが圧力が高くなるといつも、この計器の指示で仕切りの通気口が開き、B側の気体の一部がA側に流れ込む。すべての動きが止まるまで、このプロセスは続く。最終的にこの孤立系は等温になり、B側よりもA側のほうが質量と圧力が大きくなる。

手短に言うと、この系はAとBから成り、孤立していて、したがって何も（質量も、熱も、仕事量も）境界を越えない。状態1は、温度T_1と圧力P_1と質量mが均一な初期状態だ。熱力学では、状態2dは「拘束平衡状態（constrained equilibrium state）」として知られる。仕切りが内部拘束になっているからだ。温度は均一のT_2で、仕切りは閉ざされており、A側の圧力（$P_2+\Delta P$）は、B側の圧力（$P_2-\Delta P$）より大きい。質量は、A側は（$m/2+\Delta m$）、B側は（$m/2-\Delta m$）だ。平衡圧力P_2は、仕切りのない状態2で得られる。$\Delta P/P_2=2\Delta m/m$で、A側で見込まれる超過圧力ΔPがこの気体系に存在していた初期の運動エネルギーKE_1によって規定される値を超ええないことは、簡単に立証できる（原注第9章＊2の文献を参照）。$T_2-T_1 \ll T_1$かつ$\Delta P \ll P_2$という、わずかな変化しか許容されないなかで、超過圧力は$\Delta P \simeq KE_1/(mRT_1)$となる。

マクスウェルの魔物のこのマクロ的視点バージョンでありうるすべてのプロセス、すなわち1→2d、2d→2、1→2というプロセスは、熱力学の第二法則に従う。熱力学の第二法則を破る魔物はまったくいない。マクスウェルの魔物と私の魔物の違いは、尺度だ。マクスウェルのミクロ的な見方では、架空の魔物と計器は非常に小さくて正確なので、個々の分子の速度差を検知できる。一方、私が提示したマクロ的な状況では、魔物と計器ははるかに大きく、目で見える、明白な尺度を持っている。

カギは、これら二つの筋書きを結びつける特徴だ。A側とB側の違いを測定して開閉する仕切りは、構成あるいはデザイン、目的あるいは機能を持った、流動の配置を象徴している。目的は、そのデザインを理解し、操作し、利用する人間のために、その後、仕事量や力、動き

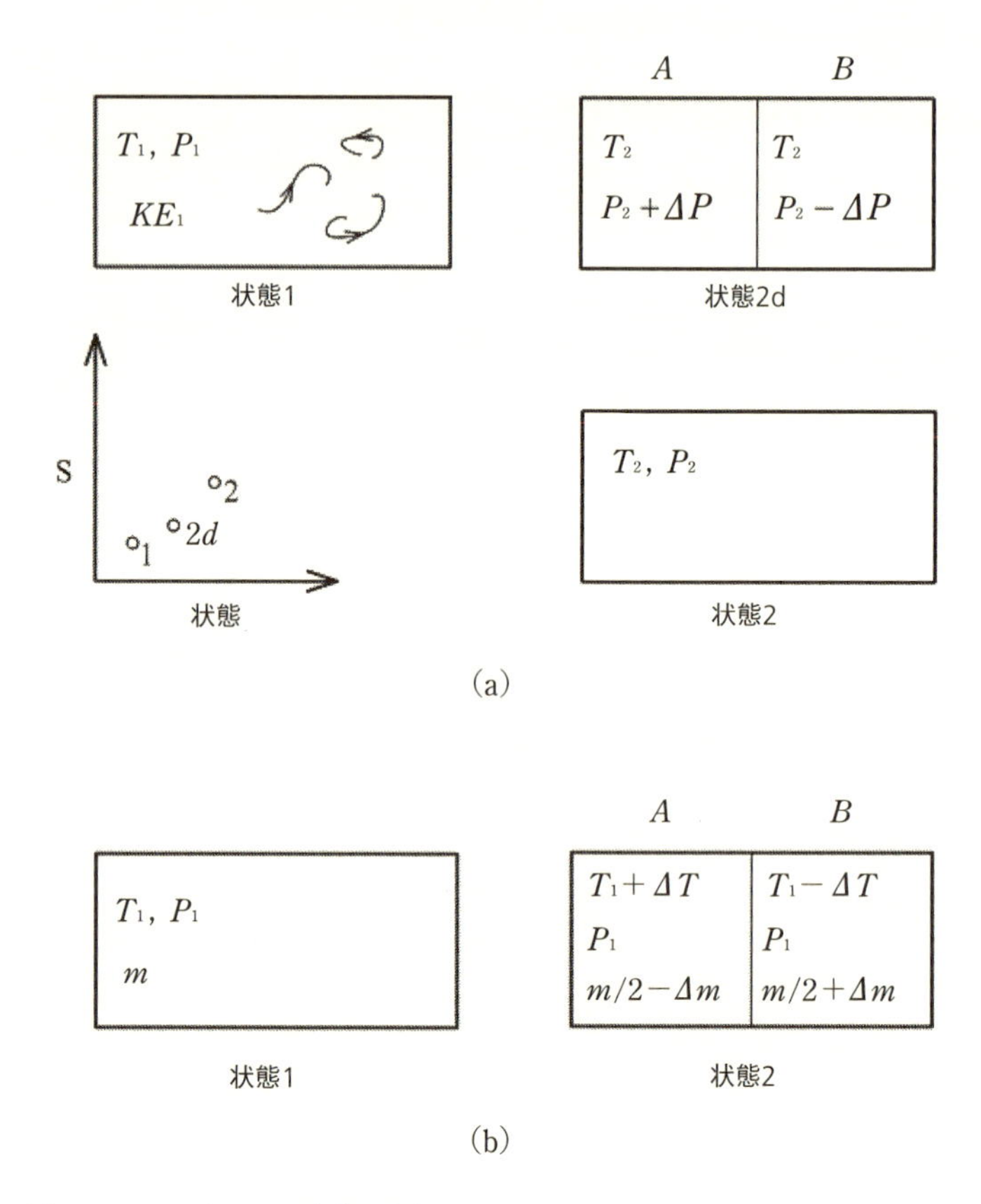

図9.2　マクスウェルの魔物の分析
(a) 動いている理想的な気体が入った孤立系（状態1）。この系は、特別な仕切りをつければ、仕切りの両側で圧力の違いを生み出せる（状態2*d*）。仕切りがなければ、系は圧力と温度が均一の状態に達する（状態2）。
(b) マクスウェルの孤立系（状態1）と、特別な仕切りで操作したあとに達成された、温度が不均一な状態（状態2）。

を生み出すことだ。仕切りを持たない系には構成がない。それはブラックボックスだ。マクロ的な筋書きのおかげで構成が明らかになり、その構成は、マクスウェルの分子に関する主張とは違って、目に見える。

構成（デザイン）の価値は測定できる。その価値は、構成された系が有効エネルギー（利用可能な仕事量、エクセルギー）と動きを生み出す能力だ。また、構成（状態$2d$）のおかげで蓄積された有効エネルギーが $\Xi = mRT_2(\Delta P/P_2)^2$ であることも簡単に示せる。デザインの物理的価値は、そのデザインが仕切りを挟んで圧力差を生み出す能力とともに急速に増加する。このデザインの物理的価値 Ξ が、マクスウェルのデザインの物理的価値と似ているのは興味深い。マクスウェルのデザインは図9・2に示したとおり、系は最初、温度T_1、圧力P_1の状態1にある。

マクスウェルの系は状態2では流動構成を持っている。すなわち、それぞれ$T_1 + \Delta T$と$T_1 - \Delta T$という異なる温度の区画AとBが、目的を持って開閉する通気口付きの、完璧な断熱処置を施した仕切りによって隔てられている。設計値は、温度T_1、圧力P_1の参照状態（停止状態）と比較したときの状態2の有効エネルギー、すなわち $\Xi = mc_pT_1(\Delta T_1/T_1)^2$ だ。マクスウェルのデザインの物理的価値は、「知能のある」通気口の開閉によって、断熱された仕切りの両側の温度差$2\Delta T$を生み出す能力のおかげで急速に増す。二つの Ξ の公式が類似していることは明らかだ。

進化するデザインと時間

この思考実験全体を支えている、より一般的な（孤立していない）系を示す図9・1に戻ろう。この系は構成を持っていれば、力W、すなわち単位時間当たりの有効エネルギー（仕事量）を生み出す。図9・1bの系はデザインを持っていれば、生み出すエントロピーが少ない。生成されるエントロピー（すなわち$[Q_H-W]/T_L-Q_H/T_H$）は、図9・1aの場合（すなわち$Q_H/T_L-Q_H/T_H$）よりも少ないからだ。流出するエントロピーが少なければ、流入するエントロピーの流れQ_H/T_Hのより多くが系の内部に保たれるかのように見える。だが、実際は違う。「エントロピー」という言葉を使ったこの説明は科学的に聞こえるものの、そうした説明は必要でも有益でもないのが真相だ。

デザイン（構成）が進化していくのは自然界の流動系の普遍的傾向だ。それはコンストラクタル法則に一致するかたちで、生物の系や地球物理学の系の全般で起こる。これは図9・1では、時間の矢が（a）から（b）あるいは（c）へ向かっていることを意味する。この傾向は、自己組織化、自己最適化、複雑性の増大、秩序、ネットワーク、スケーリングなどとしても認識されている。それはまた、最大エントロピー生成や最小エントロピー生成（矛盾に注意）、最大流動抵抗（動物の柔毛）や最小流動抵抗（これまた矛盾に注意）、動物の体の質量スケーリング、荷重のかかった固体構造（骨、木材）における均一な応力分布、乱流における擾乱(じょうらん)の最大成長率、樹枝状のデザインとしての急速な凝固、テクノロジーの進化（小型化、機能性の高密度、最小重量）といった、最適性にまつわる、まとまりのない（間に合わせの）、矛盾する多くの言葉の基盤でもあった。[*3] そのような間に合わせの言葉で説明される現象はすべて、コンストラクタル法則で網羅される。[*4]

これらの現象は、じつは単一の現象であり、デザイン変更の時間の矢だ。生成された力（W）がどうなるかを考えてほしい。力は構成の物理的尺度だ。力は重量を、地上や水中、空中で水平に動かすプロセスで消失する（図9・1c。図2・4も参照）。流れ、動くものはすべて、押されるから流れ、動く。押している力は、流動構成あるいは装置が存在するから生み出される。散逸した仕事量は、動いている重量によって押しのけられる（浸透される）環境の中にとどまる。

デザインが進化すると、その物理的結果として、より多くの動きが生まれ、動くもののいっさいがより多くのアクセスを獲得する。河川流域を流れる水から、動物の移動、都市交通、大気循環や海洋循環まで、あらゆる生物・無生物の流動系の物理的特性はこれに尽きる。

地球の表面は流動する複数の脈管構造のタペストリーの重なり合いであり、それらの脈管構造は絶えず攪拌され、混ざり合っている。水圏、岩石圏、大気圏、生物圏がそのタペストリーだ。歴史の長大な展望（それを私は「ビッグヒストリー」と呼ぶ）の中では、それぞれの新しい「圏」が既存の圏に加わり、新しい流動構成はいっそうの攪拌と混合を促進した。生物圏を伴う地球は、生物圏を伴わない地球の前ではなくあとに出現せざるをえなかった。なぜか。生物圏を伴う地球は、生物圏を伴わない地球よりも、太陽を原動力とする流れへのより大きなアクセスを提供するからだ。

進化するデザインの時間の矢は、時間そのものの物理的定義にほかならない。時間は、生物圏に先行する非生命の世界とともに始まった、あらゆる物理的現象の属性だ。時間は人間の頭が創造したものではない。時間は地球の表面や化石記録の中に、各地質年代を通して形作られた無数の一連の流動デザインとして記されている。時間は古い写真とそれほど古くない写真を並べて比較することで測定される。時間は自然界における進化するデザイン現象を構成する一連の流動の配置に沿って測定される。

ビッグヒストリーの時間の矢は、人間の感覚で捉えられるコンストラクタル法則の最大の尺度だ。新しい圏のそれぞれは、以前からあった圏に取って代わることはなく、既存の流動構成の効率を高めた。古いものは排除されなかった。新しいものが加わり、古いものの効率を高めた。もっと小さな、人工物の尺度では、言語、筆記、輸送、コミュニケーション、その他多くのテクノロジーへの一つひとつの付加物の進化によって、これが明らかになる。新しい配置やリズムが現れるのは、流れるものへ、すなわち、利用可能な空間や、平面領域、立体領域、時間の中での存続へ、それがより大きなアクセスを提供するからだ。今日の人類は進化するデザインの特別な種類として、動物のデザインとエンジンの中で生み出される力によって動かし続けられている。デザインは私たちとともに形を変え、私たちの動きは時が流れるにしたがって促進される。これが、「持続可能性」の物理的基盤と意味だ。

知は力なり

知識とは何か。そしてなぜそれは物理的な流れなのか。デザインの変更の拡がりは、あらゆる進化、経済活動、輸送、取引、教育、さらには、情報も含めて広まるもののいっさいに伴う物理的現象だ（ちなみに、情報とは本当は知識の流れであり、知識とは有用なデザイン変更を生み出す能力だ）。これらの流動デザインは、じつは目に見えず、漠然としている。それらは、その根底にある原理を把握している人だけが目にし、理解し、教えられる。

だから知識は領域の中で自然に広まっていく（図9・3）。「高」、すなわち多くの知識と動きを持っている人々と、「低」、すなわち知識や動きが乏しい人々とのあいだで、その境界は変わっていく。「高」が今や「低」に浸透しつつあるのだ。

「知は力なり（*Ipsa Scientia Potestas Est*）」

フランシス・ベーコン

「知識は常に増加を欲する。それは火のようなもので、最初は何かしらの外部因子によって起こされなければならないが、その後は自ら拡がっていく」

サミュエル・ジョンソン

「知識から将来の展望が生まれ、将来の展望から行動が生まれる」

オーギュスト・コント

これとは逆の種類のデザイン変更には、病気の蔓延や、文明の程度のはるかに低い人々の集団による侵略などがある。侵入された側の人々は、病気に苦しんだり自由を奪われたりし、その結果、動きが鈍くなる。

図9・3に示された動きをじっくり観察すれば、過去（ローマ帝国の拡大や、欧州連合の東ヨーロッパへの拡大）と、未来（韓国の北朝鮮への拡大や、フロリダ州のキューバへの拡大）が見て取れる。独裁者たちは、たとえば内政への「不干渉」を要求するなど、この自然現象に対して勝ち目のない闘いを展開している。じつは、「干渉」は自然に起こる。良いアイデアは広まり、持続す

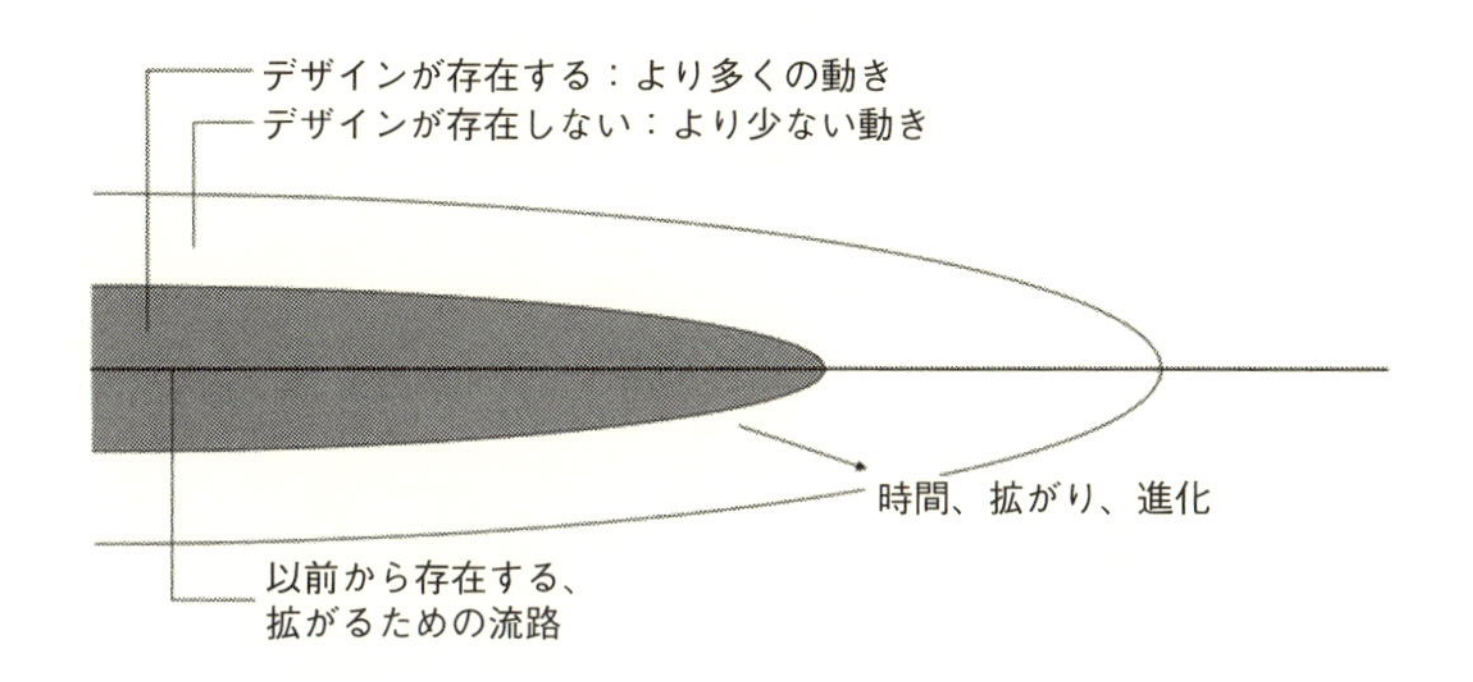

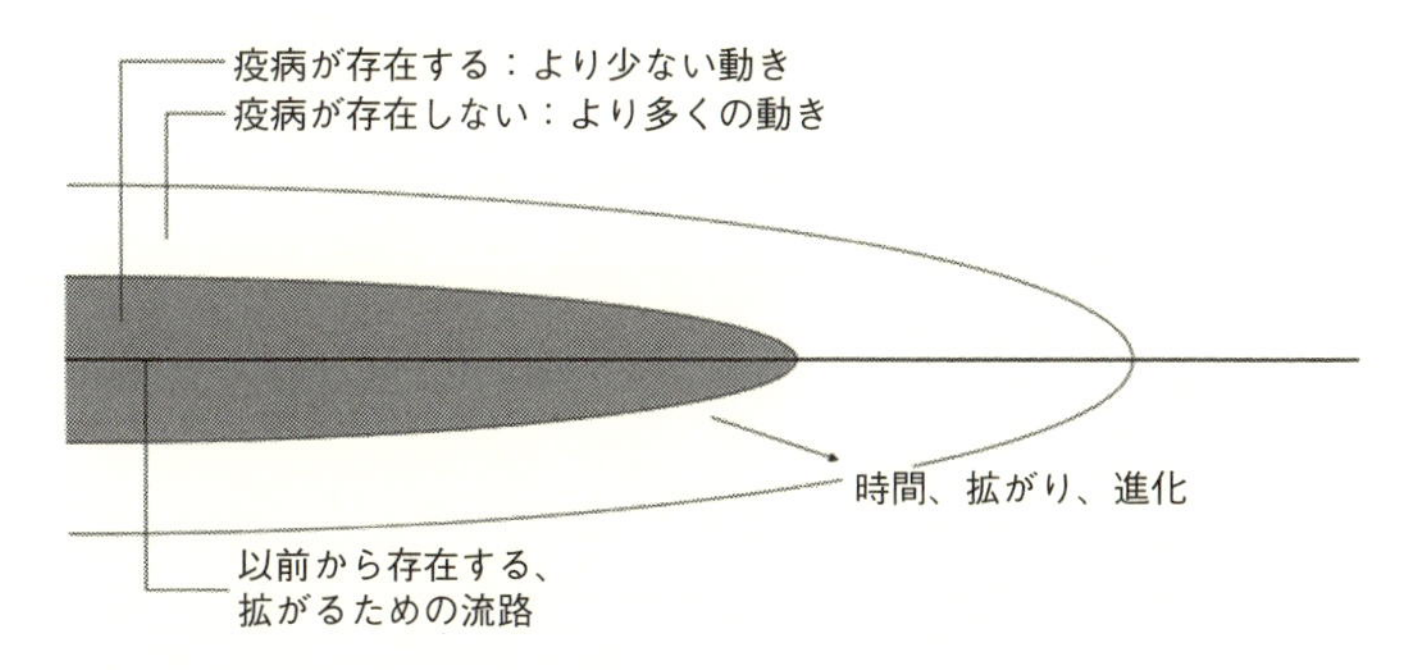

図9.3　知識とは、デザイン変更の伝染性の拡がりであり、それが及んだ領域で、より大きく、容易で、多くの持続的な動きにつながる。疫病や奴隷化は、正反対の種類の拡がりだ。

るからだ。知識とより良い生活は伝染しやすい。

ナショナリズムその他の自己満足型のアイデアは、この自然の傾向を覆い隠しがちだが、その効果も長続きしない。真っ当に機能していない国の人々は、自国が世界中から非難されると、団結して自国を擁護する。今日、ロシアでそれが起こっているのが見られるし、私の親の世代は、ヒトラーとスターリンの両方の下でそれを目にした。これらの政権はみな、国外から不当に非難されたからではなく、自らの在り方のせいで、自然な壊滅的変化に向かっていた。チンギス・ハーン、腺ペスト、スターリンは歴史上のほんの些細な存在でしかない。ただし不幸にも、多くの人にとっては生涯に及ぶ悲劇だったが。そうした存在は、ビッグヒストリーの流れによって圧倒され、消し去られた。ビッグヒストリーの流れは、絶えず良くなっていく文明社会の果てしない生命だ。

言葉や数字に満ちあふれた分厚い書物は知識ではない。その本で火を起こすことはできるが。知識とは、その本から学んだことを活かして人がとる行動だ。「知識と行動は常に互いを必要とする」(朱子)。だから、全体主義政権は古い本を焼くよう命令し、ラジオやテレビの電波を妨害し、外国との行き来を禁じ、あらゆるもの、とくにインターネットを検閲する。

知識の獲得は、すべての人の寿命を伸ばし、移動能力を伸ばすデザイン変更だ。病気にかかるのは、その逆の効果を持つ。知識は病気を治癒し、知識のおかげで社会全体が前より賢明で動きやすくなる。

「新たな経験で拡張した心は、二度と元の大きさには戻れない」 オリヴァー・ウェンデル・ホームズ

人工知能、文明、コミュニケーション

私たちは人工知能を恐れるべきか。もちろん否だ。それどころか、じつはその正反対で、人工知能はいくら増えても足りないほどだ。そのような問いを発するのは、二〇〇年前に人工動物の力、すなわち機関車を恐れるべきかと問うのに等しい。当時、きっとそうした恐れを表明する人がいただろうが、全地球がはるかに大きな力と速度の時代へと急ぎ足で移行した。力を持ちたいというのは、自然な衝動なのだ。

グローバルな尺度では、本章は、歴史の中でアイデアを生み出した人々から、今日アイデアを受け取る若者へという、科学と才能と教育の流れのデザインに光を当てる。本章は、確立された流路から全人類への知識の流れについて語る。この知識の流れが生命の効率を高めたり、生命を持続したりするわけだが、本章はこの流れを促進する社会組織の、目に見えない構造の物理的根幹を明らかにする。

科学も同じ方向に進化する。とはいえ、デザイン変更を生み出す新しい知識を備えた多くの科学者は、修正主義者になる誘惑に駆られる〔著者によれば、科学における修正主義者（revisionist）とは、自らは独創的なアイデアを持たず、それでいて、確立された学問分野あるいは古い教科書を取り上げ、昔その新しい学問分野を確立した先駆者があるミスを犯した、あるいはある点について間違っていた、今や自分たちがそれを是正することが待望されている、と宣言する人々を指すとのこと〕。彼らは過去を振り返り、科学の誤解や誤用を目にする。それらは今ならたやすく正せるものだ。だが、そのような修正は絵空事にすぎない。汽車はすでに駅を離れており、後戻りすることはけっしてない。汽車はすでに引退し、寿命が尽き、機関士も、機関助手も、車掌も亡くなっている。新しい電車が駅に入ってくるというのが自然の成り行きだ。科学はこうして、段階的に、進化するデザインの時間の矢が指し示す方向に進化していく。

人間はあらゆる動物のなかで、自分が動き、生き、個体、集団、種としてあり続けるような変化を起こす能力が最も高い。今日、人間はこの競争で文句なく勝利を収めている。農業と動物の飼育のおかげで、食物獲得の可能性を高める段階的変化は飛躍的な前進を遂げた。幾何学から熱力学まで、さまざまな科学のおかげで、力へのアクセスは人間の動き方の点で途方もない変化を経てきた。

文明の歴史は、このような種類と規模の変化に尽きる。そのすべてが有用で、私たちにより容易で、安全で長く、持続可能な人生を提供してくれる。そのような目的で有用なデザイン変更を行なう能力こそが知識なのだ。[*5] このより容易な動きの波に他の人々も乗せて運ぶ能力を持っているのが、知識の拡がりだ。

新しい配置とリズムは、流れるものへのより大きなアクセスを提供するように現れ出てくる。そして、進化するデザインのうちでも特別の種類のものが、その流れを持続可能なかたちで維持している。これらの新しいデザインは、私たちとともに形を変え、時とともに私たちの動きを促進する。人間の暮らす地表でのデザイン変更の拡がりは、より良い科学、認識作用、テクノロジー、コミュニケーション、その他多くのものとして知られている。

コミュニケーション、とくにテレコミュニケーションには重量がないと言う人もいるだろう。それならば、動くもののいっさいが、燃料と（自然の、あるいは人造の）エンジンからの力を原動力とし、周囲と相対的に流れることによって散逸する、この幅広い構図に、コミュニケーションはどのように収まるのか。これは難解な問題で、断じて瑣末なものではない。これは、発話から電子メールまで、コミュニケーション行為のあいだに使われる微量の力の問題ではない。地球上における人間の進化の構成という物理的現象では、コミュニケーションは中心を占め、動き（生命）に与える影響は巨大だ。人類の流れのあらゆる面が、コミュニケーションに依存している。そのうちの二つだけを挙げておこう。

第一に、私たちはコミュニケーションのおかげで組織化し、いっしょに動く（生きる）ことができる。進歩している社会ほど動きが激しく、組織が効果的で、単独の個人としてよりも集団の一部として動くほうが容易だ。

第二に、コミュニケーションは「知識伝達」という、現実の物理的現象だ。有用なデザイン変更を生み出す能力は、コミュニケーションのおかげで、その能力を持つ人々から、そのデザイン変更を自ら実施することで恩恵を得られる人々へと伝わる（図9・3参照）。コミュニケーションの物理的影響は、そのコミュニケーションが受け取られ、デザイン変更が行なわれた（改善された古い流路の上に新しい流路が重なった）あとに、どれだけ新たな動きが可能になったかによって測定できる。コミュニケーションの物理的影響の例は、地表に遺された工学的知識の痕跡から、同じ地表に対する政治的アイデアの革命的な影響まで、いたるところに見られる。ベルリンの壁の崩壊前、旧西ドイツから旧東ドイツへ流れたコミュニケーションや、旧東ドイツ内部での人間の動きに、以前と比べて起こった違いを考えてみてほしい。

本章ですでに述べたように、知識は自然に広まり、知識を持った人の数は増えている。とはいえ、知識は明白であると同時に紛らわしい。情報やデータ、書物、数値、その他多くのありふれた語句と取り違えられることが多いからだ。スイスの思想家ドニ・ド・ルージュモンの評論を読むと、その霧が晴れる。*6

どの教授も、自分の教えのうちで学生たちの頭に残るのは、「プログラムの中」にあったものではなく、跳び抜けて優秀な学生たちに自分が気づかぬうちに伝えていた、別のさまざまな事柄であったことをある日発見して驚愕する。

〔ジャン・〕ジョレスがそれを見事に言い表している。「人は自分の知っていることではなく、自分というものを教える」

コンピューターは多くのことを知っており、すべてを知ることさえ可能だが、自分というものを持たない。コンピューターは心を形成することができない。心を提供するような目的を持たないからだ。だがコンピューターは、心を形式ばった従順な存在におとしめることは十分可能だ。

コンピューターは自分というものを持たないし、今後も持たないだろう。それに対して、あなたには、あなたというものがある。使い手としてのあなたが存在する。コンピューターはあなたへの付加物にすぎない。コンピューターを使う人間というものの拡張物でしかない。非常に多くの、ほとんどが非常に古い拡張物の一つなのだ。

知識の流れとかたち

知識は、それを持っている人から、持っていなくて必要としている人へと、一方通行で自然に広まる。なぜ、自然に広まるのか。知識（デザイン変更）は人間を動きやすくするからであり、また、より大きな流れに向かっていく傾向は自然で普遍的だからだ。知識の量が多い人と少ない人との境界は、時とともに前進する。「高」が「低」に浸透していく。「高」には知識のある人々がいて、「低」の人々よりも多く動いている。私たちはこの自然の傾向を他のいくつかの呼び名で知っている。後ほど、ことわざや格言を挙げて紹介しよう。

良いアイデアには聞き覚えがあるものだ。良い歌を耳にすると、以前にも聞いたことがあるような気がする。私たちはみな、「良い」ものの文化の出身者なのだ。私たちは良いものは記憶にとどめ、そうでないものは忘れる。そうでなければ、ここにこうして存在していないはずだ。飢えや寒さ、苦しさで、とうの昔に死に絶えていただろう。

私たちがこのようななじみ深さを感じるのは、アイデアの良さについて意見を表明しているようなものだ。私はコンストラクタル法則について講義をするたびに、この種の意見を耳にする。この法則は、私たち全員に生まれながらにして備わっている。以下のようなことを口にするとき、私たちはじつはこの法則を引き合いに出しているのだ。

流れに乗れ。

最短経路を見つけよ。

目的は手段を正当化する。

カルペ・ディエム（その日をつかめ）。

何でもあり。

郷に入っては郷に従え。

すべての道はローマに通じる。

長いものには巻かれろ。

誰もが勝者を愛する。

何かをやってもらいたければ、忙しい人に頼め。

富める者はますます富む。

賢者は考えを改める能力で知られる。

二度目の機会は良いものだ。

時代は変わった。

時間は味方。

「何でもあり」と「郷に入っては郷に従え」は矛盾するように聞こえかねないが、法規とは何か、なぜ法規は自由を保障するか、なぜ法規は自然に発生するかを、両者はいっしょに示している。人がいる所には法がある。この逆を述べたのがヘンリー・キッシンジャーで、彼も同じメッセージを送っている。「自分がどこへ行くのかを知らなければ、どの道を進んでもどこにも着かない」

この常識のリストに、私が本章を書いていたときに頭に浮かんだ事柄を一つ付け加えよう。それは、世界は小さい、あるいは小さくなっているという感覚だ。私たちはみな、ひっきりなしに、あるいは毎日のように同じ人々に出くわしているように思える。だが実際には、世界は小さくなってはいないし、それは測定できる。この感覚には他に起源がある。私たちは流路を通って動く。自らの河川や細流を通って地表を動く。そうした流路は少数で、そこを通る人々は自分に似ている。その数は多くはなく、私たちは彼らに出くわす。頻繁に旅をする人は、空港のビジネスラウンジで同じ顔を見かける。彼らは自分が出会う人々が誰かは知らないが、それでもみな、そうした非常に少数の流路を流れている。

それとは逆の種類の例もある。知らない人に初めて出くわすときだ。数年前、私はエディンバラ大学に息子のウィリアムを訪ねた。エディンバラの歩道はとても狭い。私は注意して歩いていたつもりなのに、こちらに向かってくる人とぶつかってばかりだった。翌日、理由に思い当たった。アメリカでは自動車は右側通行だが、スコットランドでは左側通行だ。歩道は狭いのに、私は右側通行の習慣が身についており、地元の歩行者は左側通行が体に染みついていたから、いけなかった。私たちは異なる流れを目にし、それに乗っているのだ。

知恵は、あらゆる世代のあらゆる人が身につけている。その知識が積み重なり、幾世代も経ると、ついに誰かが「もうたくさんだ。共通項でくくって、万事を一つの言葉にまとめて覚えておくことにしよう」と言い出す。そしてその言葉こそが、物理の法則だ。

流れに乗ることには何の危険もない。もし危険だったとしたら、誰もが遠い昔に崖から落ちていたことだろう。それが証拠だ。人間の進化は、何十万年にもわたって進化してきた人間のデザインの知恵であり、私たち一人ひとりを包み込む、進化を続けるテクノロジーだ。私たちは自らのために進化する。ためにならないものは捨てられ、忘れ去られる。

すべては一方向に進化し、その歩みは不規則なこともあれば滑らかなこともあるが、どちらにしても恐れる必要はない。私たちの進化の仕方は自然であり、ミシシッピ川流域の水の流れ方と何の違いもない。私たちはみな、ここから別の場所へと動いている重量なのだ。

科学自体も進化するデザインなのだが、多くの科学者がそのデザインを見落としている。科学は、形（形象）の学問である幾何学として始まり、力学とともに継続した（力学は、動く形の学問であり、結びついた形の学問だ）。だから、自然の科学的な説明はしばしば力学的と言われるのだ。それが古い名称であり、物理学の最初の呼び名だ。今やその名前は物理学で、自然に起こることのいっさいを意味し、ギリシア語に由来する。ラテン語に由来するもう一つの名前は「自然（*natura*）」で、万物を誕生させるものを意味する。この誕生の中では、私たち人間は河川や動物、風と同類だ。

知識（ニュース、科学）は、「高」から「低」へ流れる。持つ人から欲する人へ流れる。一方の側がもう一方の側に教えとして提供するものが何もなければ、流れは止まる。古いニュースは伝わらない。

英語の支配

知識の拡がりは、言語のデザインがどのように人間の動きを可能にしたかに最もよく表れている。あなたが英語に一〇〇パーセント浸（ひた）っていないとしよう。旧世界に住んでいて、自分のものとは異なる数か国語を話すいくつかの国の人々に囲まれているところを想像してほしい。次に、あなたの言語と関連のある言葉を話す近隣の人々がいると仮定する。言語Aが言語Bに密接な関連を持つからといって、Aを母国語とする人がBを理解できる度合いと、Bを母国語とする人がAを理解する度合いが同じとはかぎらない。この非対称性には一つの規則がある。

「より小さい」言語（拡がりの度合いが低い言語）を母国語とする人々のほうが、より広範に広まった関連言語を理解したり話したりしやすいのだ。

ルーマニア人は誰もがそれを知っている。ルーマニア人は、イタリア語、フランス語、スペイン語、ポルトガル語を理解できる。これらの言語の教育を受けていなくても理解できる。イタリア語はとくにルーマニア語に近くてやさしい。実際、イタリアに行ったルーマニア人は、何を目にしても耳にしてもわかるほどだ。

だが、逆の場合はそうはいかない。ルーマニアにやって来たイタリア人が、二つの言語の近縁関係に気づくにはしばらくかかる。フランス人は一九世紀に多くがルーマニアで活躍するようになって、フランス語とルーマニア語の近さを発見した。

ポルトガル人の同業者たちから、同じことを聞いている。ポルトガル語とルーマニア語に関してではなく、はるかに近いイベリア半島の、すぐ隣の国の言葉に関してだ。ポルトガル人がスペイン語を話すのは、スペイン人がポルトガル語を話すよりも簡単なのだそうだ。

アラビア語も似たり寄ったりだ。マグレブ（モロッコ、アルジェリア、チュニジア）の方言を話す人は、エジプトの方言が容易に理解できるが、その逆は成り立たない。エジプト人は近隣の方言を聞いたときに不利な立場に立たされる。

西ヨーロッパに行ったアメリカの交換留学生が、ヨーロッパ人のクラスメイトが「平均で二、三か国語」話すと知って驚くという話もよく聞く。もちろん、ヨーロッパの人々は、アメリカ人が英語を話すほど完璧に二、三か国語を話すわけではない。それでも、肝心な点は明白だろう。耳が鍛えられている人々もいれば、そうでない人々もいるのだ。

この非対称性の原因は脳の違いではない。西ヨーロッパの人々のほうが頭が良いというわけではない。先ほどの例の最新版では、驚いたのは西ヨーロッパの人々だった。共産主義体制が崩壊したあと、西ヨーロッパには、東ヨーロッパのありとあらゆる種類の人々が押し寄せた。するとどうだろう。西ヨーロッパの人々は、東ヨーロッパの人々が、なんと「平均で六か国語」話すことを思い知らされたのだ。

この非対称性はなぜ起こるのか。

共産主義体制下では、ドアをわずかに押し開けて、世界を覗く唯一の（そして違法な）方法は、ラジオを聴くことだった。いや、ロシアのラジオ放送ではない。東ヨーロッパの人々は西を向き、フランスやイタリアの放送を聴いた。英語も聴いた——夜中にベッドに潜ってラジオで「アメリカの声（ヴォイス・オヴ・アメリカ）」（アメリカの国務省の一部門が外国向けに行なう短波放送）に耳を傾けた。それはヨーロッパにおける真の暗黒時代だった。その時代には、イタリア人はルーマニア語で何一つ聴く必要がなかった。彼らには、ラテン語に最も近い、ルーマニア語という言語は存在しないも同然だった。彼らは現代ルーマニアよりも、古代ローマの属州だったころのダキア（現在のルーマニアにあたる地域〕についてのほうが詳しかった。

ヘルシンキ工科大学の同業者たちからも、同じような話を聞いた。エストニア人はフィンランド語がわかるが、フィンランド人はエストニア語がわからないという。これには驚かされる。フィンランド語とエストニア語（そしてハンガリー語）は、ヨーロッパではなくウラル山脈東方の中央アジアに起源を持ち、密接に結びついているからだ。この非対称性は、共産主義時代にエストニア人がフィンランドのラジオとテレビを視聴していた事実によって説明できる。その逆は起こらなかった。フィンランド人はイタリア人と同様、共産主義国から発せられるものからは、ほとんど学ぶものがなかったのだ。

アラビア語圏では、音楽やテレビ番組、映画はおもにエジプトで制作される。アラビア語を話す人々はみな、エジプト訛り（なま）りで文化を学ぶ。アラビア語の世界では、エジプトのアラビア語こそが主要言語なのだ。それが主要なのは、非常に多くの人が話しているからで、それだけの人が話すのは、世界中でその言語には何か重要なもの（知識あるいは文化）が流れているからだ。

文化とは、良いアイデアや決定を意味する。ここで言う「良い」アイデアとは、活用された場合に、人類の動きや生命の動きを促進するものを指す。良いものは移動するし、移動し続ける。受け容れられる。人々に押しつけられたりしない。世界全体がこの方向に向かって形を変えてきた。知識が流れ出る飲み口から、その知識を飲むために。人間の移住はすべて、この渇きを原動力としている。

近代における方向は、フランス語と英語という二大言語を向いてきた。一〇〇年前にはどちらもグローバルな言語だったし、オリンピックや国連、あらゆるパスポートを見ればそれが明らかだ。両者の相乗効果は、過去二〇〇年間に多くの言語で、そしてとくに今ではインターネット上を席巻するデジタルメディアで、アルファベットが広まっているのを見れば明らかだ。やがて、英語のほうがフランス語よりも有用になった。皮肉にも、これはフランス語のおかげだ。一〇〇〇年前にノルマン人がイギリスを征服したせいで、英語にはフランス語がたっぷり入っている。英語の語彙のおよそ四分の三がラテン語に由来し、残る四分の一はゲルマン語に元をたどれる。フランス語と違い、英語はゲルマン諸語とロマンス諸語を話す人々にはみな、なじみ深く聞こえた。フランス語はロマンス諸語を話す人にしか聞き慣れた感じがしなかった。地球上での動きにとって、フランス語よりも英語のほうが優れた潤滑油であり、人種のるつぼであることの影響を多く受けたアメリカ英語のほうがイギリス英語よりもなおさら優れた潤滑油になっている。だから英語がコミュニケーション、科学、文学、地球を支配しているのだ。エスペラント語はけっして必要ではなかった。

英語の拡がりを促進している主要な特徴が一つある。その単純さだ。英語の文法は、フランス語、スペイン語、ドイツ語といった、もっと古い言語の文法よりもはるかに単純だ。使用範囲が限られている言語を持つ国で生まれた子供は、その違いを感じる。英語はより単純であるばかりでなく、初心者にとってさえ、より解放的でもあるので（話し手を歓迎するので）、話しやすい。英語を話すのを学ぶことを、フランスで初めて口を開いてフランス語を話そうとすることと比べるといい。フランス語を話すのには勇気がいる。

言語は私たちが普段認めるよりもはるかに科学の役に立っている。新しいアイデアが浮かんで、それを表す言葉がまだ発明されていないときには、（他に選択肢がないため）既存の語句を不正確に使わざるをえない。それ以外に方法がない。言語は誤用されたときにさえ役に立つ。科学が大きな変化を経験している事実に人々の注意を引くからだ。それは、何か新しいものの到来を告げる。そして、鋭い洞察力を備えた人物でさえ、それにふさわしい言葉は見つけられない。

単純さは、どんなアイデアが流れるのにも都合が良い。これまでに述べたものや、日常のコンピュータープログラミングにおける言語の選択は、デザインの流れの形を変える上での特徴の一つになっている。同じ現象の驚くべき実例が、世界中でのスポーツの拡がりに見て取れる。世界で視聴率の高い試合の階層は、ルールの単純さの階層と一致しているのだ。この階層は、各リーグのルールブックの語数に基づいて測定できる。*7

サッカー（FIFA）　二万一八九一語
バスケットボール（NBA）　二万九五八一語
野球（MLB）　四万六七九七語
ホッケー（NHL）　五万九〇六五語
アメリカンフットボール（NFL）　七万三三三語

単純さにはコストの低さが付き物なので、単純なものほど、より多くの人（恵まれない人）がアクセスしやすくなる。

知能とは何か

進化を続ける人間と機械のデザインにおける目的ある変更を生み出す能力が知識だとすれば、人間の知能とは何だろうか。この問いに対するさまざまな答えを調べたのがレッグとハターで[*8]、二人は、人工知能の根本的な問題は知能とは何かが本当にわかっている人が誰もいないことであるという所見から始めている。彼らはスタインバーグを（Gregory より）[*9]引用し（「知能の定義は、それを定義するよう求められた専門家の数とほぼ同じほどあるように思える」）、以下のもののような定義を二〇余り列挙している。

「私たちの見るところでは、知能にはある根本的な能力が含まれ、それが改変されたり失われたりすれば、実生活に重大な影響が出る。この能力は判断力であり、良識、常識、イニシアティブ、自らを環境に適応させる能力などと呼ばれることもある」

ビネーとシモン[*10]

「経験から学んだり恩恵を受けたりする能力」

ディアボーン[*11]

「人生における比較的新しい状況に自らを適切に適応させる能力」

ピンター[*12]

「人は環境に自らを順応させるために学習してきただけの、あるいは学習できるだけの知能を持っている」

コルヴィン[*13]

「生物が新しい問題を解決する能力を指して『知能』という言葉を使うことにする」

ビンガム[*14]

「目的を持って行動し、合理的に思考し、環境に効果的に対処する個体の能力を含む、包括的概念」
ウェクスラー[*15]

「複雑な概念を理解し、環境に効果的に適応し、経験から学習し、多様な形態の推論を行ない、熟考によって障害を克服する能力には、個人差がある」
ナイサー他[*16]

「私はそれを『成功する知能』と呼びたい。なぜなら、人生における成功を達成するために自分の知能を使うところに重点が置かれているからだ。だから私はそれを、何であれ自らの社会文化的文脈の中で人生で成就させたいと望むものを達成する技能と定義する――つまり、人にはそれぞれ異なる目標があり、それは、学校で非常に高い評価を得たり、試験で良い成績を収めたりすることである人もいれば、優秀なバスケットボール選手や俳優や音楽家になることである人もいる」

スターンバーグ[*17]

「知能とは人間と外部環境の境界において、認知タスクの要求の結果として透けて見えてくる内部環境の一部である」
スノウ[*18]

「個人が、自分が置かれたどのような環境でも適応して繁栄するのを可能にする、ひと揃いの特定の認知的能力であり、そうした認知的能力には、記憶や検索、問題解決などが含まれる。多様な環境に首尾良く適応することにつながる一群の認知的能力がある」

サイモントン[19]

「知能とは非常に一般的な心的能力であり、それにはとくに、推論したり、問題を解決したり、抽象的に思考したり、複雑な概念を把握したり、素早く学習したり、経験から学習したりする能力が含まれている[20]」

「知能は、単一のひとまとまりの能力ではなく、むしろ、いくつかの機能の複合体だ。この用語は、特定の文化の中での生存と向上に必要とされる能力の組み合わせを意味する[21]」

「抽象的思考を行なう能力[22]」

ターマン

レッグとハター[23]はこれらの所見をまとめ、次のようなより一般的な定義を提案している。「知能とは、行動主体が多様な環境において目標を達成する能力の程度を示す」。これは、「知識を得る能力と所有している知識[24]」や、「知能はあらゆる種類の行為を貫く一般的要因である」（ジェンセン[25]）という見解と符合する。また、コンストラクタル法則にまとめられている物理の定義とも一致する。[26] もし物理的現象としての知識と知能を区別するとすれば、知能は知識を所有したり、創造したり、伝えたりする人間の能力ということになる。

ようするに知識とは、アイデア（デザイン変更）と行動（デザイン変更の実行）という、同時に存在する、デザインの二つの特徴の名称なのだ。データや本のページは知識ではない。デザイン変更は自然に広まり、動きの拡がりを促進し、高める。変化と、変化の拡がりには伝染性があり、終わりはない。あらゆるデザイン変更を導く時間の矢がある。それはあらゆる場所でのより大きな動きを実現するために、いたるところにいる「魔物」からより多くの力を獲得する方向だ。とはいえ、流れ、流れながら自由に形を変える生きた系はみな、有限の生命を持っている。それがどれだけ長く、なぜ有限かは、理論物理学の疑問であり、それには次の章で取り組むことにする。

第10章　死とは何か

生命とは何かという問いに対する答えは、万物の科学である物理学によってもたらされ、今や明確になった。生命とは、地球上で進化を続ける動きだ。動きは流れの道筋を作り出し、その道筋がしだいに大きなアクセスを提供してくれる。そして動きは終始、それぞれ独自のS字カーブをたどって推移しながら拡がる。進化とは、時の経過とともに自由に変化する流動デザインという、この壮大な映画に与えられた名前だ。進化とは、その流れを促進する有効なデザイン変更の拡がりだ。進化はけっして終わらない。

この答えは明確だが、まだ不十分だ。肝心な最後の、そう、最後の問題がまだ残っている。死とは何か、だ。なぜ生命は終わらざるをえないのか。いつ生命は終わらざるをえないのか。この最後から二番目の章では、その問題を物理の言葉で表せば、答えが簡単に得られることが明らかになる。つまり、なぜ動きは終わらざるをえないのか、そしていつ終わらざるをえないのか、なぜ死は、生命という進化するデザイン現象の不可欠の要素なのか、と問えばいい。

この物理学的な問いと、何世紀も前から生物学で採用されているアプローチとのあいだの深い溝に注目してほしい。本書では、なぜ生きている細胞や組織が劣化するのかは問わない。細胞や組織のどんなプロセスで、ボツワナの砂漠でのオカヴァンゴ川の死を説明できるだろう。ソヴィエト連邦という帝国が死に至る途上でどんな細胞や組織が衰弱したというのか。それは自由な東ヨーロッパを誕生させたのと同じプロセスだったということになるのだろう。だが、このような検討の仕方は明らかに不条理だ。死が誕生と同じであるわけがない。

ようするに、最後の問題の答えを見つける初めの一歩としては、この問題を生物学の言葉で表し続けるのは、すでに掘り起こした丘をさらに掘り返し続けるのに等しいと認識しなければならない。とはいえ、生物学も役に立つ。なぜなら、科学者なら誰もが死について考えるし（歳をとればなおさらだ）、彼らはすでに厖大な量の観察データを積み上げてきているからだ。多くの人にはランダムに見えるものの中に構成を見出す人もわずかながらいる。最後の問題に答える手掛かりを、物理学の一般的な言明にまとめるとこうなる。大きな動物ほど長生きし、遠くに移動する。大きな石は遠くまで転がり、その動きも長く続く。大きな波も同様だ。私たちはみなこれを知っているが、生物と無生物の全領域でこの構成が普遍的であることは見過ごされてきた。

なぜ大きな動物のほうが長生きするのか

生物学では、動物の寿命 t と体の質量 M との経験的関係は十分裏づけられている。それは $t \sim M^{\gamma}$ という類(たぐい)の関係で、この指数 γ は1より小さい。哺乳類では観察の結果から、γ は約0・22で、動物は $t \sim M^{\gamma}$ 曲線の周囲にかなりばらついて見られることがわかる。[*1] 指数 $\gamma \sim$ 0・22は、大きい動物ほど長生きするが、大きさが二倍になっても二倍長生きするわけではないことを意味する。平均すると、ほんの一六パーセント長く生き延びる程度だ。

これらは単なるモデルであり、観察結果を単純化して表したものだ。モデル化の本当の意味を認識するために、湖に浮かぶ本物のカモと木工店で作られたカモについて考えてみよう。辞書の定義がすべてを語っている。つまりモデルとは、自然界で観察されるものの複製や単純化した表現だ。湖に浮かぶカモのほうが先に存在していた。結論――モデル化とは経験に基づく手法であり、理論の対極にある。したがって、モデルは理論ではない。

いったいなぜ大きな動物のほうが長生きするのだろう。これは最近まで謎だった。[*2] 説明が困難だからではなく、誰も問題にしなかったからだ。指数 γ の経験値が問題にされなかったのは、それがたまたま1/4に近いからかもしれない。指数が1/4か、1/4の倍数になる経験的関係はいくつかあり、そのそれぞれには現に理論的な根拠もある。例を挙げると、心搏（しんぱく）数と呼吸の時間間隔はMの$\frac{1}{4}$乗に比例し、代謝率はMの$\frac{3}{4}$乗に比例している。[*3] $\frac{1}{4}$や$\frac{3}{4}$のような指数は、すべての動物のデザインが$\frac{1}{4}$乗のスケーリングに基づいており、それはすべて理論に基づいているという印象を与えてきた（二〇〇五年以前の動物のデザイン分野の調査報告も参照のこと）。[*4]

その印象に初めて出合って奇妙だと思ったのは、二〇〇四年にスイスのアスコナで開かれた動物のデザインを研究する生物学者との学会に参加したときだった。[*5] その学会で私は動物のデザインに関する、飛行速度（$V \sim M^{1/6}$）の理論式を発表したが、[*6] 指数$\frac{1}{6}$は$\frac{1}{4}$ではないし、$\frac{1}{4}$の倍数でもなかった。もし動物のデザインがすべて、$\frac{1}{4}$乗のスケーリングに基づいているはずならば、$\frac{1}{6}$とはどういうことなのだろう。

$\frac{1}{4}$乗のスケーリング則が代謝や呼吸やその他いくつかの身体機能に当てはまるという考え方では説明できない、動物のデザインの経験則が他にもあるのではないか、と私は考えた。答えはイエスだ。寿命と体の大きさとの関係を説明できるように見えるにもかかわらず、理論には裏打ちされていない重要な$\frac{1}{4}$乗のスケーリング則が一つあったのだ。なぜなのか。

答えは移動にある。代謝率の$\frac{1}{4}$乗のスケーリングは、逆方向に流れるように配置された動脈と静脈の樹枝状デザインの結果だ。動脈と静脈は、この逆方向の流れに沿う向きで、動物の体と環境とのあいだの断熱材の働きをする。[*7] 呼吸の$\frac{1}{4}$乗のスケーリングと、とくに呼気と吸気の周期的断続は、（組織に酸素を、組織から二酸化炭素を、という）高密度の物質移動のための肺の樹枝状デザインには必須の特徴だ。[*8] 重要なのは、代謝や呼吸の1/4乗のスケーリング則が当てはまるのは、熱を生み出し呼吸はしているものの地表を移動せずにじっとしている動物であることだ。

ところが生存期間とは、何もしていない状態のことではない。生命は動きに満ちており、物理の原理から寿命を予測するには、まず動物の動きを予測しなければならない。動きと寿命の関係がわかればすぐさま、寿命のスケーリングが普遍的に違いないことがわかる。それはなぜか。すべての動物（飛ぶもの、走るもの、泳ぐもの）と、人間と機械が一体化した種（私たちの輸送手段）を移動のスケーリング則が結びつけているからだ。寿命は動物だけのものではないはずで、水流や気流や岩のような無生物を含め、動くものすべてに備わっていてしかるべきなのだ。

動物の寿命を予測するにはまず、彼らが生きているあいだに地面の上や気流の中に刻みつける道筋の全長を予測しなければならない。それによって、大きな動物ほど長生きするだけではなく、遠くまで移動することがわかる。ようするに、生命は複雑に見えるかもしれないが、ごく単純に記述するにはたった二つの値を測定するだけで済む。それは寿命と生涯移動距離だ。これら二つはともに物理にしっかりと根差しているので、生命そのものが物理的現象となる。[*9]

ジェットとプルームのあいだ

質量の運び手のうちでも、地球上で最も単純で、最も大きく、最も古いものから始めよう。それは乱流のジェットとプルームのかたちをとる、大気や海水の動きだ（図10・1）。暑い日に地面から立ち上る暖かい空気の柱は、その一例となる。プルームの流体は周囲より温度が高い。一方、ジェットは噴射口から出るときの、最初の運動エネルギーで動く。ジェットの流体の温度は周囲の流体の温度と同じだ。自然界のあらゆる流れがジェットとプルームのあいだに収まる。つまりどの流れも、ジェットとプルームの混合で、プルームよりジェットに近いものもあれば、ジェットよりプルームに近いものもある。

乱流のジェットとプルームは、約二〇度の先端角度の、時間平均した混合領域（円錐形かV字形）を占める。[*10] 図10・1の下段を見てほしい。どの瞬間も、ジェットの中にはさまざまな渦が肉眼でもはっきり見て取れる。生きた流動系の普遍的な階層制（少数の大きなものと多数の小さなもの）がこの構成も支配する。多数の小さなものは、ジェットの発生源の近くで最初に生じる。少数の大きなものは、図に描かれている瞬間にたまたま発生した。考えてほしい。最も小さなものは図の中の最も古い流動デザインだが、一方最も大きなものは最も新しい。この章で

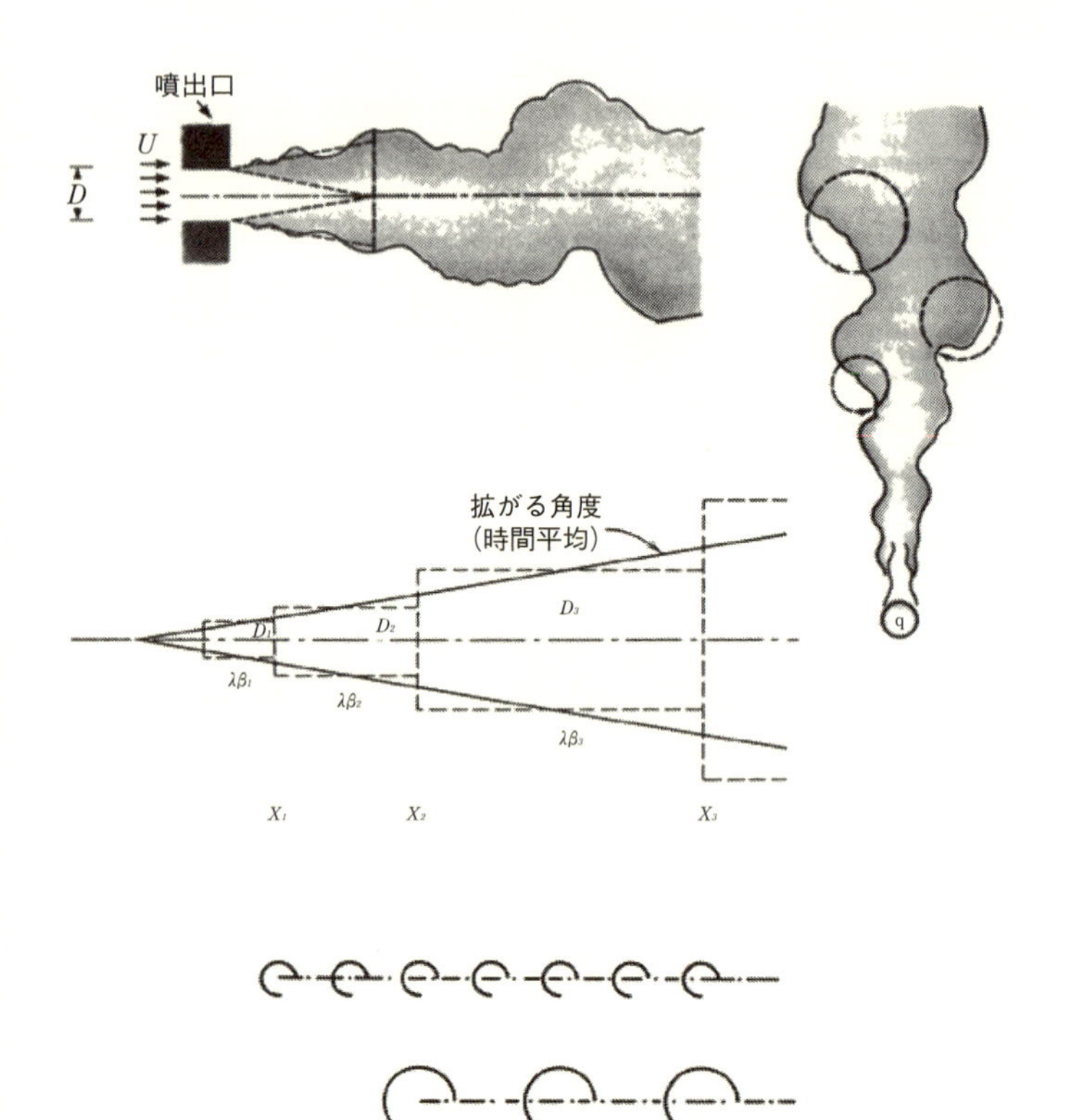

図10.1　乱流ジェット、乱流プルーム、剪断層
時間平均した流れは、約20度という一定の角度の円錐形あるいはV字形になる。くねくね曲がる流れの段階的な構造と渦が発生するメカニズムは、コンストラクタル法則から予測される。小さな渦は、流れの領域の源近くでより頻繁に発生する。大きな渦は流れの先でもっと低い頻度で発生する。すべての渦は持っている運動エネルギーが粘性散逸することにより死ぬ。小さな渦はあまり長生きせず、遠くまで進まない。大きな渦は長生きし、遠くまで進む。
A. Bejan, *Convection Heat Transfer*, 4th ed.（Hoboken: Wiley, 2013）, chapters 7-9.

見ていくように、小さなものは大きなものより先に死んでしまう。

　これは、小さな子供は幼くて、大きな大人はずっと歳をとっているという、私たちが教わった成長に関する考え方からすると矛盾しているように思われる。だが、実際には、まったく矛盾していない。成長は進化ではない。成長は流れの形を変える一つの現象であり（第7章参照）、進化は自然界のいたるところにある、別の独立した現象だ。

　さて、スリット幅Dの噴出口から速度Uで出てくる平たい（フラット）ジェットを想像してみてほしい。ジェットは周りの流体と混ざるために、流れの軸方向xの速度が遅くなる。その中心線の速度u_cは$u_c \sim UD/x$というかたちで減速する。

　このジェットはどれぐらい遠くまで移動するだろうか。ジェットが移動する距離を$x \sim L$としよう。Lは、中心線の速度が非常に遅くなって、$u_c/U = \varepsilon$になる地点だ（ただしεは、1よりもはるかに小さい定数、たとえば0・01として定めておく）。この式を$u_c \sim UD/x$と組み合わせると、ジェットの進む距離は$L \sim D/\varepsilon$であることがわかる（ただしDはジェットの物理的な大きさ）。したがって、ここから得られる第一の結論は、大きなジェットほど遠くまで移動するはずである、というものだ。

　この流体はどれぐらいの時間、移動し続けるだろうか。この疑問に答えるために、$dt = dx/u_c$を噴出口の先端（$x = x_0$　ただし　$u_c = U$）から$x = L$まで積分すると、$t = (L^2 - x_0^2)/(2UD)$

となる。x_0^2はL^2と比べた場合に無視できる（$\varepsilon \ll 1$と仮定したため）ことに注目すると、どんな流塊（流体の一群（パケット））の寿命も、ほぼ$t \sim D/(2\varepsilon^2 U)$であることがわかる。したがって第二の結論は、大きなジェットほど長続きするはずである、となる。

平たい断面を持つ乱流ジェットに当てはまるものは、断面が円形のジェットにも、乱流プルーム（断面が平らでも円形でも）にも当てはまる。[*11] それらはみな、大きいほど長時間存続し、遠くまで移動する。

河川の寿命

河川は乱流ジェットに似ている。ただし、河川は流体を通過する流体の流れではない。河川は固体を通過する流体の流れで、川床を浸蝕しながら流れていく。川床は固体だ。流れには、曲がったり不安定になったりする自然な傾向があり、膨らんだ湾曲部は、制約を受けないジェットの場合であれば渦を生み出すだろうが（図10・1）、川床がこうした傾向を抑制する。河川では、流れが安定した湾曲部は蛇行として見て取れるが、この蛇行は静的なものではなく、形を変えながら、下流に向かって非常にゆっくりと移動する。このような類似性があるので、乱流ジェットは三角州に似ていると言える。三角州では、すべての流れ（三角州の流路）が不安定になり、河道の階層制と同類の渦の階層制（少数の大きなものと多数の小さなもの）を生み出す。

河川では、水の流れは重力を原動力としており、傾斜した川床に沿う。オカヴァンゴ・デルタ（図10・2）の流れを考えてみよう。オカヴァンゴ・デルタの本流はアンゴラから流れてきて、ボツワナにある広大なカラハリ砂漠に、明快な境界もなく拡がる平坦な地域に侵入する。長さLは水の生涯移動距離だ。水がこの距離を移動するのに必要な時間tは河川の寿命だ。tやLはどれだけの大きさだろうか。そして、それらは流動系や本流の大きさにどれほど依存しているのだろうか。

これらの疑問に答えるために、図10・2の下段に示した三角州のモデルを考えてほしい。三角州は水平だ。流れは、ここに到達する河川の運動エネルギーを原動力としている。その速度はV_0で「噴出口」の直径はD_0だ。河川の横断面には幅と深さの二つの長さがあるように見えるが、より大きな流動アクセスのためのデザインは、あらゆる大きさの河川で、川幅が水深に比例するという、予測できるかたちで進化する。[*12] この断面には、二つでなく一つの長さスケールしかなく、図のモデルでは長さスケールはD_0だ。

次に、三角州の入口V_0からずっと先の周辺部にある、最も小さい支流の末端V_nまでの、質量M_0の水のパケットの移動を考えよう。分岐レベルの数nは1よりもはるかに大きい数だ。

水のパケットは断面積がD_0^2であり、流れの軸方向の長さをD_0とする。すると、M_0はρD_0^3と等しい（ただしρは水の密度）。

水のパケットの初期運動エネルギーは$\frac{1}{2}M_0V_0^2$で、すべての川床（少数の大きなものと多数の小さなもの）に沿って、乱流摩擦（底面の剪断応力τ_0、τ_1、……）によって散逸する。この散逸プロセスの分析では、それぞれの分岐レベルで質量と運動量の保存を考慮しなければならない。どの分岐レベルでも、流路の太さや速さの段階的な変化に注目してほしい。下流の流路はより細く、より多くなっているのは、質量の保存のためなのだ。

最後に、粗面流路の乱流では川床での摩擦剪断応力（図10・2では、L_0に沿ってτ_0としてある）が、流れの速度の二乗に比例する（たとえば$\tau_0 = 1/2\rho V_0^2 C_f$　ただしC_fは経験的に得られる約0・01の定数）ことに注目すれば、

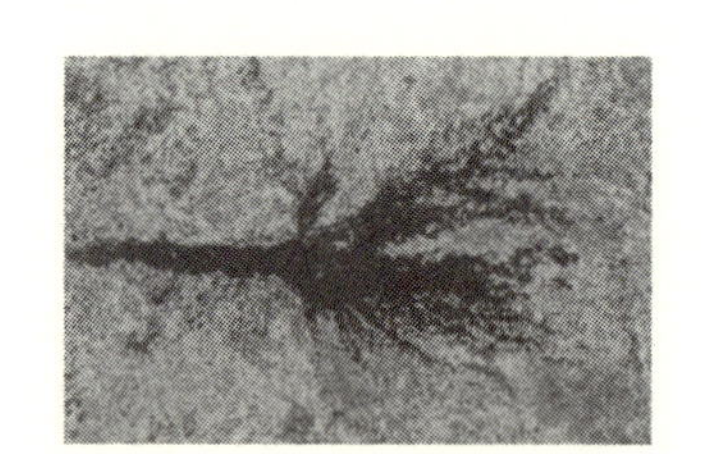

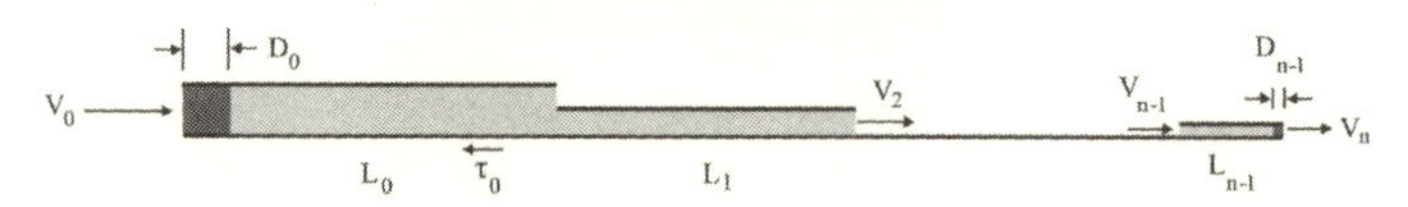

図10.2　ある領域での河川の拡がりは、流体の貯留層へのジェットの拡がり（図10.1）に似ている。上段の画像はオカヴァンゴ・デルタ（NASAの写真）。

モデルが完成する。水のパケットが遭遇する摩擦力の総和は、剪断応力に、パケットと川床が接する面のスケールを掛けたものだ（たとえば、三角州の入口では$\tau_0 D_0^2$）。パケットの運動エネルギーは摩擦のために流路に沿って散逸し、減少する。

この分析[*13]によって、入口から出口までの移動時間$t \sim 0.5D_0/(C_f V_0)$と、移動距離$L = L_1 + L_2 + \ldots = 0.4D_0/C_f$という単純な公式が導き出される。驚くべきことに、河川におけるtとLの公式は、すでに述べた断面が平らな乱流ジェットのための式と実質的に同じになる。大きな河川ほど長時間存続し、遠くまで移動する。

車両の寿命

車両などは、これまでに予測してきた空気や水のジェットと同じだ。図10・3でモデル化した車両の移動を考えてみよう。車両は距離Lを移動し、その間、燃料M_fを消費する。車両の質量Mには二つのおもな構成要素がある。燃料の質量M_fと車両の質量M_mだ。

M_fを燃焼することで熱量$Q = M_f H$（ただしHは燃料の発熱量）がエンジンに供給される。Qから生み出される仕事量は、距離Lを移動するあいだに消失する。すなわち、$W = \mu MgL$だ（ただしμは有効摩擦係数で、Mgは貨物を積んだ車両の重量）。このWの公式（μの値はさまざま）は、陸、海、空すべての輸送様式に当てはまる（第5章参照）。

車両などのエネルギー変換効率（$\eta = W/Q$）は、規模の経済として知られる大きさの影響を示す。それは、動力を生成するものと使用するもののすべてに有効だ。稼働するときに邪魔するものが少ないので、大きな機械は小さな機械よりも効率が良い。摩擦が小さい（流体の流れの経路が広い）し、熱伝達の不可逆性が小さい（熱伝達する表面が大きい）のだ。[*14] 規模の経済の実態は物理に根差している。この効果は効率を表す公式$\eta = C_1 M_m{}^{\alpha}$で表現できる（ただし$C_1$と$\alpha$は定数）。効率曲線は理想極限の平坦域（プラトー）に向かって凸になっているはずなので、αは1より小さくなければならない。QとWとηを表す式を組み合わせると、地表での質量の動きMLの合計のスケールは$ML \sim (C_1 H/\mu g) M_m{}^{\alpha} M_f$であることがわかる。総質量の制約$M = M_m + M_f$のために、積$ML$（すなわち、$M_m{}^{\alpha} M_f$）は、$M_f/M_m \sim 1/\alpha$で一定のと

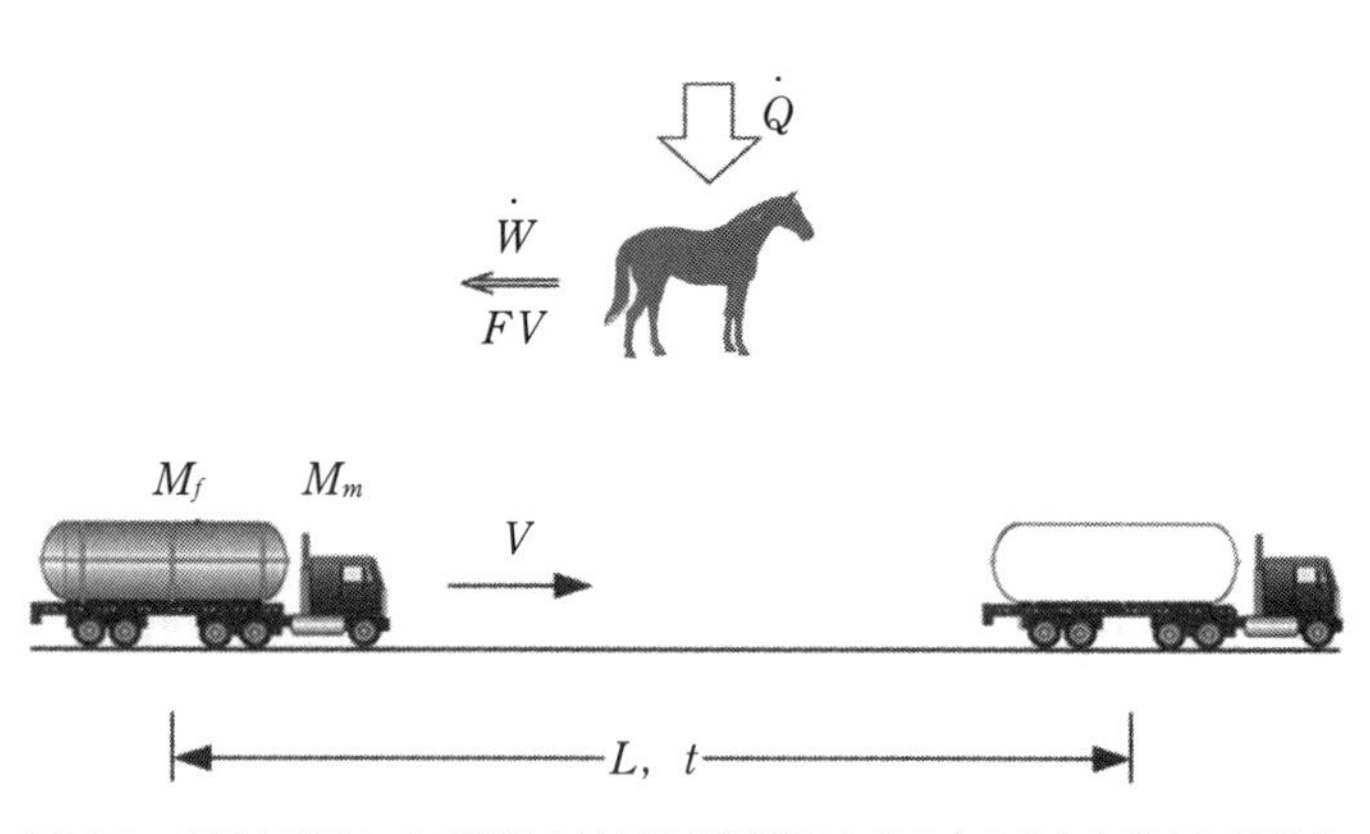

図10.3　車両や動物による質量の拡がりは河道における水の流れと完全に同じだ。

きに最大になる。

ようするに、車両の大きさとその車両が使う燃料積載量の大きさは比例関係にあるはずだ。この予測は、すべての輸送システムや動物のデザインによって裏づけられている。動くものはそれ自体が大きければ大きいほど、燃料や食料の積載量も大きくなるように進化してきたからだ。このデザインの特徴は、飛行機の進化で目にした（第4章参照）。M_mとM_fのどちらも、両者の合計、すなわちMとほぼ同じ大きさとなる。MLの公式から、$L \sim (C_1H/\mu g)f(\alpha)M^{\alpha}$という結論に達する（ただし因数$f(\alpha) = \alpha^{\alpha}/(1+\alpha)^{1+\alpha}$は、ほぼ1の定数）。車両や飛行機の移動距離$L$は、$M^{\alpha}$に比例して変化するため、大きい車両や飛行機ほど遠くまで移動し、移動範囲が広範に及ぶ。

車両や飛行機による移動の寿命は、$t \sim L/V$で、ここでのLは前述のものだ。車両などの速度は、その車両や飛行機が大きいほど増す傾向がある。たとえば、Mの範囲が$10^3 \sim 10^6$キログラムの飛行機デザインにおける速度のデータは、空を飛ぶすべての動物の速度と質量のスケーリング、$V = C_2M^{\beta}$に非常に近くなる（ただし$\beta \fallingdotseq 1/6$）。寿命は、$t \sim (C_1H/C_2\mu g)f(\alpha)M^{\alpha}-\beta$となる。

車両や飛行機の効率は大きさとともに増すので、指数（$\alpha - \beta$）は0・3から0・45の範囲に収まる。結果的に、車両や飛行機は大きければ大きいほど地球上における移動の寿命は長くなるはずだ。これは理論上の構成であり、その予測については、地表でのあらゆる種類や大きさの車両や飛行機の存続（寿命と移動距離）に関する今後の統計的研究が待たれる（第4章参照）。

動物の寿命

動物は、質量を動かす他のすべてのもの（トラック、河川、空中や水中のすべての乱流ジェットや乱流プルームなど）と同じように質量を動かす。エンジン付きの輸送手段と見なすと、動物も、大きければ大きいほど熱力学的な効率が良くなるはずだ。図10・3に関して、動物という輸送手段を、単位時間に基づいて、熱入力率・Q（ワット）と出力・W（ワット）を使って分析してみる。熱入力・Qは代謝率に比例し、代謝率は予測可能で、$M^{3/4}$に比例する。[*15] 出力・Wは、水平方向の力Fに速度Vを掛けたものに等しい。力Fは体重と比例関係にあり、Mに比例する。動物があらゆる環境（水中、地上、空中）を移動するときの速度は、$M^{1/6}$と比例関係にある[*16]——生息地や甲羅、脳の大きさなどのさまざまな理由で、この比例関係や他のスケーリング則から逸脱する多くの例外（たとえば、カメや人間）も存在するが。$V \sim M^{1/6}$というスケーリングの比例関係は、広い意味で、つまり統一的な意味で、一般的な傾向を表している。したがって、出力FVは、Mの$1+1/6=7/6$乗と比例関係にある。

質量を動かす輸送手段としての動物の効率は、$\eta = \dot{W}/\dot{Q}$ という割合であり、$\dot{Q}$ と $M^{3/4}$、$\dot{W}$ と $M^{7/6}$ の比例関係によって、効率 η は、体重とともに、$M^{5/12}$ という割合で増す。指数 $\alpha = 5/12$ は、機械の効率の式 $\eta = C_L M_m^{\alpha}$ において、指数 α は $5/12$ に相当する値をとるという報告と一致する。

ここで簡単に説明している車両や飛行機に関する分析は、動物についても当てはまる。動物は、生存期間 t のあいだに、L という距離にわたって、エンジンの質量 M_m と食物の質量 M_f を動かす。その分析から、食物の必要を最低限に抑えるためには、M_m は M_f に比例するはずであることがわかる。それはつまり、M_m も M_f も M に比例するはずだということだ。このことから、動物の移動距離 L は M^{α} の割合で増加すると結論できる。それは、生涯移動距離 L は $M^{5/12}$ に比例するはずであることを意味する。

動物の生涯移動距離に関する理論は以前にはなかった。このため、生物学の文献は、L と M の関係に関する経験的な情報を提供していない。生物学の文献は、大きい動物ほど生息する領域（「行動圏」と呼ばれる）が広いことは伝えているが、領域を生涯移動距離と混同してはならない。袋の中に入ったロープの長さとその袋の大きさは同じではない。袋の大きさはまだ予測されていないが、ロープの長さは予測されている。

私たちはようやく、動物の質量が距離 L だけ動くときの寿命にたどり着いた。それは、$t \sim L/V$ という比例関係を示す（ただし V は M^{β} の割合で増す。$\beta = 1/6$）。これは車両や飛行機の場合と同じ結論になる。つまり、動物の動きの寿命 t は $M^{\alpha-\beta}$ に比例し、ここでの指数は $\alpha-\beta=5/12-1/6=1/4$ となる。

けっきょく、生存期間と M^{γ}（$\gamma\approx1/4$）がおおむね比例関係にあることは、物理学から予測可能なのだ。その関係は、動くものすべてが自らのアクセスを促進する構造を獲得しようとする自然の傾向を表している。図10・1における、乱流と角度が二〇度の流れの領域の原因となっている横方向の運動量や、図10・2と10・3における、車両や動物の、体の質量と比例関係にあるエンジンの質量などが、それだ。

寿命に関して予測される $t\sim M^{1/4}$ という関係のおかげで、動物のデザインに見られる約1/4乗のスケーリングの理論的基礎は盤石になる。心搏と呼吸の時間間隔 t_b は、$M^{1/4}$ に比例しているため、心搏と呼吸の総数（t/t_b）は、体の大きさに関係なくすべての動物において等しいはずだ。これらの数値が体の大きさと無関係であることは、経験的に知られていたが[*17]、今やそれには物理的根拠があることがわかったわけだ。

転がる石の寿命

寿命現象は普遍的なもので、動物だけに限らない。転がる石[*18]や乱流の渦のどれにも見られる。

転がる石は、動物、輸送手段、河川、風など、この理論によって結びつけられる質量の運び手のいっさいと同様の生命の特徴を示す。大きい石ほど遠くまで転がり、動きが長続きするものの、回転数（「心拍数」）は一定で、大きさと無関係だ。

水平面を転がる石について考えてみよう（図10・4）。その質量はMで、その速度を減じる水平方向の摩擦力は$F \sim \mu_f Mg$だ（ただしμ_fは摩擦係数）。転がる石と平面のあいだには摩擦がある。なぜなら、石の表面は滑らかではないからだ。完璧な球形の石はないが、転がる石はみな、時とともに球状になるよう進化していく。

石の初速はVだ。転がる時間tが経過して、距離Lまで転がると、摩擦のせいで速度はゼロになる。tとLという二つの値は、石の寿命と生涯移動距離だ。それらの大きさはどれほどだろうか。

石の生命は、転がる石の初期運動エネルギー、$\frac{1}{2}MV^2$の結果だ。ここでは（拙著『対流熱伝達（*Convection Heat Transfer*）』第四版で論じたスケール解析の方法に従って）、おおざっぱに言って1に等しい数因子は無視し、この系の初期運動エネルギーの大きさをおおよそMV^2とする。運動エネルギーは仕事$F \times L$に完全に変換され、それが摩擦で散逸し、熱として環境に排出される。MV^2とFLは均衡するので、Lは$V^2/(\mu_f g)$と比例関係にあり、tは$V/(\mu_f g)$と比例関係にあることがわかる。

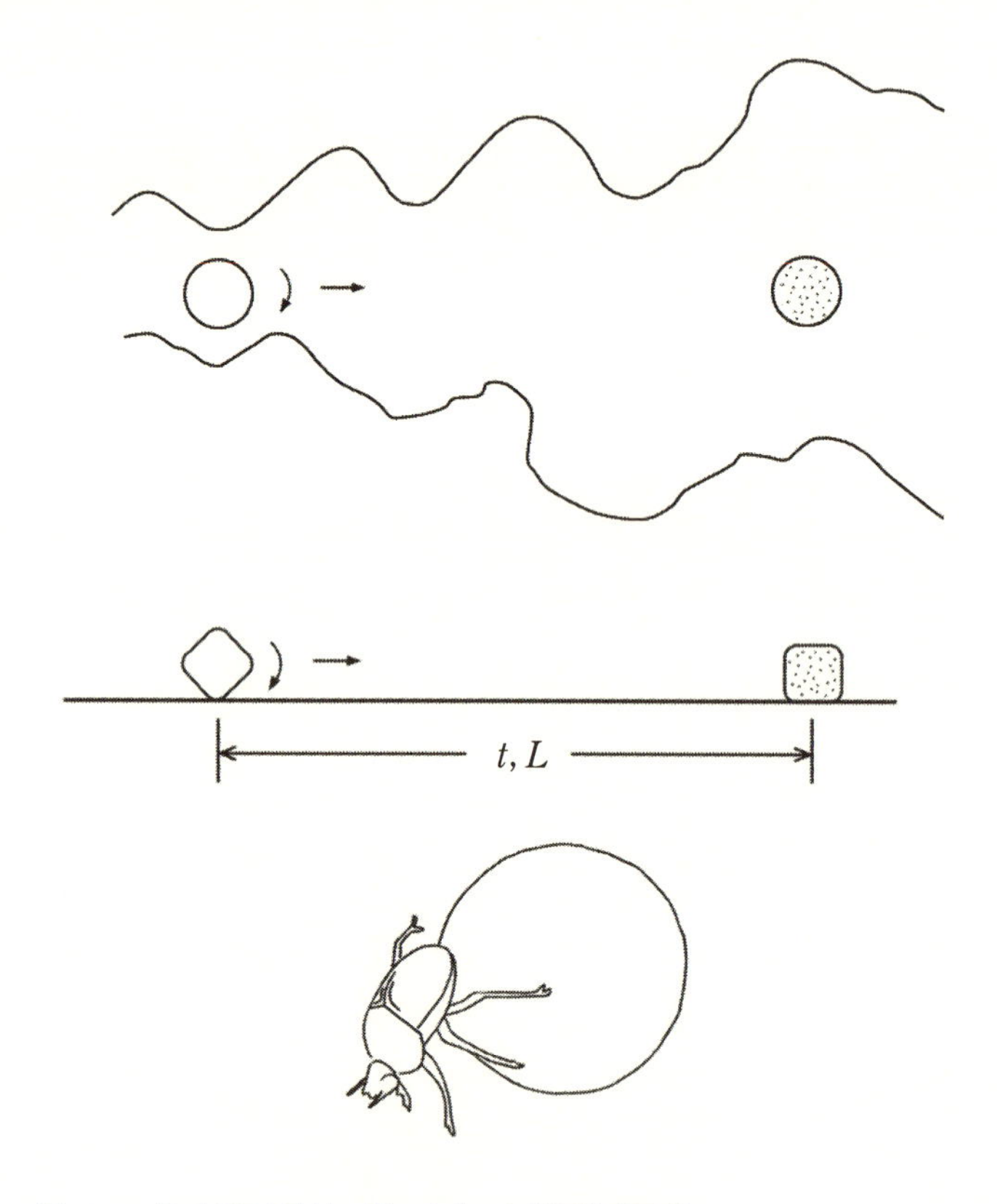

図10.4　転がる石と乱流の渦の寿命 t と生涯移動距離 L
大きければ大きいほど、長く生存し、遠くまで移動する。

明らかに、この石の理論は正しい方向に転がっている。私たちはみな、大きな石がすさまじい勢いで転がる光景を思い浮かべることができるだろうから。岩石滑りが発生して巨岩が道を転がってくると、人間は逃げきれない。では、なぜ大きな石ほど速く遠くまで転がるのだろう。それは、転がる石は完全な球形とはほど遠いからだ。石は転がりながら激しく上下し、重心は、実際の形が完璧な球形から乖離している度合いに比例する振幅でうねる軌跡を描く。この乖離の長さスケールは、石の長さのスケールと同じ、すなわち$D \sim (M/\rho_s)^{1/3}$（もしくは$M \sim \rho_s D^3$だ）だ（ただしρ_sは石の密度）。個々の回転は前方傾倒運動で、この動きの前進速度は、Dにほぼ等しい高さから落ちるときの自由落下速度であり、$V \sim (gD)^{1/2}$だ。これは、Vは$M^{1/6}$に比例するということでもある。だから、大きい石のほうが速く転がる。

さて、tとLの公式に戻り、Vに$g^{1/2}(M/\rho_s)^{1/6}$を代入してみよう。すると、$L \sim (M/\rho_s)^{1/3}/\mu$と$t \sim (M/\rho_s)^{1/6}/(\mu_f g^{1/2})$が得られる。これらのささやかな公式は、大小すべての転がる石に関する重大な真実を予測している。

1. 大きい石ほど移動距離が長く、「長生き」する。Lと$M^{1/3}$、tと$M^{1/6}$の比例関係に注意。
2. 回転数Nは石の大きさは関係がない。一回転する（一回前方に傾倒する）ときの時間スケールに注意。$t_r \sim D/V$であり、したがって$N \sim t/t_r \sim 1/\mu_f$となる。これは定数だ。

3．寿命tは生涯移動距離Lの平方根に比例し、比率$t/L^{1/2}$は石の大きさとは関係がない。これは、私たちが動物について発見したこと（$t \sim M^{1/4}$　$L \sim M^{5/12}$）と車両などについて発見したこととじつによく似ている。

これらの発見に隠れているのが、転がる石のデザインの進化の傾向だ。観察された結果は明白だ。転がる石はどれもみな、しだいに丸くなる。これは、表面が研磨用になっている二つの面で挟んで鋼鉄の球を転がし、ボールベアリングで使う完璧な球に仕上げるプロセスで見られる。進化はより球形らしく見える方向に向かう。これは、摩擦係数μ_fが、時の経過とともに自然と小さい値に向かうということだ。

転がる石がより小さなμ_fの値を指向して進化するというのは、より長い寿命tと生涯移動距離Lを指向して進化するデザインであり、それは$t \sim 1/\mu_f$と$L \sim 1/\mu_f$の比例関係のおかげだ。デザインの進化を通して、動きへのより容易でより良いアクセスへ向かうこの傾向が、本書で取り上げている、生物・無生物両方の動くものをすべて結びつける。人間の暮らしが、車輪を伴わない動きから車輪を伴う動きへと進化し、その逆にはならなかった理由もそこにある。[*19]

フンコロガシが転がす糞は、限りなく完璧に近い球形になる（図10・4）。糞とフンコロガシの取り合わせは、エンジンを内蔵した転がる石を構成しており、エンジンを内蔵する河川の水のパケット（図10・2）や乱流の渦（図10・4）と見なした場合の図10・3の動物（または車両）と似ている。

渦の死、人間の死

乱流の中で転がる渦には、これまでに考察した転がる石や、それ以外の質量の運び手のいっさいと同じ寿命や生涯移動距離、死がある。図10・1に示された渦の生成現象を振り返り、下流に向かっているそれらの渦の一つの枠組みとともに自分が動いているところを想像してほしい。あなたが観察している渦は、流体の眼窩（がんか）の中で回転する流体の目だ。渦の回転運動エネルギーは、眼窩との摩擦で散逸し、やがて回転は止まる。回転が止まると渦は死ぬ。渦はもう存在せず、識別できなくなる。

極端に単純化して言えば、渦には二つのスケールがある。直径Dと回転時の周速Vだ。後者は渦を取り巻く混合領域（V字形、円錐形、ジェット、プルーム）によって決まる。ここでは、Vを外部パラメーターとして扱う。これは渦の大きさとは無関係だ。言い換えれば、混合領域に沿った乱流には、さまざまな大きさの渦が生息しており、流れの有限長の部分（ここで私たちは渦の枠組みに乗る）ではVの大きさはあまり変わらない。渦の回転運動エネルギーは、MV^2にほぼ等しい。ただし渦の質量MはρD^3で、ρは流体密度だ。

この運動エネルギーは回転摩擦によって完全に散逸する。その摩擦は流体の流れでは、いわば大きな筒の中で回転している小さな流体の筒どうしの剪断運動と言える。周縁の（接面）摩擦力は$F \sim \tau D^2$（ただしD^2は渦の面積にほぼ等しい）、粘性による剪断応力は$\tau \sim \mu V/D$（ただしμは流体粘性）だ。散逸率は$F \times V$となる。これは、摩擦による運動エネルギーの減少率だ。運動エネルギーを散逸率で割ると、質量の回転運搬役としての渦の寿命は$t \sim M/(\mu D)$で計算できる。これは$t \sim D^2/\nu$に等しい（ただしνは流体の動粘性率μ / ρ）。

最初に導き出される結論は、大きな渦のほうが長く存続するはずである、というものだ。渦の寿命は、D^2（つまり$M^{2/3}$）に比例する。渦の生涯移動距離は$L \sim Vt \sim VD^2/\nu$となる。ここから第二の結論に至る。すなわち、大きな渦のほうが遠くまで移動するはずである、というものだ。渦の目モデル（一つの長さ、D）をのし棒モデル（直径DとDより大きい軸長を持つ転がる円筒）に替えても、渦の寿命tと生涯移動距離Lに関して発見した公式は、まったく変化しない。

死にゆく渦は、マクロ的に識別可能な物体としては消滅するが、（拡散による）形の定まらない動きは、かつてそこにあった渦の動きのせいで、その場でしばらく続く。凝結と蒸発によって消える泡と水滴についてのイームズの隠喩[*20]を使えば、死とは、消滅しつつあり、いずれ消滅する物体や幻の渦を言う。

渦は死ぬまでに何回転するのだろうか。一回転の時間スケールは$t_r \sim D/V$だ。死に至るまでの回転数は$N \sim t/t_r \sim VD/\nu$となる。驚くことに、この数字は渦の大きさに関係ない定数であるばかりでなく（これは「局所的な」レイノルズ数VD/νであり、変遷、渦の誕生を表す[*21]）、生きている渦と死にゆく渦すべてでほぼ同じ大きさの定数でもある。その数値、すなわち生涯の回転数は、どの渦も一〇〇程度だ。

この特質、つまり質量を動かすものの心搏と呼吸数が一定であるという事実が、動物、渦、転がる石を結びつけている。生命とは、時間と空間の両方における動き——誕生から死まで、そして誕生の地から移動の終焉の地への動きであり、その移動の終着点が今度は新しい動くものの誕生の地になる。フンコロガシは、やがて糞の球から生まれて育つ子孫とともに、駆り立てられた動きの継続性を示している（図10・4）。この概念は古代エジプトのものを皮切りに、東西を問わず多くの宗教に存在する。

動くもの（生物圏、大気圏、水圏、岩石圏の複雑な拡がり）は、構成と進化を伴って動く。それは本書で論じられる生きているものすべて、すなわち今は亡き無数の世代の祖先の遺骸と混ざり合い、それを糧としながら、生物も無生物も一つになって流れている、命あるものすべてから成る流れる網なのだ。

第11章　物理的現象としての生命と進化

本書を締めくくるにあたり、知識と進化の物理的意味、そしてそれらの概念や人間の活動が人間の暮らしにとって非常に有用である理由を、手短に振り返ることにする。物理の法則というのは、自然界で起こる現象をまとめて簡潔に述べたものだ。現象というのは、人間の感覚で明白に捉えて記述できる事実や状況や経験を言う。進化の構成（デザイン）という現象は、流れたり、進化したり、拡がったり、採取されたりするものすべて（河川流域、気流や海流、動物や周期移動、テクノロジー）のためのアクセスを促進する。これは、人類と機械が一体化した種、富、人間生活を取り巻くその他すべての事物の進化を意味する。

言葉には、それが意図する意味がある。とくに科学においてはそうだ。たとえばそうした言葉の一つが「最適化」だ。残念ながら、この言葉の意味は曖昧になってしまった。それはなぜなのだろう。そして、なぜそれが誰にとっても重要なのか。

まず、最適化というのは人間がなすことだからだ。さらに、この言葉の意味を見直せば、最適化をするというのは自然な行為であることがわかるだろう。生物も無生物も、動くものはすべて自由に最適化を行なう。河川はどれも、流れを良くするために、流路と川床を変える。動物の集団はどれも、動きを促進するために、周期移動の経路を変える。その集団にとっては動きこそが生命なのだ。傷ついた細胞はどれも、体全体が動き続けるように、つまり体全体が生存し続けるように、自らを治癒する。

第二に、最適化とは、変化を起こし、現れ出てくる選択肢のどれかを選ぶ活動だからだ。「最適化（optimization）」の最初の三文字、すなわちoptとは、選択することであり、ラテン語に由来する動詞だ。選択するためには、自由に既存の配置を変え、変えたあとに出現する他の配置のうち一つを選べなくてはならない。最適化する（optimize）というのは、導関数を求めてそれをゼロにすることではない。それは最適化とは別物で、極値（連続性の特定の条件を満たす関数の極大値あるいは極小値）を探すときにする、数学的な解析なのだ。最適化は、一撃で勝敗の決するボクシングの試合ではなく、絶え間なく続く闘いだ。なぜなら、変化のあとにいっそう望ましい選択肢を見出すのは「良い」ことだからだ。それははなはだ良いこと、自然なことなので、万物がその方向に傾倒する。この傾倒こそが進化そのものであり、私たちのあり方を明らかにしてくれる。

第三に、人間に自然に備わっているこの衝動によって、「良い」の意味が定義されるからだ。

良いというのは、変化が起こるたびに、そのあと私たちが選ぶ新しい構成（デザイン）が持つ特徴だ。良いというのも、構成（デザイン）というのも科学に属する概念だ。それらはコンストラクタル法則として物理学の中にしっかりと据えられている。

以上の三つの答えは熟慮に値する。科学は（他のもっと古い話と同じように）あまりに長たらしく複雑になってしまい、その用語のなかには、若い人たちが意味もわからずに口にしているものもあるからだ。「最適」という言葉はその好例だろう。というのも、「最適」は「最良」を意味すると考えられているからだ。ところが実際には、最適なものとは、変化のあとで得られたほんのひと握りの選択肢のなかで、いちばんましなものにすぎない。「最良」は長続きしない。今日は重要でも、明日にはろくな価値もないものになる。

自由が与えられれば、新しい変化が起こり、さらに多くの選択肢が現れ出てきて、かつて最良だったものが死に絶え、先々最良となるものが生まれる。私たちはこの真実を、四年に一度、オリンピックで目の当たりにする。この真実はあらゆる進化の母だ。疑わしいと思うなら、逆向きに考え、馬鹿げた結果を導いてみよう。もし、はるか以前に行なわれ、「最良」と呼ばれた選択がみな、硬直したかたちで取り入れられ、いつまでも変わらずに適用されているなら、今日の科学はどうなっているだろうか。そんなものは無意味で役にも立たず、用途も未来もないだろう。魅力的で、人を奮い立たせ、力を与えてくれるような、私たちの知っている科学とは正反対だ。

法則は一つ、理論は多数

この進化するデザイン現象は自然で、普遍的で、だからこそおおいに有益だ。そして、ずっと科学の主要なテーマであり続けている。この現象は、幾何学と力学（図や配置などのデザインを取り扱う）、それらの原理、及びデザインや原理を土台とした装置から始まった。科学は常に、自分が識別できるものを解明したいという私たち人間の衝動の表れだった。厖大な観察を積み重ね、それをたいてい「現象」として簡潔に保存し、さらにそのあと、それぞれの現象を説明するはるかに簡潔な「法則」として蓄えておくことだった。私たちは科学があるおかげで、はるか先を見据え、いっそう正確に、より強い自信を持って将来を予測する。

進化とは、時の経過とともに起こるデザインの修正を意味する。その変化が起こるプロセスはメカニズムに依存している。メカニズムを法則と混同してはならない。生物学的デザインの進化の場合、メカニズムは突然変異と生物学的淘汰だ。地球物理学的デザインでは、土壌浸蝕、岩盤力学、水と植物の相互作用、空気抵抗、スポーツの進化においては、訓練、人材募集、指導、選抜、報酬であり、テクノロジーの進化では、自由、質問の自由、イノベーション、教育、外国への移住、交易、スパイ行為、盗用が、それぞれのメカニズムとなる。

物理学では、進化するデザインの中を何が流れるのかは、流動系がやがてどのように自らの配置を生み出すのかほど重要ではない。「どのように」は物理学での原理だ。「何が」というのはメカニズムであり、流動系自体と同様に多様だ。「何が」はたくさんあり、「どのように」は一つなのだ。

コンストラクタル法則は一つだが、コンストラクタル理論は、この法則を使って予想（理解、説明）できる現象の数だけある。この階層（法則は一つ、理論は多数）は、力学をはじめとして科学のどこにでもある。動力学の法則は一つ（$F=ma$）だが、ピサの斜塔の上から落下する石の理論と、流体力学の境界層理論は混同のしようがない。どちらも動力学の理論ではあるが、動力学の物理の法則と言えば一つなのだ。


「科学の真の、かつ唯一の目的は、仕組みではなく統一性を明らかにすることである」

アンリ・ポアンカレ

「知識のどの分野においても、理論的研究の主たる目的の一つは、その主題がこの上なく簡潔に見えるような視点を見出すことだ」

ジョサイア・ウィラード・ギブズ

生命とは環境に影響を与えるものである

環境に影響を与えるというのは、流動構成や進化と同義だ。流れるというのはすなわち、周辺にあるものを排除することを意味する。自然界のどこを探しても、そこを通過しようとする流れや動きに抵抗しない部分はない。動きとは浸透であり、この現象の名前は、それがどちら側から観察されるかによって異なる。河川流域を観察する側にしてみれば、動きという現象は樹枝状の脈管構造の出現と進化を言う。地表を観察する側にとっては、浸蝕であり、環境への影響であり、地球の表面の形を作り変えることだ。

進化するデザインと環境への影響を物理の単一の現象として捉えるこの視点は、広く一般に当てはまる。動物のたどる道、小動物が地面に掘った川のような道や巣穴を考えてみよう。ゾウの移動や倒れる木についても考えてほしい。社会活動における脈管構造のパターンは、環境に対する影響と密接に関連している。環境に影響を与えない生命は生命とは言えない。

動物と人間の移動は「誘導」移動だ。デザインと洞察力と認識を伴う動きなのだ。効率的で、無駄がなく、安全で、迅速で、先見の明があり、一途に目的に向かう。これが動物と人間の移動が持つ物理的特性であって、ランダムな動きを示すブラウン運動の特性とは正反対だ。動物は、物理の原理によって定められた、この紛れもない時間的方向性を持って空間に拡がってきた。海から陸へ。そののちに陸から空へ、と。[*1] 人類と機械が一体化した種の動きと拡がりも、同じ方向で進化した。川や海岸沿いを進む手漕ぎの小舟から、陸上を動く車輪や車両、そして最近では飛行機へ、という方向だ。

同じ動画（これこそ構成の出現と進化であり、時系列に沿った画像だから、「動画」と呼んでいいだろう）が、速度は時とともに増してきたこと、そして、これからも増し続けるだろうことを示している。今後もずっと、走るものは泳ぐものよりも速く、飛ぶものは走るものよりも速いはずだ。この動画は無生物の質量流動の進化と同じだ。持続的に雨が降り続くなか、河道はどれも絶えず形を変え、流れやすくなる。

地球上での降雨と蒸発の不均一な分布は、自然界で水が繰り広げる循環のまたの名だ。陸上では、降雨量は蒸発量を凌いでいる。そして海上では蒸発量は降雨量を上回っている。これは、過剰な水は河川として、陸から海へと流れ込み、その逆ではないと言っているのに等しい。この非対称性は地表での湿度の不均一性に起因する。風は陸上でも海上でも同じだが、地面は海面よりも乾いている。ごく簡単に言えば、蒸発率は二つの値、すなわち地表（陸と海）と上空の乾燥した風の中の水蒸気密度の差に比例する。

自然界がコンストラクタル法則に従う傾向は、ビッグヒストリーの中で地球上で進化してきた水の循環に豊富に見られる。海では風によって海面が荒れて、あらゆるもの（運動量、湿気）の移動が増す。最も効果的な荒れは、風向きと直角に立つ波から成る。地上では、動物の移動と植物とが水を運び、動物の動きや植物がない場合よりもずっと大量の水が流れていって、最終的には風に入る。

これらの拡がる流れと採取する流れが占める平面領域や立体領域は、進化するデザインの物理的特性に一致するかたちでS字形の来歴のカーブを描く。[*2] 進化は自然界の速度を支配している。政治、歴史、社会、動物の速度、河川の速度において観察される変化のうちで、制御不能に陥りつつあるものは一つとしてない。人口学、経済学、都市計画において懸念されている拡大のうちで、行き詰っているものは一つとしてない。

進化を「最も抵抗が少ないパターンに向かう傾向」だと考えることは、せいぜいメタファーでしかない。ここでも、言葉の意味を問題にして、その意味を学び、尊重しなければならない。一人で自由気ままに浜辺を歩いているとき、「抵抗」という言葉は何を意味しているのだろうか。アトランタ空港で電動モノレールに乗って利用ゲートに少しでも速く着こうとするとき、アトランター香港間の航空券を少しでも安く買おうとするとき、幸運にも動物が食べ物を見つけたり人間が石油を見つけたりするとき、雪の結晶が自由に大きくなってヒナギクの花弁のようになるとき、「抵抗」という言葉は何を意味しているのだろうか。

何の「力」が、想定上の抵抗に打ち勝つ、こうしたすべての流れを押し進めるのだろうか。そしてまた、どのようなデザインについてであれ、「最も少ない」(あるいは最大、最小といった最上級の言葉)は何を意味しているのだろうか。さらに良いデザインを求める衝動が、行き着く所まで行ったなどと、誰に判断できるというのか。

物理学では、抵抗とはもともと電気学の概念(電圧を電流で割ったもの)であり、その後、圧力差を質量流量で割ったものという概念として流体力学で、また、温度差を熱流で割ったものという概念として熱伝導で採用された。歩行者と動物の動きにおいては、流れているものは明白で、流路に垂直な平面を通る人間や動物の質量流量だ。明白でないのは歩行者の流れを駆り立てる(電圧や圧力や温度の)「差」だ。その差こそが、本書で考察している、コンストラクタル法則がさまざまなかたちで表れたもの(「衝動」)なのだ。

私は一九九五年にコンストラクタル法則をまとめたときに、こうした問題に真正面から取り組んだ。[*3] そして、進化するデザイン現象を、意図的に(明確な目的を持って)、すべてに当てはまる物理学の言葉で要約し、静的な最終デザイン(最適、最小、最大)や抵抗といった表現を使わなかった理由もそこにある。人間は形を変えて進化する際に、より良いアクセス、より多くの自由、流れに乗る、より短い道筋、より小さい抵抗、より大きい抵抗(絶縁)、より長い寿命、より手頃な、より豊かなといった考え方に基づくものだ。こうした考え方は、快適さや美や喜びを得ようという生来の衝動と同じように、私たちを導く。

「より良い」の物理学

人間の頭は物理の原理のおかげで、人間と機械が一体化した種の進化を急速に進めることができるようになる。実際、これこそ人間の頭脳があらゆる物理法則によってなすことだ。法則を使って未来の現象の特徴を予測するのだ。先を見通すことも、物理の法則によって記述される衝動の表れだ。なぜなら、動物のデザインはみな、より多く、楽に動くことを目的としており、それには認識作用にかかわる現象（動物が活動し、生き、危険から逃れられるように、より賢くなり、より容易に理解し、より速く覚えたいという衝動）も含まれるからだ。こうした理由で、進化の物理法則に基づいてデザインの変化を速く進ませることは有用なのだ。

コンストラクタル法則は物理学と生物学を結びつける。なぜならコンストラクタル法則によって、使用されている専門用語が単純化され、明確になり、地球物理学、経済学、テクノロジー、教育、科学といった他の多くの領域や、本や図書館で使われている、生物学に着想を得た専門用語の使用が正当化されるからだ。このように統一する力は有用であるものの、現在の定説に反するために論議を呼ぶ可能性もある。

たとえばコンストラクタル法則は、「少数の大きなものと多数の小さなもの」から成るデザイン（流れを常に改善することが重要な、全体構造として捉えられるデザイン）をすべて統一する。そうした構造ではみな、少数の大きなものと多数の小さなものがいっしょに流れる。大小の流れが協働し、順応し、再び協働して、全体として流れやすくなる方向に向かい、それはその全体構造の中の各サブシステムにとってもより良いものとなる。進化現象をこのように全体論の立場から捉える見方は、二つの新しい進展を体現している。

まず、「より良い」という概念が、方向、時間の矢、構成（デザイン）、進化という概念とともに、物理の言葉で定義される。生物学では、この段階は、ランダムな事象や突然変異（突然変異は「変化」を意味する。これからあれへ、こちらからあちらへという動きだ）をメカニズムとする概念だ。これらのメカニズムは、川床の浸蝕や、周期的な食物の欠乏や、疫病、科学的発見などと同類で、進化として一般に認識されている一連の連続した変化を可能にする。この段階では、変化して順応する自由や生存といった自然選択の生物学的用語が、物理学の中に取り込まれる。より良いデザインがあり、そのデザインが出現するはずだという発想は、物理の考え方だ。

競争か共生か

次に、デザインと進化についてのコンストラクタル法則の見方は、生物学から生まれて科学の全領域に侵入した、勝者と敗者、ゼロサムゲーム、競争、階層、食物連鎖、成長の限界といった用語の持つネガティブな調子と対立する。そうした用語は物理学においてはネガティブにはならない。物理学の全体像の中では、少数の大きなものと多数の小さなものがいっしょに流れ、協働し、ともに進化する。少数の大きなものは多数の小さなものを排除しないし、排除できない。そのバランスのとれた多様なスケールのデザインは、ますます良くなって、流動系全体が改良される。進化生物学の標準的な解釈とは明らかに矛盾するものの、生物学において良いものは、地球物理学やテクノロジー、都市計画においても、進化する構成を持つすべての科学分野においても良い。

最近訪れたカラハリ砂漠の実例を示そう。そこは乾燥した平たい地表で、およそ五〇メートルごとにシロアリの塚がある。そして、砂漠で成長する数少ない木（棘のある低木）は、ほぼ確実にそうした塚に三、四本ずつ生えている。これは「養樹システム（ナーサリー）」として知られている。塚はシロアリとともに生きており、地中に作られたシロアリの巣はあらゆる方向に（木の根のように）塚の裾のずっと外側にまで拡がっている。ツチブタが来て塚を掘り返してシロアリを食べ、シロアリは再び巣を作る。この三者（アリ、木、ツチブタ）が共生しているのは、塚の構造ゆえに繁栄する第四の「動物」、すなわち自然界の水の循環が存在するからだ。この第四の「動物」が最も大きい。

地中深くにまで掘られたシロアリの巣には、無数の通路があり、下の地下水の水分が染み込む。塚は周囲よりも湿っていて、アリと木とツチブタは繁栄し、水の流れも良くなる。ようするにこれは、少なくとも四者共生と呼んでいい。さらに、ツチブタを狩る捕食者もいる（だからツチブタは非常に臆病だ）。

四者はみな選択をする（選ぶ、「最適化する」）ことによって、より生きやすくなる。つまり、物理的な動きとして、流れやすくなる。水の流れがなければ、最初の三者（アリ、木、ツチブタ）は死んでしまう。最初の三者がなければ、水の流れはそのあたりでは途絶え、別の塚へ、別のナーサリー・システムへと移動する。これはすべて、思慮も意識もなく自然に起こる。なぜなら、自由に形を変える流動の配置に向かうという傾向は、物理においては普遍的だからだ。

途切れたり再生したりすることによって、有限の領域における地球の時間平均の攪拌は増していく。アリ塚が出現しては崩れ、そのサイクルは繰り返される。帝国が崩壊して平和が消え去ると、野蛮人が侵入して戦争となり、再び帝国が築かれて平和が訪れるという、再生のサイクルが繰り返される。リズム（再生）は、生物・無生物の両方の、進化するデザインに共通の特徴だ。呼吸、排泄、堤防にぶつかってその壁をこすり取る乱流の渦、地球物理学における帯電と放電の現象（稲妻、山火事）を考えるといい。

楽観主義と希望

進化の物理法則は事象を予測するものであり、記述するものではない。これがコンストラクタル法則と、自然界の進化に関する他の見方との大きな違いだ。自然界の構成を説明しようとする従来の試みは、経験主義に基づいており、まず観察してから説明するものだった。それは後ろ向きで、静的で、記述的で、せいぜい説明をしているだけだった。予測を行なう理論ではないのに、誤って「理論」とされているものもある。たとえば、複雑性理論、ネットワーク理論、カオス理論、冪乗則（相対成長スケーリング則）、「一般的モデル」、最適性の言明（最小、最大、最適）だ。だがモデルは経験主義の所産であり、理論ではない。

進化についての物理法則があれば、複雑性やスケーリング則は、観察されるのではなく、発見される。複雑性は、有限であり（ほどほどで、記述しやすい）、出現する有限大のコンストラクタル構造にとって不可欠の要素だ。一点と一平面領域あるいは一立体領域とのあいだに流れがあるなら、発見されるコンストラクタル・デザインは、樹状ネットワークだ。「ネットワーク」は発見されるのであって、観察されたり、前提とされたり、比較されたり、分類されたりするのではない。ネットワークやスケーリング則や複雑性は、進化についての物理の法則から予測されるかたちで現れ出てくる、自己組織化と進化の世界の記述を構成する要素なのだ。

コンストラクタル理論は、コンストラクタル法則と同じではない。理論とは、特定の現象に関して物理の法則が予測という意味において、正しくて信頼できるという考え方だ。雪の結晶の構造にとっての理論は、急速な凝固についてのコンストラクタル理論だ。肺の構造と呼吸のリズムにとっての理論は、呼吸についてのコンストラクタル理論だ。法則は一つで、理論は多数——理論を考える人が法則を引き合いに出して予測したい現象の数と同じだけある。

世界の進化するデザインについてこのように考えるのは楽観的だ、と言う人もいるだろう。むろんそのとおりだ。何と言っても、楽観主義は目的を持って選択することと密接に結びついている。これは人間の場合、将来のより良い人生のために常に選択し続けるということだ。希望は生命を持続させ、絶望は生命を絶つ。あなたはどちらがいいだろうか。将来について考えるのであれば、物事を生み出したりより良く作り変えたりする方法を想像するのが一番だ。このような人間の物理的側面は、私たちの内に深く根づいている。その何よりの証拠は、人間の言語には「ポジティブ」な言葉が圧倒的に多いことだ。[*4] このポジティブなバイアスは、言葉の使用の頻度とは関係ない。だからこそ私たちは、つらかった日々ではなく古き良き時代をよく思い出す。そしてまた、昔話に尾ひれをつけて語るのだ。時がたてば、昔話はどれも大げさになる。

近年の論争

あくまで物理の現象としての生命は、科学のなかでもきわめて盛んな研究領域で、独自の物理法則が求められてきた。それを理解するには、「ネイチャー」「サイエンス」「サイエンティフィック・リポーツ」「フィジックス・オブ・ライフ・レビューズ」などの各誌に毎号掲載される論文のタイトルを見るだけで十分だ。繰り広げられる議論は、根本的には物理的現象としての生命に関するものであり、ここで言う生命とは、あらゆるものの生命、あらゆる場所における生命であって、ダーウィンあるいはそれ以前の時代の生命、宗教における生命とは違う。これまで私は、自分のどの著書においても他人の研究は論評しないと決めてきた（こう決心したのは、進化する構成をあらゆる場所に見出す、独自の物理学的見方を私がしているからであり、また、マサチューセッツ工科大学時代の忘れがたい力学教授の次のような教えのためでもある。「自分が仕える有名な主人が風車に突っ込んでいくのを見たサンチョ・パンサは、相対運動やニュートンの第三法則について口の中で何かつぶやいたと記されている。サンチョは正しかった。風車は、主人がぶつかったのとまさに同じ激しさで主人にぶつかった」[*5])が、例外として、以下に最近の論争のいくつかをかいつまんで紹介する。

ジャンパーとスコールズ[*6]の意見によると、ニュートンの原理の応用によって非常に大きな進歩がもたらされたが、無生物のために確立された既知の物理法則を生物系に応用してみると、生命の神秘性がただちに際立つという。私に言わせてみれば、ニュートンの法則よりもあとから生まれたもっと新しい物理の法則(たとえば熱力学の第一法則と第二法則、そして今やコンストラクタル法則も含まれる)があり、これらの法則のほうが、ニュートン力学や熱素説(カロリック)よりも生物系をはるかにうまく解明してくれる[*7](図11・1参照)。生命と進化の現象を、特定の学問分野(生物学、社会学、テクノロジー、経済学、法学)の特別の区分としてではなく物理的現象として認識すれば、生物系についての考え方は、分野の壁を超えて明確に定義されるだろう。

熱力学の持つ計り知れない力(圧倒的な普遍性)は、想像しうるどんな系にもその法則が当てはまるという事実に由来する。背景、宇宙、無秩序、エントロピーは、いかなる系の決定的に重要な考え方とも無関係だ。熱力学の用語(開放、閉鎖、孤立、断熱、仕事量ゼロ)は、厳密で明快だ。それは、世の中に実在するさまざまな系や、その一つひとつに当てはまる分析を区別するためには、そうでなくてはならないからだ。根本的には、熱力学とは一つの学問分野なのだ。

厳密な規則、言葉、法則を持っている。どんな分析や考察も、まずその系を曖昧さを残さずに定義することから始め、その定義を堅持しなくてはならない。論争に勝つために著名な人物の名前を引き合いに出したり、途中で系や言語を変えたりするのは科学ではない。

シュスター[*8]は、ダーウィンの原理がどれほど普遍的かを問う。彼は、競合するコンピュータープログラムや、生物学の範疇外にあるその他多くの「事物」もまた、自然選択の規則に従うとしている。シュスターの見解は正しく、彼の論文は、現代の知識がすでにダーウィンを凌いでいることを示している。まず、ここで言う「事物」とは、生き残るために生きながら自由に形を変える流動系や肺や河川のことだ。次に、ダーウィンの原理は、唯一重要なのは未来の世代における子孫の数

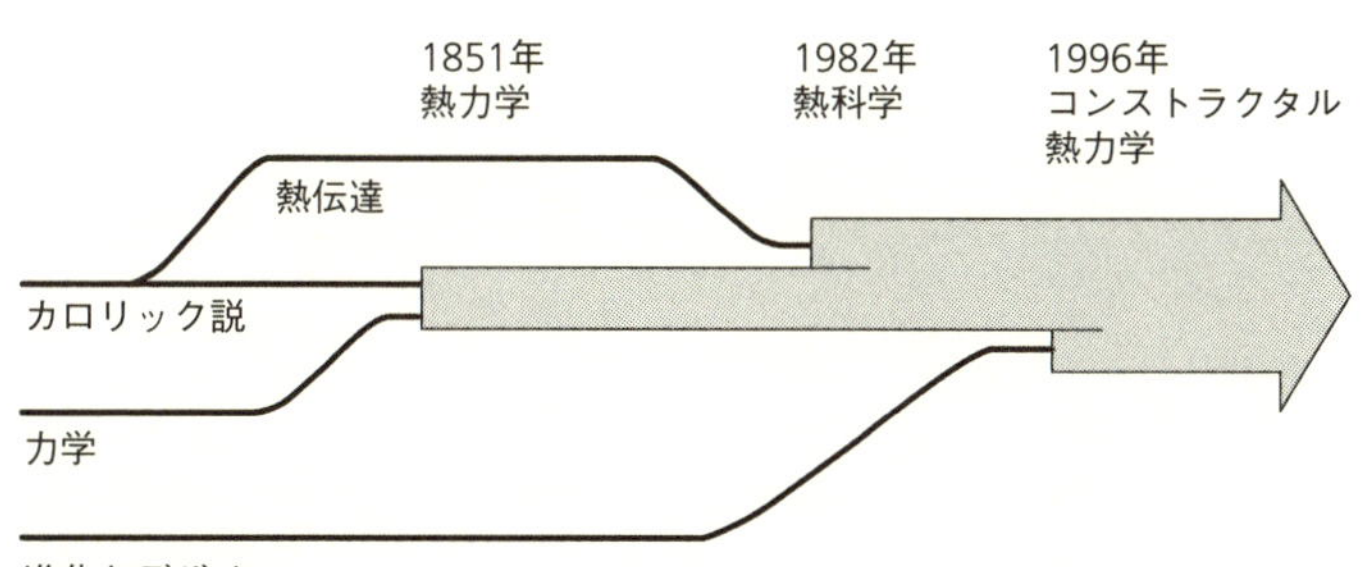

図11.1　過去2世紀間の熱力学の進化と拡がり（1982年に描かれた図に倣って）。A. Bejan and S. Lorente, "Constructal Law of Design and Evolution: Physics, Biology, Technology, and Society," *Journal of Applied Physics* 113 (2013): 151301; A. Bejan, *Entropy Generation through Heat and Fluid Flow* (New York: Wiley, 1982): viii.

であるというものだが、そのような原理は原理とは言えない。なぜなら、河川や飛行機のモデルは言語の規則や科学の法則と同様、ＤＮＡや子孫を持たず、数に基づく成功とは無縁だからだ。

数が重要とは。なんという考え方だろう。科学は民主主義ではない！　すべての考え方が等しく重要なのではない。

「科学の問題では、大勢に支持される権威であっても、権威なき一個人のささやかな論理的思考の価値には遠く及ばない」

ガリレオ・ガリレイ

自然は見渡すかぎりどこであろうと、少数の大きなものと多数の小さなものから成っている。階層性は自然の流動構造だ。少ないものと多いものが、調和して地球を席巻している。ともに手を携え、単に生き残るだけでなく繁栄している。シュスターは生命の物理学的な現象を、次のように正しく記述している。「進化は、最適化と適応という自然界の無敵の力を働かせる駆動システムだ」

ディーム[*9]は「生命は進化するために進化してきた」と述べている。時間の矢を考えるとこれは正しい。進化はより良い進化につながる。そして、これはコンストラクタル法則とも合致する。コンストラクタル法則では、自由に形を変える系はみな、より良い流れへつながる構成をとって流動する。ディームはシャピロ[*10]を論評しながら、遺伝子機能の読み出しと書き込みの両方をするライブラリーは常に修正されており、機能する構成要素の組み合わせは、ランダムで偏りのない探索よりも優れたデザインだと述べている。これもまた、不完全な器官の進化する構成体としての、動物や車両などのコンストラクタル構造と一致する。

ホールデンら[*11]は、変化とは時間の経過だと結論しているが、これはつまり物理学について語っているわけだ。進化は時とともに起こるデザイン変更であり、変化するのは流動構成、つまり地球の表面での動きだ。これがコンストラクタル法則で詳しく説明されている時間の矢だ。[*12]ホールデンらはさらに、生物系、社会系、富や経済の交流系といった開放（流動）系全般において、時間の経過が変化であることを説明している。

フランク＝カメネツキー[*13]は、生物学には何らかの法則があるだろうかと問いかける。彼がここで言う法則とは、普遍的な法則、つまり物理の法則のことだ。もちろん生物学にそのような法則は存在する。すなわち力学の法則、熱力学の法則、質量保存の法則やコンストラクタル法則もそうで、どんな生物学的存在もこれらの法則に従う。フランク＝カメネツキーは、生物学が進化したので私たちは経験的法則に忠実に頼らなくても済むと述べている。さらに、生物学の「根本的な」法則（かつては揺るぎないものと考えられていたが、今やその普遍性は失われてしまった法則）のリストは非常に長い、とつけ加えている。

生命と進化への新たな視座

目下論じられている問題の全体像は、今やメイザーの著書[*14]に余すところなく示されている。インタビューに答えている多数の科学者[*15]の熱狂ぶりは「お祭り騒ぎ」といったところだが、パターンははっきりしている。つまり、最近まで生命や進化についての定説の是非が問われなかった分野で変化が起こっているということだ。この本は、インタビューを受けた人たちの至言に満ちている。ここに順不同でその一部を引用する。

「新たに現れつつあるのは、生命の主体は遺伝子ではないという考え方だ。科学者は慣れ親しんだ遺伝子情報に固執しているものの、生命はもっと相関的で系統的なものだ」

スーザン・メイザー

「生命の起源における第一歩は、動力を生み出す方法を偶然に見つけ、エネルギー問題を克服したことだ」

エルバート・ブランスコム

「生命はアルゴリズムと幾何学の混合であり……なぜ幾何学なのかと言うと、生命は物理的なものだからだ」

アルベール・リブシャベール

「進化とはじつのところ、生物学のあるべき姿だ。進化は動的で、その動力がどのような規則を遵守しているかを理解しないといけない」

「科学は自らが目にしているものを自由に調べられなくてはならない」

カール・ウーズ

要約すると、メイザーの著書における仮説は、生命と進化は独自の物理法則を必要とする自然現象であるというものだ。

科学の地殻変動が起こりつつある。たとえば、社会構成に関する科学的論説が扱う内容が、静的なもの（構造、結びつき、接続ポイント）から動的なもの（動き、交流、流れ、進化）へと変化している。興味深いのは、社会構成の動的な現象に対する理解に、この新しい理解を表現するのに必要な専門用語の発達が追い着いていない点だ。ネットワークやネットワーク理論についてて耳にすることがますます増えているが、実際のネットは糸でできており、糸に沿っては応力以外何も流れていない。さらに、魚を獲るための網（ネット）（「ネットワーク」という語の語源）は何も変化しない。静的なものだ。また、つながり方がクモの巣を連想させることから、人のウェブやワールドワイドウェブといった言葉も耳にするが、実際のクモの巣は、漁師の網やパン職人が被るヘアネットと同じく静的で、張り巡らされた糸に沿っては何も流れていない。

ネットワークやウェブは、二本のクギのあいだに張られた糸のように静的だ。記述的であって、事象を予測するものではない。グローバル化と持続可能性という壮大なデザインへの途上で日々形を変え、向上（進化）しながら人間を結びつけ、定義づける動的な流動構造という新しい状況において使われるときでさえ、そうだ。ネットワークは記述的であって、事象を予測するものではない。フラクタルと同じで、ネットワークは理論ではない。ここでコンストラクタル法則の出番となる。この法則は、動的な流動構成の自然な出現と進化を支え、進化の時間の矢を際立たせ、未来の構造と成果を予測する。

ヴィツァニーと私たちのグループ[*16]も、生命現象をどのように理論的に説明するかに対する物理学的なアプローチについて調べた。ヴィツァニーはまず、エルヴィン・シュレーディンガーの「生命は物理的現象であり化学的現象である」という概念を取り上げ、最近になってマンフレート・アイゲンがこの概念を拡張して「生命は物理的現象であり化学的現象であり情報である」としたことを指摘した。概念の範囲を拡げるというこの流れに沿って、シュレーディンガーの言葉に付け加えるのは「情報」よりも「コミュニケーション」のほうがよりふさわしいとヴィツァニーは考え、代わりに「生命は物理的現象であり化学的現象でありコミュニケーションである」とすることを提案した。コンストラクタル法則の観点から言うと、生命の概念を拡張してより包括的にしたいという衝動は、そう考える人の思考を図らずも物理学だけに導くのは明らかだ。なぜか。それはコミュニケーションとは単に、進化する物理的な流動デザインの一つにすぎないからだ。進化を続けるその他の流動構成とともに形を変え、時がたつうちにそれらの流れをよくする。化学もまた、進化を続けるデザインの記述に加わるが、それは、物質が形を変えたり流れを良くしたりする自由を伴って、(反応しながら、あるいは反応せずに)未来に向けて流れる場合に限る。

物理学だけが、生命の現象が収まる最大の天幕で、生物、無生物、社会的なものを網羅している。だからこそ生命は物理的現象であり、[*17] コンストラクタル法則は生命と進化の物理法則であり、[*18] 物理学は以前に考えられていたよりもはるかに範囲が広く強力なのだ。

コンストラクタル法則の来歴

物理的現象としての生命や進化というアイデアは、一九九六年にコンストラクタル法則として論文にまとめて発表した。英語で書かれたこの言明は、流動構成における進化の時間の矢を、物理学の言葉で明確に説明している。この論文は、一八五一〜五二年に世に出た熱力学第二法則と同じように、方程式ではなく、エントロピーについてでもなく、一方向で不可逆的な方向性についての言明として登場した。

アイデアというものは、最初は純粋に観念的な考察として現れ、その後言明になり、のちにようやく数式として示される。これは自然の成り行きだ。アイデアが簡潔にまとまり、教えやすく伝えやすくなると、新しい支持者がしだいに増えていくことは、科学の歴史を見ればわかる。とはいえ、まずはアイデアだ。アイデアは常に次のようにして生まれてきた。

- 幾何学における言葉での論証（証明）から代数学へ、そして現在の微分積分学へ、
- ガリレオの慣性の法則からニュートンの運動方程式$F=ma$へ、そして次に解析力学のラグランジュ方程式へ、
- 一方向の流れについての熱力学第二法則の話（クラウジウス、ケルヴィン＝プランク）から、クラウジウスのエントロピーSに関する数学へ、そして現在実際に使用されているはるかに多くの「エントロピー」へ、
- 有限回の操作では絶対零度に到達できないという熱力学の第三法則の話から、$T=0$のとき$S=0$というプランクの数学的言明へ、

・説話としての経済学から、数学を用いた経済学へ（サミュエルソン）。

一九九六年に発表したコンストラクタル法則についての言明の中で、動かないもの、あるいは流路を流れるものとは違う動きをするものを背景として、自由に形を変える流路としての、流動の構成や進化の現象について明確にするために、私は「有限大」という言葉を使った。差異や流れ、流路、あるいはその流れの中に存在するものの融合を示す流動系は有限大だ。それと反対の種類の系である目に見えない極微のもの（一、二個の粒子、亜粒子など）は、流路や差異、進化する構成を示さない。二〇世紀と二一世紀に入ってからの物理の学問分野は、極微に向かって進んでいる。そこでコンストラクタル法則は、その趨勢を「一喝」し、現在の手法に逆らう思考を求める。

今日、多くの人がコンストラクタル法則を利用し、研究成果を発表したり、会議を開催したりしている。つい先ごろは第九回コンストラクタル法則会議がイタリアのパルマで開催された（二〇一五年）。また、コンストラクタル法則を使っている大勢の人が、専門誌や書籍、ブログ、ウィキペディアでこの法則の分野に関して意見を述べたり寄稿したりしている。それを私はひたすら見守っている。そうしていると、科学自体が流動構造として進化し、地理的にも歴史の中でも、個人として、また集団として私たちを結びつけ、私たちの流れを促進するのがわかる。

一九九六年から二〇年余りたった現在も、私はコンストラクタル法則を変えるつもりはないが、わかりきったこととはいえ、自由がなければ変化も進化もないから、唯一「自由」という言葉は挿入したい。今ならこの法則を次のように表現するだろう。「流動系は、時の流れの中で存続する（生きる）ためには、その系の流れへのより良いアクセスを提供するように自由に進化しなくてはならない」

コンストラクタル法則自体はスローガンではない。この法則は、私たちの思考にさらに役立つべく、必ずや進化するはずだ。ニールス・ボーアは次のように言っている。「物理学の役割は自然の在り方を突き止めることであると考えるのは誤りだ。物理学は私たちが自然について何を述べるかの学問なのだ」。創造力は、新しい配置を想像する人にも新しい物理の法則を編み出す人にも等しく当てはまる。

物理的現象としての生命と進化

最近は、物理的現象としての生命という考え方を、より数学的、より「科学的」に聞こえる言葉を使って読者に伝える傾向が目につく。[*19] これらはみな、物理的現象としての生命や進化というう新しいパラダイムにとっては好ましい展開だ。この考え方を練り上げれば練り上げるほど、この物理法則、コンストラクタル法則は強化されるのだ。二〇〇〇年のことが思い出される。私はその年に、形態の構築という概念や、目標あるいは目的という概念を物理学の中に喜んで取り入れながら、クラウジウスへの敬意を次のような言葉に表した。[*20]

私たちと同世代の人々は、自ら、考えや生き方の中で、恒久的に目標に依存しているにもかかわらず、目標(あるいは目的、機能、デザイン、最適化)の概念に苦労していることを指摘すれば十分だ。

「私はそれでも、この苦労のせいで挫(くじ)けるようなことがあってはならないと思う。むしろ逆に、この理論をしっかりと調べてみなければならない、と。[*21]」

このルドルフ・クラウジウスの言葉を引用したのは、私たちが今日、彼が直面したのと非常によく似た状況に直面しているからだ。クラウジウスは、熱機械結合挙動を説明するのに、エネルギー保存の法則に加えて、二番目の原理、つまり熱力学第二法則を定式化しなければならなかった。この新しい原理とともに、エントロピーの概念が生まれたが、それは科学にとってはまったくなじみのないものだった。今日では、新しい原理は幾何学的な形態の構築であり、新しい概念は目標あるいは目的である。

最後に、「より容易なアクセス」に向かう進化を、もっと具体的で明白でより理解しやすいという触れ込みのものに言い換える傾向も見られる。これは「エントロピー生成最大化」と呼ばれる。最大になったもの（最終デザイン、あるいは運命）など、自然界のどこにも、生物にも無生物にも見当たらなくてもおかまいなしというわけだ。今日非常に多くのエントロピーの定義が使われているせいで、エントロピーが不協和音やバベルの塔のようになってきているのも関係なしだ。実際は、自然界のいたるところに進化するデザインの傾向があり、それはエントロピー生成最大化には向かっていない。その実例はどこにでもある。

帆船の構造は、海の波の形や卓状氷山の向きと同様に、風を捉えやすくなるように風向きに対して直角方向に進化した（図11・2参照）。あるいは、熱力学系は一定した燃料（または食物）消費によって動く車両や飛行機（または動物）だと想像してほしい。これは開いた熱力学系（燃料と空気が流れ込み、排気が流れ出る）で、私たちの人生の時間枠の中では、定常状態で流れるものとしてモデル化できる。定常状態とは、系内のエントロピー生成量とエントロピーの量が一定であることを意味する。何物の最大化も（たとえばエントロピー生成量の最大化も）、系の物理現象には含まれていないことはすぐにわかる。なぜなら系は定常状態で稼働するからだ。

進化は現に起こるが、それははるかに長い時間スケールでの話だ。系の内部では、車両や飛行機や動物の構成（大きさ、形状、構造）は、同じ燃料あるいは食物の消費量でより大きな力を生み出すエンジンを備えた新しいデザインに取って代わられる。つまり、この進化する変化のより長大な時間スケールでは、系のエントロピー生成量は減りこそすれ増えることはない。これは、エントロピー生成の最大化は原理であるという主張と矛盾する。系がエントロピー生成量を増やす方向に進化してきたならば、トラックや動物は最終的に止まって死んでしまう。この方向ではトラックや動物を動かす力が消えてしまうからだ。

私たちはみな、修正主義の誘惑に駆られ

時間 ——→

図11.2　定常流動系の構成はやがて、古いデザインで使われる燃料と同じ量でより多くの力（とより多くの動き）を生み出す新しい構成に取って代わられる。流動構成の進化はけっして終わらない（これらの絵は *Petit Dictionnaire Français*, [Paris: Librairie Larousse, 1956], 48 及び 62 に手を加えたもの）。

たら、アインシュタインのこの助言[22]を心に留めておくのが賢明だろう。

根本的なアイデアは物理理論を形作る際に最も本質的な役割を果たす。物理学に関する書籍は複雑な数式にあふれている。だが公式でなく、考えやアイデアがあらゆる物理理論の始まりだ。アイデアはその後、数量的な理論という数学的な形式をとり、実験と比較できるようにする必要がある。

皮肉にも、二〇〇四年にコンストラクタル法則を数学的言明に書き換えて、解析的な熱力学の用語で明確にしたのも、修正主義者ではなく私たちのグループが最初だった[23]。それによって私たちは同年、アメリカ機械学会の熱力学賞（オバート賞）を受賞した。

私が一九九六年に二篇の論文でしたように、物理学ではなく工学の分野の専門誌で最初に斬新なアイデアを発表するのは、英語ではなく少数言語で独立宣言を発表するようなものだった。アイデアを広めるには、すでに確立されている速い流路の構造が重要となる[24]。大きな流路では丸太はより遠くまで運ばれる。今日、誇り高きロシア人もフランス人も誰もがこぞって英語で発表するのはそのためだ。また科学界の体制派という大きな流路が、コンストラクタル法則を数式化し、自らのアイデアとして広める好機を見出しているのもそのためだ。

今や、全体像を捉え、「物理的現象としての生命と進化」という考え方がどういうものか、なぜそれが有用なのか、それはどれほど前から流れているのか、またどこから流れてきたのかを世間一般に知らせる責務は、科学哲学者や科学史家、著述家、芸術家に委ねられている。基本的な発想の源泉を明かさずに、新たなアイデアとして世に出すことがあってはならない。だからこそ、私は自分のアイデアについて語るときには必ず、似た発想を直感的に抱いていた先人を紹介し、敬意を表してきた。そして、ほかならぬこの知識の流れを促進するべく書いたのが、本書なのだ。

謝辞

家族のメアリー、クリスティーナ、テリーサ、ウィリアム、アシスタントのデボラ・フレイズに感謝する。彼らがいなければ、執筆者としての私のキャリアはありえなかっただろう。

著作権エージェントのドン・フェアと、元原稿（「生命とは何か［What Life Is］」）をたちどころに理解し、その進化を終始導いてくれた編集者のキャレン・ウォルニーにも、深い謝意を示したい。

また、同業の研究者たちにもお礼を申し上げる。とくに、以下の方々だ。シルヴィ・ロレンテ、ホセ・レイジ、木村繁男、エイトル・レイス、アントニオ・ミゲル、ルイズ・ロチャ、ホウレイ・チャン、ジュリオ・ロレンジーニ、チェーザレ・ビゼルニ、マーチェロ・エレーラ、ジョスア・マイヤー、W・K・チャウ、エルダル・チェトキン、スティーヴン・ペリン、レン・アンダーソン、ヨン・スン・キム、ジダル・リー、ジョスリン・ボンジュール。現在、私のもとで学んでいるシヴァ・ジアイ、モハンマド・アラライミ、アブドゥッラフマーン・アルメアバティにも助けてもらった。

　過去四年にわたって研究の支援をしてくれたアメリカ国立科学財団、空軍科学研究局、国立再生可能エネルギー研究所にも心から感謝する。

解説

木村繁男（公立小松大学教授　生産システム科学部・学部長）

二〇一八年四月、まだ肌寒いフィラデルフィア郊外の雑木林はようやく芽吹き始めていた。冬枯れの木々に混じって数本の桜が丁度満開であり、その下ではレンギョウの花が盛りを迎えていた。ベジャン教授が「コンストラクタル法則」を含む機械工学に対する貢献によりベンジャミン・フランクリンメダルの受賞が決まり、この考えが世に認められようとしている状況を祝福しているかのようであった。

四月一七日から一八日にかけて、ヴィラノヴァ大学で、米国国立科学財団（NSF）主催の「コンストラクタル法則――二〇年の歩みと将来」と題されたシンポジウムが開催された。ベジャン教授のメダル受賞を記念してのものである。米国版ノーベル賞と言われる国際的学術賞の一つであり、受賞慣れしている彼にとっても、この賞は特別で感慨深いものであったに違いない。受賞理由は「熱力学と伝熱工学を融合させた熱設計の最適化、およびコンストラクタル法則による自然、工学、社会において出現する形態とその進化の予測に貢献した」と簡潔に記されており、「コンストラクタル法則」の提唱も重要な受賞理由となっている（公式発表の文面では constructal theory と記載されている）。

本書は、*The Physics of Life: The Evolution of Everything*（St. Martin's Press, 2016）の全訳である。一般読者向けの前作『流れとかたち』の続編であり、これまで発表された「コンストラクタル法則」についての研究成果を集大成したものと言える。したがって、タイトルに使われている「生命」と言う言葉は、通常使われている「生物」に関連した意味ではない。生物、無生物に関わらず、流動するものという概念でとらえることが出来るすべての系(システム)を指す。それは生物内の流体循環であり、河川の流れであり、情報の流れであり、富の流れである。これらの流れを維持している体系がすなわち「生命」なのである。前作の『流れとかたち』に比べ論旨の展開がより系統的になっている点が本書の特徴である。扱っている話題にはいくつか重複が見られるものの著者の息づかいが直接感じられる文章と相まって、極めて説得力のある本に仕上がっている。「コンストラクタル法則」の提唱者単独による啓蒙書である点でも貴重である。

前作『流れとかたち』における、ノーベル賞受賞者イリア・プリゴジン教授の見解に対する戦闘的な反論で始まる幕開きと比較すると、本書はやや控えめな書き出しとなっている。それでも「生きるべきか、死ぬべきか。それは問題ですらない（To live or not to live, that is not even a question.)」という、『ハムレット』の有名なフレーズのパロディーから始まっている事実は注目に値する。日本では古くから「生きるべきか、死ぬべきか」と訳されているが、元来の意味は「存在すべきか否か（To be, or not to be, that is the question.）」ということである。しかし、ベジャンにとって、「存在するか」ではなく、問題なのは「流れているか」だ。「コンストラクタル法則」の視点を、最初の数行で端的に表現しているのである。そして、本書の意図が具体的に記述されるにつれ、読者は著者が取り上げようとしているその遠大なテーマに否応なく引き込まれて行くことになる。

第1章では「生命」とは何かについて定義している。それに続く数章で、自然も社会も樹枝状構造と階層構造に満ちていることを示す。それらの構造は、自然現象にあっては、より抵抗なく流れて行きたいという自然の意志の現れである。そして、社会現象にあっては、自分を取り巻く世界をより良い状況にしたいという人間の願望の現れである。したがって、政治や経済などの種々の社会現象は、「富と自由」への人間の願望の所産である。そうであれば、政治、経済、歴史も「コンストラクタル法則」による理解が可能であるということになる。巷には様々な政治スローガンが満ち溢れている。しかしそれらは問題ですらない。政治システムは富と自由への願望が満たされるように、おのずから変容していくのである。民衆の見えざる意思によって。

スポーツはベジャンにとって特別な意味を持っているようだ。彼は故国ルーマニアではバスケットボールプレーヤーとして名を馳せた経験を持つ。しばらく前に、ボストン・レッドソックスに在籍していた野茂投手がノーヒットノーランを達成したときは、喜びに満ちた長文のメールを送ってきたこともあった。MIT時代からの熱烈なレッドソックスファンなのである。

本書では「スケール解析」がしばしば用いられている。彼はこの手法をカリフォルニア大学バークレー校での研究員時代に、オーストラリアから訪れていた水理工学の著名な研究者、ヨルグ・インバーガー教授から学んだ。スケール解析は、気象学や地球物理学の分野で発達してきた手法である。しかし、ベジャンの「スケール解析」は、これまでのものと比べ、より直感を重視する点で独創的である。それは、第5章「スポーツの進化」で遺憾なく発揮されている。大胆な運動の単純化により、短距離走や競泳などのスポーツ記録には限界があることを予言する。

第6章から第8章までは、全ての事象は勃興、成長そして衰退という一連のプロセスを取ることを述べる。それは、都市構造の変遷であり、経済の成長と衰退であり、帝国の興亡である。まさに万物は流転する。われわれはバブル期の時代を懐かしんでいる暇はない。次の成長の芽はあちこちに散らばっており、みな成長の機会を窺っている。ここには彼の楽天的思想が色濃く反映されている。私が学生だった時、投稿した論文に厳しい査読結果が付いて返ってくるたびに、師であるベジャンは、我々の仕事がいかに価値あるものかを説き、励ましてくれた。そのことが鮮明に想起される。過ぎ去った過去ではなく、来るべき未来を考えねばならない。抵抗を受けない学術論文は、すなわち独創性を欠く論文なのであると。

本書を通読して、私は彼の思想の根幹に、熱力学の諸法則の影響を見る。それが、最も明示的に述べられているのが最後の三つの章である。今日、熱力学の第一法則として知られているエネルギーの保存則は、力学的エネルギーと、一見それとは何の関係もなさそうに見える熱量が同一の物理量であることを主張する。また、熱の流れる向きには方向性があり、熱エネルギーと力学エネルギーとのあいだの変換は非対称となることを述べているのが熱力学の第二法則である。

「コンストラクタル法則」は、解析対象となる体系を流動機構と見ることにより、これまで細分化され、各学問分野の異なる現象と見られていたものが、すべて統一された原理に支配されていることを主張する。それらのあいだにある違いは、駆動メカニズムの違いに過ぎない。また、その流動方向には一定の方向性がある。端的に言ってしまえば、高いところから低いところへ、ということになる。

しかし、この場合の「高い」「低い」が意味するところは、対象としている現象により全く異なるものを意味する。例えば、河川の流れは高きから低きへ、重力ポテンシャルが減少する方向へ流れるが、知識や情報の流れは、より革新的アイディアが生まれる場所からその他の場所へと流れる。決してその逆ではない。現在、情報科学の先端技術はシリコンバレーから世界各地へと拡散している。ただ、シリコンバレーの命運が尽きる日もいずれ必ずやってくる。それは世界のどこかに、より価値ある技術革新をもたらす拠点が形成されたときである。それはS字成長に終末期が必ず現れるようなものである。ちょうど、熱力学的体系内の拘束条件が外されたとき、この系は熱力学的死に向かって突き進むのに似ている。

これらの熱力学的考えがもっとも端的に見られるのが第9章「時間の矢」、第10章「死とは何か」である。第11章の最後の箇所で、エントロピー極大の法則について、彼の考えが述べられていてなかなか興味深い。「エントロピー極大」という言葉に対してはかなり批判的な態度が見て取れるのだが、専門家のあいだでも分かれる議論であろう。いずれにしても、熱力学の第二法則のように、最も革命的な科学法則は、数式ではなく言葉で表現されなければならない。それがベジャンの主張である。

今から二〇年ほど前に、ケンブリッジ大学出版局から刊行されたベジャンの『かたちと構造

――工学から自然まで（*Shape and Structure, from Engineering to Nature*）』（Cambridge University Press, 2000）を初めて目にしたときの印象を私は良く覚えている。「何て奇妙なことを始めたものだ」というのが正直なところであった。ごく一部の人を除いて大方の専門家が同じ印象を持ったことは想像に難くない。実際、当時は、国内外の熱工学関係者のあいだでコンストラクタル法則に支持を表明する声をほとんど聞かなかった。ベジャン教授はまた何か奇妙なことを始めたらしいというのが大方の見方であり、この状況は、日本では今でもあまり大きく変化していないように思う。

しかし、「コンストラクタル法則」は、幸運にも（熱）工学系以外の様々な学問分野、すなわち生物学、政治学、経済学、情報科学、都市計画、地球科学などの諸分野で、多くの賛同者を獲得していった。おそらく我々工学者は既に検証され、存在する法則や手法をいかに利用し、要求された仕様のものを設計していくかという思考パターンに慣れすぎていたのかも知れない。自らが新しい「物理法則」を発見するなど夢想だに出来なかったのだ。

熱移動について解析するには、フーリエの熱伝導の法則、ニュートンの冷却の法則、ナヴィエ・ストークスの流体の運動方程式、放射についてのステファン＝ボルツマンの式、分子動力学があれば十分であり、我々はこれらの方程式を駆使して解析するのが自らの仕事であると心得ている。もし必要があれば、物理学や数学の分野で話題になった考え、例えばフラクタル、カオスなどの考えを遅まきながら援用して少しスパイスの効いた仕事をする。しかし、ベジャンの意図するところは明らかにこの範疇を逸脱している。やすやすと受け入れられるものではない。人間は多かれ少なかれ、みな保守性を有しているのである。革命的な思考を受け入れるまでには時間が必要だ。私も彼の「コンストラクタル法則」を抵抗なく受け入れるまでに、実に二〇年近く掛かったことを告白しなければならない。

これまで「コンストラクタル法則」に関する論文は、過去二〇年間の累計が五〇〇〇を超えたと報告されている。五年前には二〇〇か三〇〇と聞いていたから大変な増えようである。イギリス政府が、政府と国民のあいだの情報伝達問題についてベジャン教授に意見を求めたことも知られている。「コンストラクタル法則」に従えば、新しい考えや情報の拡散はS字カーブを描いて成長するという。いま、この法則の拡散はS字のどの段階にあるのだろうか。極めて興味ある問いである。本書の内容をどのように受容するかは、読者諸賢の判断に委ねられる。しかし、本書を読み終えた読者は、われわれを取り巻く自然や社会の諸問題を、これまでにない極めてユニークな視点から眺める機会を持つことになる。そして、我々の未来について確固とした明るい希望を抱くことが出来るだろう。

最後になるが、本書の日本語版を企画し、この解説を書く機会を与えてくれた紀伊國屋書店の和泉仁士氏に甚大なる感謝の意を表したい。また、ベジャンの極めて形象的言い回しの多い英語に悪戦苦闘されたと聞く、翻訳者の柴田裕之氏のご努力に最大限の敬意を表したい。

この書が多くの方の目に触れ、日本でも「コンストラクタル法則」についての闊達な議論が広まることを切に祈念してやまない。

二〇一九年三月　金沢にて

訳者あとがき

前作『流れとかたち』は私にとって衝撃的だった。おおざっぱに言えば、こうなる。かつて、人間を別格と見なして他の生き物と切り離す世界観を、ダーウィンが進化論で刷新した。前作と本書『流れといのち』の著者エイドリアン・ベジャンはそれをさらに推し進め、生物を別格と見なして無生物と切り離す世界観を、すべてのかたちの進化を支配するという独創的なコンストラクタル法則で崩し、森羅万象を物理によって一つにまとめ上げた。これほどまでの統合的な見方に、私は魅了された。

いや、魅了されただけではない。なるほど、と納得がいった。本文はもとより、二作に収録された写真や図が、著者の言わんとすることを雄弁に物語っており、一目瞭然、百聞は一見に如かずという思いを何度抱いたことか。また、生物と無生物に分け隔てなく働くそのような法則の存在は、直感的にも理に適っているように思えた。人間の登場以前から生物はいたのだし、生物の誕生以前から地球や宇宙はあったわけだし、他のいっさいのものと同じで、人間を含めて生物も物質から成り立っており、すべては同じ世界に存在しているのだから、万物が同じ普遍的な物理法則に従っていることに何の不思議があるだろう。

生命（変化する自由を伴う物理的な流動）、そして死（その流動の終焉）という視点からこの世界を捉えた本作『流れといのち』を読んで、コンストラクタル法則を軸とする著者の統合的・俯瞰的な見方に、ますます納得がいった。私は物理に疎いので専門的な判断はできないが、著者がこれまでの二作で取り上げてきた範囲の広さや多様さ（目次を眺めるだけでわかる）を見ると、この法則には普遍性があるという主張には強い説得力があるように感じる。そして著者は、コンストラクタル法則は「事象を予測するもの」であると言い切っており（これまた潔いではないか。確かな反証が出てくれば自説撤回も辞さずという覚悟がうかがわれるのだから。それだけ自信があるということだろう）、前作と本書を読むかぎり、コンストラクタル法則に基づく予測は、これまでのところことごとく的中しているようだ。

このコンストラクタル法則に劣らず魅力的なのが、著者の姿勢だ。権威と言われる人の言葉であろうが、学界の定説であろうが鵜呑みにせず、疑問に感じた事柄を放置しないで出発点とし、先入観にとらわれずに広い視野から考察や検討を重ね、特殊ではなく包括的な代替の説を提示して、それが斬新過ぎて簡単には受け容れてもらえなかったり批判を招いたりしても動じないで、証拠や裏づけを積み上げていくという著者の姿勢は、物理の世界に限らず、どんな分野でも範とすることができる。

その姿勢の根底にあるのが自由を愛する気持ち、自由の価値を重視する気持ちであり、それが著者の文章にあふれている。著者の経歴を考えれば、それもうなずける。著者は共産主義独裁政権下の母国ルーマニアの圧政が骨身に沁みており、そこを脱してアメリカで自由な学究環境に入った人なのだ。二〇年以上前に発表したコンストラクタル法則を変えるつもりはないものの、その定義に「自由」という言葉をつけ加えたいと本書で語っていることにも、著者の心情が鮮やかに表れている。「自由が与えられれば、新しい変化が起こり、さらに多くの選択肢が現れ出てきて、かつて最良だったものが死に絶え、先々最良となるものが生まれる。……もし、はるか以前に行なわれ、『最良』と呼ばれた選択がみな、硬直したかたちで取り入れられ、いつまでも変わらずに適用されているなら、今日の科学はどうなっているだろうか」と著者は言う（三三四ページ）。

母国で過ごした日々も、アメリカに移ってからも、けっして楽な思いをしてきたわけではないだろうが、著者は卑屈になることも恨みがましくなることもなく、言葉の端々からは、からっとした人柄が伝わってくる。前作刊行後の来日時にお目にかかったときも、その印象どおりの方だった。まさにコンストラクタル法則が働くさまを自ら体現しているかのようであり、そう思えば、本書を読むとわかるとおり、著者が将来に明るい希望を持って生きていることにも得心がいくし、こちらまで希望が湧いてくる。なにしろコンストラクタル法則自体が、流れを良くするように進化するという方向性をはっきり指し示しているのだから。

　読者のみなさまにも、コンストラクタル法則という斬新なアイデアに触れ、この単純ですっきりした法則によってじつにさまざまな事象の説明や予測がつく爽快感を味わい、著者の姿勢や世界観に接して明るい気持ちになっていただければ幸いだ。そして、まだ前作『流れとかたち』をお読みになっていない方がいらっしゃれば、ぜひ、ご一読を勧めたい。本書を楽しんでくださった方であれば、多様な分野から多様な例を引きながらコンストラクタル法則をその原点から語る前作をお読みいただければ、本作同様、木村繁男先生の詳しい解説と相まって、なお興味と理解が深まり、ますます楽しめるはずだ。

　最後になったが、私の質問に丁寧に答えてくださった著者、全文に目を通して問題点を指摘してくださり、また、この分野に詳しく、著者と親しい方にでなければとうてい望めない解説を書いてくださった木村先生、拙訳の至らぬ点の数々を補ってくださった紀伊國屋書店出版部の和泉仁士さんをはじめ、前作と本書の刊行にあたってお世話になった大勢の方々に、この場を借りて心からお礼を申し上げる。

二〇一九年三月　柴田裕之

これは、高さ L_b から落下して地面に衝突する物体の速度を表すガリレオ・ガリレイの公式と同じだ。ピサの斜塔から落とされた石は、私の手から落とされた石よりも大きな速度で地面に衝突する。等式（11）は、長さスケール（高さ）L の水の波の速度を表す公式とも同じだ。大きな波のほうが、水平方向に速く動く。ティーカップの中の波の速度と、津波の速度とを比べるといい。

(b) 必要な仕事量（8）は、同じ方向で減る。

地上における動物の動きの拡がりの歴史も、同じ時間的方向性を示している。(a) と (b) という時間的順序はともに、コンストラクタル法則と一致している。

$M=10^{-6}\sim10^{3}$kg の範囲で収集した動物の速度（131 ページ図 4.6 参照）は、周囲の媒質が動物の動きの拡がりに差異をもたらす影響を裏づけている。

動物の動きにおけるデザインに関するこれらの発見はみな、体の質量 M、あるいは体の重量 Mg ではなく、体の長さスケールの観点からは次のように表せる。

$$L \sim (M/\rho)^{1/3} \tag{9}$$

たとえば、等式（5）から（9）までの M を消去すると、次の式が得られる。

$$V \sim (\rho_m/\rho)^{1/3}(gL)^{1/2} \tag{10}$$

大きな動物あるいは運動選手（M）は、体高あるいは身長（L）も大きく、体高あるいは身長が大きければ、速度も大きくなる。最初の因数 $(\rho_m/\rho)^{1/3}$ は泳ぎと走行の場合はほぼ 1 なので、速度と体高あるいは身長の式は、以下のようになる。

$$V \sim (gL)^{1/2} \tag{11}$$

と同じなので、

$$F \sim Mg \tag{7}$$

移動距離当たりの仕事量は等式（5）と$L \sim (M/\rho)^{1/3}$を等式（4）に代入すると得られる。

$$\left(\frac{W_1 + W_2}{L_x}\right)_{\min} \sim \left(\frac{\rho}{\rho_m}\right)^{1/3} Mg \tag{8}$$

$(\rho_m/\rho)^{1/3}$という修飾係数は、滑っているときや転がっているときの摩擦係数μと同じような役割を果たし、媒質次第で決まる。飛行の場合には、空気の密度ρ_mは$\rho/10^3$にほぼ等しく、$(\rho_m/\rho)^{1/3}$という因数は1/10に近い。泳ぎの場合には、媒質（水）の密度は体の密度と実質的に等しく、$(\rho_m/\rho)^{1/3}$という因数は1だ。走行の場合には、$(\rho_m/\rho)^{1/3}$は1/10と1のあいだで、走行面と空気抵抗による。雪や泥、砂で覆われた場所を走るときには、$(\rho_m/\rho)^{1/3}$の値は1に近くなる。乾いた表面を速く走ると、$(\rho_m/\rho)^{1/3}$という因数は飛行の場合に近くなる。

ようするに、$(\rho_m/\rho)^{1/3}$はほぼ1で、等式（5）と（6）と（8）では省くことができる。重要なのは、$(\rho_m/\rho)^{1/3}$が移動時の媒質のあいだで、特定の紛れもない方向で変化することだ。

(a) もしMが一定ならば、速度（5）は海→陸→空という方向で増す。

このサイクルの時間スケールはほぼLに等しい高さからの自由落下にかかる時間、すなわち$t \sim (L/g)^{1/2}$である。このサイクルのあいだの水平移動距離は$L_x \sim Vt$なので、等式（3）は、以下のようになる。

$$\frac{W_1 + W_2}{L_x} \sim Mg^{3/2}\frac{L^{1/2}}{V} + \rho_m L^2 V^2 \quad (4)$$

この式の値はVが次の速度に達したとき最小になる。

$$V \sim \left(\frac{\rho}{\rho_m}\right)^{1/3} g^{1/2} \rho^{-1/6} M^{1/6} \quad (5)$$

等式（5）はスケールとして、すなわち、おおよその値を考えた場合に有効だ。漸近線を交わらせる方法を使えば、最も直接的に求められる。すなわち、等式（4）の2つの項を等しくするということだ。また、等式（4）の右辺をVについて微分し、得られた式をゼロと等しくし、Vについて解き、スケール分析の手法に即して、ほぼ1となる因数を無視することでも求められる。体Wの動きの頻度は$t^{-1} \sim (g/L)^{1/2}$あるいは、

$$t^{-1} \sim g^{1/2} \rho^{1/6} M^{-1/6} \quad (6)$$

身体力は垂直方向で行なわれた仕事$W_1 \sim FL$で決まり、それは持ち上げる動きが終わったときの位置エネルギーMgL

第5章の補遺

動物の重量は、垂直方向に重量を持ち上げるためと、水平方向に進みながら受ける空気抵抗を克服するための2つのかたちで消費する有効エネルギーのあいだの均衡を達成するようにリズミカルに動く。もし動物を、単一の長さスケール（L）の体としてモデル化すれば、その質量はほぼ$M \sim \rho L^3$になる。各サイクルのあいだに体は垂直方向（W_1）と水平方向（W_2）で仕事を行なう。垂直方向の仕事は、体をおおよそLに等しい高さに持ち上げるのに必要だ。

$$W_1 \sim MgL \tag{1}$$

水平方向の仕事は、周囲の媒質を体が貫通するのに必要だ。

$$W_2 \sim F_{drag}L_x,\ F_{drag} \sim \rho_m V^2 L^2 C_D \tag{2}$$

ただしF_{drag}は空気抵抗の力、ρ_mは媒質の密度、L_xは1サイクルのあいだに進む距離。空気抵抗係数C_Dは実質的には定数で、1にほぼ等しい。移動距離当たりに消費される 仕事量は、

$$\frac{W_1 + W_2}{L_x} \sim \frac{MgL}{L_x} + \rho_m V^2 L^2 \tag{3}$$

に創られたか』下巻、石原純訳、岩波書店、1971年]
＊23　A. Bejan and S. Lorente, "The Constructal Law and the Thermodynamics of Flow Systems with Configuration," *International Journal of Heat and Mass Transfer* 47 (2004): 3203-3214.
＊24　Bejan and Lorente, "The Physics of Spreading Ideas."（前掲）

＊10　J. A. Shapiro, "How Life Changes Itself: The Read-Write (RW) Genome," *Physics of Life Reviews* 10 (2013): 287-323.

＊11　J. G. Holden, T. Ma and R. A. Serota, "Change Is Time," *Physics of Life Reviews* 10 (2013): 231-232.

＊12　A. Bejan, "Maxwell's Demons Everywhere: Evolving Design as the Arrow of Time," *Nature Scientific Reports* 4, no. 4017 (Feb. 10, 2014): doi:10.1038/srep04017.

＊13　M. D. Frank-Kamenetskii, "Are There Any Laws in Biology?," *Physics of Life Reviews* 10 (2013): 328-330.

＊14　S. Mazur, *The Origin of Life Circus: A How to Make Life Extravaganza* (New York: Caswell, 2014, 2015).

＊15　たとえば、ノーマン・パッカード、ジャック・ショスタク、スチュアート・カウフマン、マーカス・ノルドベリ、ギュンター・フォン・キードロースキー、スティーン・ラスムセン、ジェイムズ・シモンズ、カール・ウーズ、エルバート・ブランスカム、ピエル・ルイジ・ルイージ、ジャロン・ラニアー、リン・マーギュリス、アルベール・リブシャベール、デニス・ノーブル、デイヴィッド・ノーブル、ジェイムズ・シャピロ。

＊16　G. Witzany, "Life Is Physics and Chemistry and Communication," *Annals of the New York Academy of Sciences* 1341 (2014): 1-9, doi:10.1111/nyas.12570; A. Bejan and S. Lorente, "The Constructal Law and the Evolution of Design in Nature," *Physics of Life Reviews* 8 (2011): 209-240.

＊17　Bejan and Lorente, "The Constructal Law and the Evolution of Design in Nature."（前掲）

＊18　T. Basak, "The Law of Life: The Bridge between Physics and Biology," *Physics of Life Reviews* 8 (2011): 249-252.

＊19　A. Pross and R. Pascal, "The Origin of Life: What We Know, What We Can Know and What We Will Never Know," *Open Biology* 3 (2013): 120190; G. Y. Georgiev, K. Henry, T. Bates, E. Gombos, A. Kasey, M. Daly, A. Vinod and H. Lee, "Mechanism of Organization Increase in Complex Systems," *Complexity* 25 (July 2014): doi:10.1002/cplx.21574; N. Wolchover, "A New Physics Theory of Life," *Quanta Magazine*, January 28, 2014; C. Marletto, "Constructor Theory of Life," *Interface* 12 (2015): 20141226.

＊20　A. Bejan, *Shape and Structure, from Engineering to Nature* (Cambridge, UK: Cambridge University Press, 2000), xviii-xix.

＊21　R. Clausius, "On the Moving Force of Heat, and the Laws Regarding the Nature of Heat Itself Which Are Deducible Therefrom," *Philosophy Magazine* 2, ser. 4 (1851): 1-20, 102-119.

＊22　A. Einstein and L. Infeld, *The Evolution of Physics* (New York: Simon & Schuster, 1938), 291.［『物理学はいか

リング』]
＊18　A. Bejan, “Rolling Stones and Turbulent Eddies: Why the Bigger Live Longer and Travel Farther,” *Nature Scientific Reports* 6: 21445 (2016): doi: 10.1038/srep21445.
＊19　A. Bejan, “The Constructal-Law Origin of the Wheel, Size, and Skeleton in Animal Design,” *American Journal of Physics* 78, no.7 (2010). 692-699.
＊20　I. Eames, “Disappearing Bodies and Ghost Vortices,” *Philosophical Transactions of the Royal Society* 366 (2008): 2219-2232.
＊21　Bejan, *Convection Heat Transfer,* 4th ed.（前掲）

第11章　物理的現象としての生命と進化

＊1　A. Bejan, “The Golden Ratio Predicted: Vision, Cognition and Locomotion as a Single Design in Nature,” *International Journal of Design & Nature and Ecodynamics* 42, no. 2 (2009): 97-104.
＊2　A. Bejan and S. Lorente, “The Constructal Law Origin of the Logistics S-curve,” *Journal of Applied Physics* 110 (2011): 024901; A. Bejan and S. Lorente, “The Physics of Spreading Ideas,” *International Journal of Heat Mass Transfer* 55, no. 4 (2012): 802-807; E. Cetkin, S. Lorente and A. Bejan, “The Steepest S-Curve of Spreading and Collecting Flows: Discovering the Invading Tree, Not Assuming It,” *Journal of Applied Physics* 111 (2012): 114903.
＊3　A. Bejan, “Street Network Theory of Organization in Nature,” *Journal of Advanced Transportation* 30, no. 2 (1996): 85-107; A. Bejan, “Constructal-Theory Network of Conducting Paths for Cooling a Heat Generating Volume,” *International Journal of Heat Mass Transfer* 40, no. 4 (1997): 799-816; A. Bejan, *Advanced Engineering Thermodynamics*, 2nd ed. (New York: Wiley, 1997).
＊4　P. S. Dodds et al., “Human Language Reveals a Universal Positivity Bias,” *PNAS* 112, no. 8 (2015): 2389-2394.
＊5　J. P. Den Hartog, *Mechanics* (New York: Dover, 1961), p. v. [『Den Hartogの機械工業力学』森楨訳、森信郎、1986年]
＊6　C. C. Jumper and G. D. Scholes, “Life — Warm, Wet and Noisy?” *Physics of Life Reviews* 11 (2014): 85-86.
＊7　A. Bejan and S. Lorente, “Constructal Law of Design and Evolution: Physics, Biology, Technology, and Society,” *Journal of Applied Physics* 113 (2013): 151301; A. Bejan, *Entropy Generation through Heat and Fluid Flow* (New York: Wiley, 1982), viii.
＊8　P. Schuster, “How Universal Is Darwin’s Principle?,” *Physics of Life Reviews* 9 (2012): 460-461.
＊9　M. W. Deem, “Evolution: Life Has Evolved to Evolve,” *Physics of Life Reviews* 10 (2013): 333-335.

ton, NJ: Princeton University Press, 1988); K. Schmidt-Nielsen, *Scaling (Why Is Animal Size So Important?)* (Cambridge, UK: Cambridge University Press, 1984), 112.［前掲『スケーリング』］

＊2　A. Bejan, "Why the Bigger Live Longer and Travel: Animals, Vehicles, Rivers and the Winds," *Nature Scientific Reports* 2: 594 (2012): doi:10.1038/srep00594.

＊3　A. Bejan, *Shape and Structure, from Engineering to Nature* (Cambridge, UK: Cambridge University Press, 2000); A. Bejan, *Advanced Engineering Thermodynamics,* 2nd ed. (New York: Wiley, 1997); A. Bejan, "The Tree of Convective Streams: Its Thermal Insulation Function and the Predicted 3/4-Power Relation between Body Heat Loss and Body Size," *International Journal of Heat and Mass Transfer* 44 (2001): 699-704.

＊4　H. Hoppeler and E. R. Weibel, "Scaling Functions to Body Size: Theories and Facts," *Journal of Experimental Biology* (special issue) 208 (2005): 1573-1769も参照のこと。

＊5　同上

＊6　Bejan, *Shape and Structure, from Engineering to Nature*.（前掲）

＊7　A. Bejan, "The Tree of Convective Streams: Its Thermal Insulation Function and the Predicted 3/4-power Relation between Body Heat Loss and Body Size."（前掲）

＊8　Bejan, *Shape and Structure, from Engineering to Nature*.（前掲）

＊9　T. Basak, "The Law of Life: The Bridge between Physics and Biology," *Physics of Life Reviews* 8 (2011): 249-252.

＊10　A. Bejan, *Convection Heat Transfer*, 4th ed. (Hoboken, NJ: Wiley, 2013), ch. 7-9.

＊11　A. Bejan, S. Ziaei and S. Lorente, "Evolution: Why All Plumes and Jets Evolve to Round Cross Sections," *Nature Scientific Reports* 4 (2014): 4730, doi: 10.1038/srep04730.

＊12　Bejan, *Shape and Structure, from Engineering to Nature*（前掲）; Bejan, *Advanced Engineering Thermodynamics*.（前掲）

＊13　Bejan, "Why the Bigger Live Longer and Travel: Animals, Vehicles, Rivers and the Winds."（前掲）

＊14　A. Bejan, S. Lorente, B. S. Yilbas and A. S. Sahin, "The Effect of Size on Efficiency: Power Plants and Vascular Designs," *International Journal of Heat and Mass Transfer* 54 (2011): 1475-1481.

＊15　Hoppeler and Weibel, "Scaling Functions to Body Size: Theories and Facts."（前掲）

＊16　A. Bejan and J. H. Marden, "Unifying Constructal Theory for Scale Effects in Running, Swimming and Flying," *Journal of Experimental Biology* 209 (2006): 238-248.

＊17　Vogel, *Life's Devices*.（前掲）; Schmidt-Nielsen, *Scaling (Why Is Animal Size So Important?)*.［前掲『スケー

*8　S. Legg and M. Hutter, "Universal Intelligence: A Definition of Machine Intelligence," *Minds & Machines* 17 (2007): 391-444.

*9　R. L. Gregory, *The Oxford Companion to the Mind* (UK: Oxford University Press, 1998).

*10　A. Binet and T. Simon, "Methodes Novelles pour le Diagnostic du Niveau Intellectuel des Anormaux," *L'Année Psychologigue* 11 (1905): 191-244.

*11　R. J. Sternberg, ed., *Handbook of Intelligence* (UK: Cambridge University Press, 2000) での引用。

*12　同上

*13　同上

*14　W. V. Bingham, *Aptitudes and Aptitude Testing* (New York: Harper & Brothers, 1937).

*15　D. Wechsler, *The Measurement and Appraisal of Adult Intelligence*, 4th ed. (Baltimore: Williams & Wilkinds, 1958). [『成人知能の測定と評価』茂木茂八・安富利光・福原真知子訳、日本文化科学社、1972年]

*16　U. Neisser, G. Boodoo, T. J. Bouchard Jr., A. W. Boykin, N. Brody, S. J. Ceci, D. F. Halpern, J. C. Loehlin, R. Perloff, R. J. Sternberg, and S. Urbina, "Intelligence: Knowns and Unknowns," *American Psychologist* 51, no. 2 (1996): 77-101.

*17　R. J. Sternberg, "An Interview with Dr. Sternberg," in J. A. Plucker, ed., *Human Intelligence: Historical Influences, Current Controversies, Teaching Resources* (2003). http://www.indiana.edu/z˜intell.

*18　J. Slatter, *Assessment of Children: Cognitive Applications*, 4th ed. (San Diego: Jermone M. Satler, 2001) での引用。

*19　D. K. Simonton, "An Interview with Dr. Simonton," in J. A. Plucker, ed., *Human Intelligence.* (前掲)

*20　L. S. Gottfredson, "Mainstream Science on Intelligence: An Editorial with 52 Signatories, History, and Bibliography." *Intelligence* 24, no.1 (1997): 13-23 での引用。

*21　A. Anastasi, "What Counselors Should Know about the Use and Interpretation of Psychological Tests," *Journal of Counseling and Development* 70, no. 5 (1992): 610-615 での引用。

*22　Sternberg, *Handbook of Intelligence* (前掲) での引用。

*23　Bejan, "Maxwell's Demons Everywhere." (前掲)

*24　C. V. A. Henmon, "The Measurement of Intelligence," *School and Society* 13 (1921): 151-158.

*25　Legg and Hutter, "Universal Intelligence: A Definition of Machine Intelligence." (前掲) での引用。

*26　Bejan, "Maxwell's Demons Everywhere: Evolution Design as the Arrow of Time." (前掲)

第10章　死とは何か

*1　S. Vogel, *Life's Devices* (Prince-

an S-Shaped History," *Nature Scientific Reports* 3 (2013): 1711, doi:10.1038/srep01711; A. Bejan, *Advanced Engineering Thermodynamics*, 2nd ed. (New York: Wiley, 1997), 798-804.

＊6　A. Bejan, *Advanced Engineering Thermodynamics*, 3rd ed. (Hoboken, NJ: Wiley, 2006), 779-782.

＊7　K. Behan, "Dogs, Snowflakes and the Constructal Law," *Natural Dog Training*, January 9, 2014.

第８章　政治、科学、デザイン変更

＊1　A. Bejan and J. P. Zane, "In Defense of Flip-flopping," *Salon*, January 26, 2012.

＊2　Sophocles, *Sophocles I: Antigone*, 2nd ed., trans. D. Grene (Chicago: University of Chicago Press, 1991), 690.［『アンティゴネー』中務哲郎訳、岩波文庫、2014年、他］

＊3　E. Hirsh, "An Index to Quantify an Individual's Scientific Research Output," *PNAS* 102, no. 46 (2005): 16569-16572; A. Bejan and S. Lorente, "The Physics of Spreading Ideas," *International Journal of Heat and Mass Transfer* 55 (2012): 802-807.

＊4　A. Bejan and J. P. Zane, "Why Occupy Wall Street's Non-Hierarchical Vision Is Unobtainable," *The Daily Caller*, November 3, 2011.

第９章　時間の矢

＊1　A. Bejan and S. Lorente, "The Constructal Law and the Evolution of Design in Nature," *Physics Life Revews* 8 (2011): 209-240; T. Basak, "The Law of Life: The Bridge between Physics and Biology," *Physics Life Reviews* 8 (2011): 249-252.

＊2　A. Bejan, "Maxwell's Demons Everywhere: Evolving Design as the Arrow of Time," *Nature Scientific Reports* 4 (Feb. 2014): 4017, doi:10.1038/srep0401.

＊3　Bejan and Lorente, "The Constructal Law and the Evolution of Design in Nature."（前掲）; A. H. Reis, "Constructal Theory: From Engineering to Physics, and How Flow Systems Develop Shape and Structure," *Applied Mechanics Reviews* 59 (2006): 269-282; A. Bejan and S. Lorente, "Constructal Law of Design and Evolution: Physics, Biology, Technology and Society," *Journal of Applied Physics* 113 (2013): 151301.

＊4　Bejan and Lorente, "The Constructal Law and the Evolution of Design in Nature."（前掲）

＊5　Bejan, "Maxwell's Demons Everywhere: Evolving Design as the Arrow of Time."（前掲）

＊6　Dennis de Rogemont, "Information Is Not Knowledge," *Diogenes* 29 (Dec. 1981): 1-17.

＊7　Nate Silver, "The English Premier League Starts Today; Here Is One Reason to Watch," *FiveThirtyEight*, August 16, 2014.

sign & Nature and Ecodynamics 8 (2013): 17-28.
＊15　S. Lorente, E. Cetkin, T. Bello-Ochende, J. P. Meyer and A. Bejan, "The Constructal-Law Physics of Why Swimmers Must Spread Their Fingers and Toes," *Journal of Theoretical Biology* 308 (2012): 141-146.
＊16　A. Bejan, S. Lorente, J. Royce, D. Faurie, T. Parran, M. Black and B. Ash, "The Constructal Evolution of Sports with Throwing Motion: Baseball, Golf, Hockey and Boxing," *International Journal of Design & Nature and Ecodynamics* 8 (2013): 1-16.

第6章　都市の進化

＊1　A. Bejan, S. Lorente, B. S. Yilbas and A. Z. Sahin, "The Effect of Size on Efficiency: Power Plants and Vascular Designs," *International Journal of Heat and Mass Transfer* 54 (2011): 1475-1481; S. Lorente and A. Bejan, "Few Large and Many Small: Hierarchy in Movement on Earth," *International Journal of Design & Nature and Ecodynamics* 5, no. 3 (2010): 254-267.
＊2　C. H. Lui, N. K. Fong, S. Lorente, A. Bejan and W. K. Chow, "Constructal Design for Pedestrian Movement in Living Spaces: Evacuation Configurations," *Journal of Applied Physics* 111 (2012): 054903; C. H. Lui, N. K. Fong, S. Lorente, A. Bejan, and W. K. Chow, "Constructal Design of Pedestrian Evacuation from an Area," *Journal of Applied Physics* 113 (2013): 034904; C. H. Lui, N. K. Fong, S. Lorente, A. Bejan and W. K. Chow, "Constructal Design of Evacuation from a Three-Dimensional Living Space," *Physica A* 422 (2015): 47-57.
＊3　A. F. Miguel and A. Bejan, "The Principle That Generates Dissimilar Patterns inside Aggregates of Organisms," *Physica A* 388 (2009): 727-731; A. F. Miguel, "The Emergence of Design in Pedestrian Dynamics: Locomotion, Self-Organization, Walking Paths and Constructal Law," *Physics of Life Reviews* 10 (2013): 168-190.

第7章　成長

＊1　A. Bejan and S. Lorente, "The Constructal Law Origin of the Logistics S-Curve," *Journal of Applied Physics* 110 (2011): 024901.
＊2　E. Cetkin, S. Lorente and A. Bejan, "The Steepest S-Curve of Spreading and Collecting Flows: Discovering the Invading Tree, Not Assuming It," *Journal of Applied Physics* 111 (2012): 114903.
＊3　A. Bejan and S. Lorente, "The Physics of Spreading Ideas," *International Journal of Heat and Mass Transfer* 55, no.4 (2012): 802-807.
＊4　同上
＊5　A. Bejan, S. Lorente, B. S. Yilbas and A. Z. Sahin, "Why Solidification Has

ing (Why Is Animal Size So Important?) (Cambridge, UK: Cambridge University Press, 1984)［『スケーリング：動物設計論――動物の大きさは何で決まるのか』下澤楯夫監訳、大原昌宏・浦野知訳、コロナ社、1995年］; S. Vogel, *Life's Devices* (Princeton, NJ: Princeton University Press, 1988).

＊5　E. R. Weibel and H. Hoppler, "Exercise-Induced Maximal Metabolic Rate Scales with Muscle Aerobic Capacity," *Journal of Experimental Biology* 208 (2005): 1635-1644.

＊6　Bejan, Charles and Lorente, "The Evolution of Airplanes."（前掲）

＊7　同上

＊8　H. Jerison, *Evolution of the Brain and Intelligence* (New York: Academic Press, 1973).

第5章　スポーツの進化

＊1　J. D. Charles and A. Bejan, "The Evolution of Speed, Size and Shape in Modern Athletics," *Journal of Experimental Biology* 212 (2009): 2419-2425.

＊2　A. Bejan and J. H. Marden, "Unifying Constructal Theory for Scale Effects in Running, Swimming and Flying," *Journal of Experimental Biology* 209 (2006): 238-248.

＊3　A. Bejan and S. Lorente, "The Constructal Law and the Evolution of Design in Nature," *Physics of Life Reviews* 8 (2011): 209-240.

＊4　Charles and Bejan, "The Evolution of Speed, Size and Shape in Modern Athletics."（前掲）

＊5　同上

＊6　Bejan and Marden, "Unifying Constructal Theory for Scale Effects in Running, Swimming and Flying."（前掲）

＊7　A. Bejan, E. C. Jones and J. D. Charles, "The Evolution of Speed in Athletics: Why the Fastest Runners Are Black and Swimmers White," *International Journal of Design & Nature and Ecodynamics* 5, no. 3 (2010): 199-211.

＊8　Charles and Bejan, "The Evolution of Speed, Size and Shape in Modern Athletics."（前掲）

＊9　M. Futterman, "Bodies Built for Gold," *The Wall Street Journal*, July 27, 2012.

＊10　A. Bejan, "The Constructal-Law Origin of the Wheel, Size, and Skeleton in Animal Design," *American Journal of Physics* 78, no. 7 (2010): 692-699.

＊11　Bejan and Marden, "Unifying Constructal Theory for Scale Effects in Running, Swimming and Flying."（前掲）

＊12　A. Bejan, J. D. Charles and S. Lorente, "The Evolution of Airplanes," *Journal of Applied Physics* 116 (2014): 044901.

＊13　J. Berlin, "Gaudí's Masterpeice," *National Geographic*, December 27, 2010.

＊14　J. D. Charles and A. Bejan, "The Evolution of Long Distance Running and Swimming," *International Journal of De-*

Ecological Economics 54 (2005): 9-21.
＊13 Bejan and Lorente, *Design with Constructal Theory*（前掲）; A. Bejan, "Why the Bigger Live Longer and Travel Farther: Animals, Vehicles, Rivers and the Winds," *Nature Scientific Reports* 2, no. 594 (2012): doi:10.1038/srep00594.
＊14 A. Bejan, S. Lorente and J. Lee, "Unifying Constructal Theory of Tree Roots, Canopies and Forests," *Journal of Theoretical Biology* 254 (2008): 529-540.
＊15 *Fraction of Freshwater Withdrawal for Agriculture*, UNEP/ GRID, 2002.
＊16 A. Bejan and S. Lorente, "The Constructal Law Makes Biology and Economics Be Like Physics," *Physics of Life Reviews* 8 (2011): 261-263.
＊17 L. Bornmann and L. Leydesdorff, "Which Cities Produce Worldwide More Excellent Papers Than Can Be Expected?" Cornell University Library, June 28, 2011, http://arxiv.org/ftp/arxiv/papers/1103/1103.3216.pdf

第3章 目的を持った動きとしての富

＊1 A. Bejan, S. Lorente, A. F. Miguel and A. H. Reis, "Constructal Theory of Distribution of River Sizes," Section 13.5 in A. Bejan, *Advanced Engineering Thermodynamics*, 3rd ed. (Hoboken, NJ: Wiley), 2006.
＊2 A. Bejan et al., "Constructal Theory of Distribution of City Sizes," Section 13.4 in A. Bejan, *Advanced Engineering Thermodynamics*, 3rd ed.（前掲）
＊3 A. Bejan, S. Lorente and J. Lee, "Unifying Constructal Theory of Tree Roots, Canopies and Forests," *Journal of Theoretical Biology* 254 (2008): 529-540.
＊4 A. Bejan, "Why University Rankings Do Not Change: Education as a Natural Hierarchical Flow Architecture," *International Journal of Design & Nature* 2, no. 4 (2007): 319-327.
＊5 Frederick Douglass, "What to the Slave Is the Fourth of July?"（1852年7月5日、ニューヨーク州ロチェスターでの講演）
＊6 Jean-Paul Sartre, *Being and Nothingness*, 1943.［『存在と無――現象学的存在論の試み』全3巻、松浪信三郎訳、ちくま学芸文庫、2007～2008年］
＊7 A. Bejan, *Convection Heat Transfer*, 4th ed. (Hoboken, NJ: Wiley, 2013), ch. 6.

第4章 テクノロジーの進化

＊1 N. A. Heim, M. L. Knope, E. K. Schaal, S. C. Wang and J. L. Payne, "Cope's Rule in the Evolution of Marine Animals," *Science* 347 (2015): 867-870.
＊2 A. Bejan, J. D. Charles and S. Lorente, "The Evolution of Airplanes," *Journal of Applied Physics* 116 (2014): 044901.
＊3 同上
＊4 E. R. Weibel, *Symmorphosis: On Form and Function in Shaping Life* (Cambridge, MA: Harvard University Press, 2000); K. Schmidt-Nielsen, *Scal-*

原注

第１章　生命とは何か

＊1　A. Bejan and J. P. Zane, *Design in Nature: How the Constructal Law Governs Evolution in Biology, Physics, Technology, and Social Organization* (New York: Doubleday, 2012).［『流れとかたち――万物のデザインを決める新たな物理法則』柴田裕之訳、紀伊國屋書店、2013年］

＊2　A. Bejan and S. Lorente, "The Constructal Law and the Evolution of Design in Nature," *Physics of Life Reviews* 8 (2011): 209-240.

＊3　T. Basak, "The Law of Life: The Bridge between Physics and Biology," *Physics of Life Reviews* 8 (2011): 249-252.

＊4　A. Bejan, J. D. Charles and S. Lorente, "The Evolution of Airplanes," *Journal of Applied Physics* 116 (2014): 044901.

第２章　全世界が望むもの

＊1　A. Bejan, "Why Humans Build Fires Shaped the Same Way," *Nature Scientific Reports* (2015): doi:10.1038/srep11270.

＊2　A. Bejan and S. Périn, "Constructal Theory of Egyptian Pyramids and Flow Fossils in General," section 13.6 in A. Bejan, *Advanced Engineering Thermodynamics*, 3rd ed. (Hoboken, NJ: Wiley, 2006).

＊3　A. Bejan, "The Golden Ratio Predicted: Vision, Cognition and Locomotion as a Single Design in Nature," *International Journal of Design & Nature and Ecodynamics* 4, no. 2 (2009): 97-104.

＊4　A. Bejan and S. Lorente, *Design with Constructal Theory* (Hoboken, NJ: Wiley, 2008), section 11.3.

＊5　A. Bejan, S. Lorente, B. S. Yilbas and A. Z. Sahin, "The Effect of Size on Efficiency: Power Plants and Vascular Designs," *International Journal of Heat and Mass Transfer* 54 (2011): 1475-1481.

＊6　A. Bejan, *Entropy Generation Minimization* (Boca Raton, FL: CRC Press, 1996).

＊7　A. Bejan, *Advanced Engineering Thermodynamics*, 2nd ed. (New York: Wiley, 1997).

＊8　同上

＊9　Bejan, *Advanced Engineering Thermodynamics*, 3rd ed.（前掲）

＊10　M. Clausse, F. Meunier, A. H. Reis and A. Bejan, "Climate Change, in the Framework of the Constructal Law," *International Journal of Global Warming* 4, nos. 3/4 (2012): 242-260.

＊11　A. Bejan and S. Lorente, "The Constructal Law and the Evolution of Design in Nature," *Physics of Life Reviews* 8 (2011): 209-240.

＊12　J. B. Alcott, "Jevon's Paradox,"

[マ行]

[ヤ行]

[ラ行]

［ハ行］

[ナ行]

[タ行]

[サ行]

索引

「*」を付した索引語は、
主要なページのみ掲出した。

[英字]

[ア行]

[カ行]

著者　エイドリアン・ベジャン　Adrian Bejan

1948年ルーマニア生まれ。デューク大学 J. A. Jones 特別教授（distinguished professor）。マサチューセッツ工科大学にて博士号（工学）取得後、カリフォルニア大学バークレー校研究員、コロラド大学准教授を経て、1984年からデューク大学教授。30冊の書物と650以上の論文を発表しており、「世界で最も論文が引用されている工学系の学者100名（故人を含む）」に入っている。1999年に米国機械学会と米国化学工学会が共同で授与する「マックス・ヤコブ賞」を受賞。2006年には熱物質移動国際センターが隔年で授与する「ルイコフメダル」を受賞。これらを二つとも受賞している研究者は少なく、いずれも熱工学の歴史に名を残した人物である。11か国の大学から18の名誉博士号を授与されている。2018年には米国版ノーベル賞とも言われているベンジャミン・フランクリン・メダルを受賞。1996年に提唱した「コンストラクタル法則」も受賞理由に挙げられている。邦訳に『流れとかたち――万物のデザインを決める新たな物理法則』（柴田裕之訳、木村繁男解説、紀伊國屋書店、2013年）がある。

訳　柴田裕之　しばた・やすし

1959年生まれ。翻訳家。早稲田大学理工学部、アーラム大学卒。訳書にハラリ『ホモ・デウス』『サピエンス全史』（以上、河出書房新社）、ベジャン『流れとかたち』、ドゥ・ヴァール『動物の賢さがわかるほど人間は賢いのか』、コーク『身体はトラウマを記録する』（以上、紀伊國屋書店）、オーウェン『生存する意識』（みすず書房）、ケーガン『「死」とは何か』（文響社）ほか多数。

解説　木村繁男　きむら・しげお

1950年生まれ。公立小松大学教授（生産システム科学部・学部長）、金沢大学名誉教授。早稲田大学理工学部機械工学科卒業後、一般企業勤務ののち、コロラド大学大学院工学研究科においてエイドリアン・ベジャンを指導教授として博士号取得（工学）。カリフォルニア大学ロサンゼルス校、通商産業省工業技術院、金沢大学教授を経て現職。専門は伝熱工学。

流れといのち

万物の進化を支配するコンストラクタル法則

2019年5月24日　第1刷発行

著者　エイドリアン・ベジャン

訳者　柴田裕之

解説　木村繁男

発行所　株式会社紀伊國屋書店
東京都新宿区新宿3-17-7
出版部（編集）電話 03-6910-0508
ホールセール部（営業）電話 03-6910-0519
〒153-8504 東京都目黒区下目黒3-7-10

本文組版　明昌堂

印刷・製本　中央精版印刷

ISBN978-4-314-01167-9 C0040 Printed in Japan

定価は外装に表示してあります